An interesting and mind-expanding book, that is recommended for anyone who tries to figure out where the human race is heading.

——Yuval Noah Harari

《人类简史》作者　尤瓦尔·赫拉利

未来生活简史

科技如何塑造未来

[以色列] 罗伊·泽扎纳——著
寇莹莹——译

四川人民出版社

图书在版编目（CIP）数据

未来生活简史：科技如何塑造未来 / (以) 罗伊·泽扎纳著；寇莹莹译. -- 成都：四川人民出版社, 2020.7

ISBN 978-7-220-11862-3

Ⅰ.①未… Ⅱ.①罗… ②寇… Ⅲ.①科学技术—技术史—世界—普及读物 Ⅳ.①N091-49

中国版本图书馆CIP数据核字（2020）第072380号

WEILAI SHENGHUO JIANSHI：KEJI RUHE SUZAO WEILAI

未来生活简史：科技如何塑造未来

[以] 罗伊·泽扎纳 著 寇莹莹 译

出品人	黄立新
策划编辑	李真真
责任编辑	李真真 邵显瞳 罗 爽
营销统筹	杨 立
营销编辑	邵显瞳 郭 健 廖姝云
版权编辑	杜林旭 谢春燕
封面设计	张 科
版式设计	戴雨虹
责任校对	林 泉
责任印制	周 奇
出版发行	四川人民出版社（成都市槐树街2号）
网 址	http://www.scpph.com
E-mail	scrmcbs@sina.com
新浪微博	@四川人民出版社
微信公众号	四川人民出版社
发行部业务电话	（028）86259624 86259453
防盗版举报电话	（028）86259624
照 排	四川胜翔数码印务设计有限公司
印 刷	四川华龙印务有限公司
成品尺寸	155mm×230mm
印 张	20.5
字 数	249千
版 次	2020年7月第1版
印 次	2020年7月第1次印刷
书 号	ISBN 978-7-220-11862-3
定 价	68.00元

· 献给我的爱妻，感谢你一直在我身边 ·

· 献给我的儿子，我会一直在你身边 ·

目录

The Guide to Future

前　言 / 001

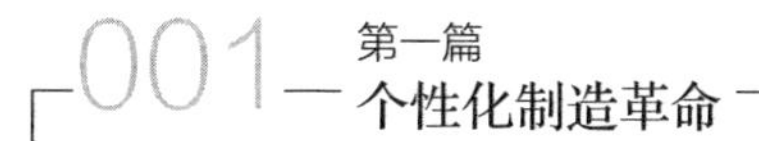

001 第一篇 个性化制造革命

第一章　个性化制造与3D打印 / 003

031 第二篇 智能革命

第二章　足够智能的电脑 / 033

第三章　希望之路，绝望之路 / 055

第四章　挑战死神——审视人性 / 080

115 第三篇
生物革命

第五章　阅读生命之书 / 117

第六章　重写生命 / 145

第七章　人体中的纳米技术 / 177

第八章　终结衰老 / 208

第九章　更强人脑 / 238

第十章　我们的目标是星辰大海 / 284

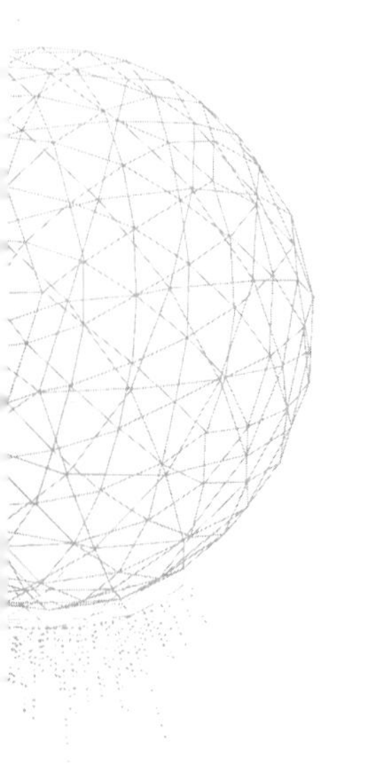

结语：从现在到未来 / 306

前言

> 白兔戴上了眼镜，问道：“我该从哪儿开始呢？陛下。”
>
> “从开始的地方开始吧，一直读到末尾，然后停止。”国王郑重地说。
>
> ——刘易斯·卡罗尔，《爱丽丝梦游仙境》

40年前，几位未来学家走进了荷兰皇家石油公司——壳牌公司的豪华会议室。他们站在集团经理面前，多少有些不自在。这些人不约而同地清了清嗓子，然后开始描绘脑中的未来图景。当然，这正是他们的工作职责。随着这幅虚拟图景逐渐清晰，高管们眯着的眼睛越睁越大，甚至恨不得立即解雇这些异想天开的家伙。未来学家描绘的那个虚拟的未来世界听起来实在荒诞、可笑。不过，他们还是把故事听完了。几年后，那个故事的核心理念恰恰成了壳牌公司鹤立鸡群的资本。

石油公司必须放眼未来，因为它们的投资要经历油井勘察、钻井、运输和精炼等过程，往往要过20年才有回报。中间每一步都可能遇到一大堆问题，涉及各种各样的因素——天气、地缘政治形势以及新型能源生产技术等。壳牌公司也必须未雨绸缪。可是，具体要做些什么呢?

壳牌公司的对策颇有新意，而且放在几十年前更显得别出心裁。他们决定聘请未来学家和规划人员。这些人根据从世界各地收集的实际数据来营造可能的未来场景，每个场景都呈现着一个未来世界可能的模样。未来学家将这些场景呈现给高管们，拓宽他们的视野，让他们对未来世界保持更加开放的心态。

项目的目标很明确，就是要让高管们离开眼前的安全区，打开思路，放眼全局。皮埃尔·瓦克（Pierre Wack）是场景规划方法（scenario planning）的创始人和倡导者之一。用他的话来说："管理者很难突破既有的世界观。决策场景可以让他们用不同的方式看待世界，帮他们打破单方视角的束缚，赋予他们重新感知现实的能力。这是十分珍贵的。"

规划师们冷静地审视世界，识别出了石油企业即将面对的未来。同样是在20世纪70年代初，石油生产国尚未完全掌握这一宝贵资源所带来的巨大政治影响力，也很难建立起强有力的、互通的契约体系来以可控的方式提高油价。规划师们很快意识到这种情况必然是暂时的。他们发现，石油生产国正在逐渐形成一个垄断联盟，必将控制西方的石油供应。

当时看来，这种预测似乎很愚蠢。想想看，如果我信誓旦旦地告诉你，目前以最低价出口到西方的玩具和各类服务将大幅提价，你将有何感想？这种想法很可能让你大吃一惊。其实，世界各地的政界和商界人士也是一样的反应。他们无法摆脱眼前的束缚，无法接受垄断利益集团的出现。

就连壳牌的管理者也无法轻易接受这种观点。于是，场景设计者们决定为高管们勾勒一些其他的场景。比如，未来没有战争，没有自然灾害，石油生产国愿意保持低油价，牺牲自身利益，耗尽有限的石油储备来维护消费者的利益。

壳牌公司的高管们重新思考了这些奇怪的场景，明白它们根本是不可能的，否则它与现状岂非一般无二了。正如著名未来学家赫尔曼·卡恩（Herman Kahn）所言："最让人瞠目结舌的未来就是所有人都已料到的未来。"

明白这一点后，高管们就比较能接受那种对他们而言算是精神挑战的未来场景。产油国会联合起来，形成一个有影响力的强大组织，这种未来场景好像也不那么难接受了。他们阅读了这种未来场景，明白了设计者们营造这种场景时所考量的因素，并采取了相应的行动。在其他石油公司忙着寻找和开采新油田，建造炼油厂，以及投资油轮来运输它们的石油时，只有壳牌公司迈出了更谨慎的步子，没有一头扎进长期项目里。公司管理者们在合同中加入了一些看似细枝末节、实则十分重要的条款，让公司可以根据全球油价的变化——即使波动很大——提高价格。有了这些条款，即便遭遇极端情况，公司也不至于伤筋动骨。只是当时，其他石油公司根本不相信会有什么极端情况。但最终，这些条款起了作用。

赎罪日战争（又称1973年阿以战争）爆发时，产油国——主要是阿拉伯国家——努力搁置分歧，并在石油输出国组织的领导下合作，控制了石油价格。由于石油输出国组织能够对特定国家发起禁令和禁运，因而也对西方国家，尤其是以色列的坚定支持者美国，实施了石油禁运。石油价格因此上涨了四倍，导致美国陷入了20世纪最严重的能源危机，不得不节约每一滴燃料。

其他大石油公司发现自己处境不妙。禁运之后，它们便难以从阿拉伯国家进口石油。许多公司还陷入了严重的财务困境。就在这段时间，壳牌成功守住了阵地。在其他大多数石油公司大举投资石油勘探和开采无果的时候，它已经有了自己的石油储备。由此，壳牌开始将竞争对手甩在了身后。石油禁运之前，它在全球仅排名第14位。而今，它已成为全球第二大能源集团。这一切都要归功于公司高管们对未来的无限可能所持的开放态度。

一年之后，石油输出国组织解除了石油禁运，但造成的损害已成事实。各产油国终于意识到石油输出国组织能给他们带来优势。石油价格再也不会回到从前的低水平了。或许这是件好事，石油输出国组织的行动至少让西方国家认识到了节约能源的重要性。很难想象，如果油价自20世纪70年代以来一直保持不变，全球空气污染水平会达到何种程度。

未来学家如何预测未来？

当你听到“预测未来”这个词的时候，首先想到的是什么？如果你是西方人，你可能会想到古希腊预言家德尔菲女祭司。一种说法是，德尔菲女祭司坐在地上的裂缝处，地缝中会冒出含有致幻物质的气体。少量吸入这种物质会使德尔菲女祭司做出含糊不清的预言，而这些预言在事情真的发生之前都无法理解。

有时女祭司也会稳扎稳打，做出无论最终事实如何都能解释得通的预测。据传说，吕底亚的克罗伊斯国王问德尔菲女祭司是否应该进攻波斯时，她含糊地回答说：“如果克罗伊斯国王越过哈利斯河，一个伟大的帝国就将覆灭。”国王以为祭司指的是波斯，于是发动了进攻，结果大败，覆灭的其实是他自己的帝国。

即使今天，未来学家也会面临类似的难题，很难做出决定性的预测。其实，这是根本做不到的。倘若真有一位未来学家毫不含糊地宣称某件事将发生，甚至态度还有些咄咄逼人，那么他充其量是个江湖骗子，说不定还是个傻瓜。

不过这样说来，要是未来学家不能准确描述未来会发生什么，那他们还有什么用呢？首先，未来学家可以指出世界前进的道路和大致方向。我们调查当前的趋势，并据此来描绘未来可能出现的场景。我们通过这种方式为私营企业、政府机构或联合国、欧盟等国际组织的决策者提供帮助，让他们在决策时能够考虑到数种可能出现的未来场景，并尽可能做好准备。

觉得有点儿失望？如果你期待的是一份全面、详尽的指南，囊括未来五年所有即将成功（或失败）的企业名称，或者想预知明天纳斯达克交易所股票的报价，那很抱歉真的要让你失望了。我们无法绝对肯定地预测某一种未来，我们只能勾勒很多种可能。但正如未来学家彼得·毕晓普（Peter Bishop）和安迪·海恩斯（Andy Hines）所说："如果未来不可知，那么是不是知道一些（可能性）也比一无所知更好呢？"

本书将介绍当前的科技走向，人类社会可能迈入的各种未来，以及科技究竟将如何改变未来。我们会重点探讨在实验室或初创公司中已具雏形的未来趋势，但它们要切实影响相当一部分人或至少在发达国家中投入使用，还需要有重要突破。

我接下来要描绘的种种未来或许听起来不太合理，甚至有些怪异。有些可能还有点儿吓人，比如自动驾驶汽车在路面上行驶，没有任何人工干预。未来的场景也可能不太好理解，比如人类可以通过脑机界面实现心灵感应。虽然我们置身当前，却也可以认真思索一下未来的种种可能。本书会在慎重思索和仔细核查现有的数据、科技及发明成果之后，将各种可能性形成文字。其中还融入了哲学家及未来学家的观点，以及与资深学者、商界人士、政府官员的深入对话。在这个过程中，我了解了诸多关于当前和未来技术格局及各种科学前沿的宝贵知识，并在此基础上编制了一份问卷，分发给40多位未来学家，以便了解他们对于未来可能性的具体意见。

这些未来学家是谁？他们有何能耐可以预测未来呢？其实，这些人的整个职业生涯都在审视现在，思考未来。对在实验室或私企（创新的前沿阵地）中酝酿着的新科技，他们都有着丰富的专业知识。甚至在这些发明成果大规模投入市场之前，他们就已经对其了如指掌。另外，他们并非生活在学术象牙塔中，与大众隔绝。恰恰相反，他们的职业要求他们了解最新的科技发展，以及各国政府的相关程序和规章。他们既看到了大局，包括各实验室和企业取得的突破，也注意到了影响这些新技术融入社会的各方面因素，社会的、伦理的、经济的因素，等等。

未来的各类科技会如何融入社会呢？谁能做出更好的预测？

受访的人涵盖了全世界最负盛名的未来学家、“千年计划”的管理者，以及奇点大学的学者。他们的观点常常为大型企业决策提供思路，甚至帮助欧盟、美国和中国重新塑造内外政策。他们对政府高层的动态非常了解。因此，调查的结果使我们得以一窥可能出现的未来。假如很多未来学家都认为某项科技将在本世纪末发挥作用，也许就值得大家认真思考一下了。

即将出现的三场革命

那么，你会不假思索地相信这些未来学家吗？但愿不会。像我说的，没人能绝对肯定地预测未来。随便一个意外事件就可能改变大局。所以我们并没有试图准确预测未来，而是指出现有的趋势，并就此进行推断，以求得出最终结论。这跟看赛车差不多：如果你问一个未来学家，最先冲过终点的车是什么颜色，轮子是什么形状，或者车手的身高是多少，他是没法回答你的。但是，他可以明确告诉你赛道的形状、危险弯角的位置，当然，还有辨别终点线的方法。

同样，我和其他未来学家也不会试图在这本书中预测未来50年中哪些公司会生存下来，甚至飞黄腾达，也不会准确描绘出未来的每一个新发明。其实，我们要做的是一同审视大局：哪些趋势会在不久的将来引起三场革命。这三场革命将改变我们的工作、生活和思维方式，并在更遥远的未来重新定义个人和人类。我将它们概括为个性化制造革命、智能革命和生物革命。

· 个性化制造革命——个人掌握设计和制造各种材料和物品的能力（过去需要一整个工厂才能完成）。

· 智能革命——计算机开始模仿人类的部分语言和思维能力，人类也在此过程中得到提升。

· 生物革命——人类赢得了对其他物种及自身的生物控制力，并开始施加影响，让世界变得更健康、更睿智、更美好。

但是有个大难题：每一场革命都将彻底改变人类的本性和欲求。这让勾勒未来的任务更加艰巨，因为手操画笔的正是你我这样的人，而我们的意识在20世纪的后几十年中就逐渐形成。因此，我们在这里描绘的未来图景必然依赖于一个过分简化的前提，而根据这种前提，人类的欲望和需求是一贯的，不会随着下一代的到来而发生改变。

这种假设自有它的道理，在预测未来的时候尤其如此。但是，历史却一再地驳斥它。有这样一个例子：如果让你穿越回中世纪做国王，但要放弃互联网，你愿意吗？多半不愿意吧？因为互联网的影响早已根植在你的意识中。同样，在印刷术发明之前的11世纪，一位住在欧洲的农民，能真的理解电子印刷和数字图书革命的全部意义及其对我们生活的影响吗？答案还是否定的。一些技术革命的影响可谓巨大。它们从根本上改变了我们看待自己、看待他人以及看待世界的方式。

未来总是交织着人类意识的变化。不过，虽然很难具体描述这种未来图景，我还是努力勾勒了未来几十年乃至几个世纪可能出现的不同思维方式，让大家更好地了解未来普通人的生活和思想变化。我还在个别章节中加入了一些虚构的小故事，这些小故事采用的是未来人的角度。

欢迎大家加入这次奇妙的未来之旅。但是，首先我要说明一下，这本书中提到的很多技术是已经存在的，但它们对大家来说还是像科幻小说，所以你可能不太相信社会能真的整合并接纳它们。这种“信念障碍”已经流传了无数代，但又被一代又一代的人打破。请尽最大努力冲破这种障碍，给自己一个机会，准备迎接这三场革命的奇妙成果。

准备好了吗？如果准备好了，你就可以摆个舒适的姿势，慢舒卷轴（或轻轻滑动屏幕），让思绪飞向未来吧。

The Guide to Future

第一篇

个性化制造革命

此时此刻，你在何处阅读本书？如果在家，强烈建议你看看四周，观察一下你的客厅、卧室，或其他任何房间。想想看："房间里有多少物品是为我量身定制的？"我指的不是那些你亲手挑选、匹配房间风格的物品。屋内的装饰品、墙上的照片、台灯、灯罩、孩子的玩具，应该还有沙发，都是从详尽、华丽的商品目录中挑选出来，与墙壁的颜色，甚至宠物猫的颜色都（大致）相匹配。但是，所有这些东西——玩具、艺术品以及大部分家具——都是为很多人批量生产的。你只是从商品目录或陈列商品的店铺里将它们挑选出来而已。你正在被迫凑合着用那些为普通大众制造的产品。这种情况并非历来如此。工业革命把个性化生产——街角鞋匠为每位顾客定制适脚的鞋，或私人裁缝为个人量身定制夹克——变成了只有富人才负担得起的消费方式。撇开员工培训的花销不说，光是雇人来工作就要花不少钱。使用机器的成本则要低廉得多，还可以批量生产完全相同的产品（假设人们真的买这种产品）。19世纪早期，英国工业革命达到顶峰，彻底改变了世界的面貌。机器代替了工人，流水线取代了专业工匠。这些机器和流水线很快就展现了出奇的高效；在英格兰，以及其他采用机械化生产方式的国家，新的劳动分工让人们的生活质量迅速提高。21世纪初的今天正是一个新时代的开端。《经济学人》杂志将这个新时代称为“又一次工业革命”。当这些突破性的前景实现时，“批量生产”将会变成“个性化生产”，惠及各个社会阶层，从巨型的大企业，到小企业主，再到个人。当这种革命来临，每个人都有望享用定制商品，充分满足个人的所需所想。此外，许多定制商品将会直接在消费者居住的地方生产出来。人人都能在自己家里制造物品、玩具、电子产品，甚至武器。所有这些都得益于3D打印这种新的制造方法。第一章将概述未来学家和3D打印专家的预言，他们宣称变革即将到来，并将在接下来的10年里高速发展。我们将探讨3D技术的核心，一窥这项技术将给未来工作、娱乐及消费方式带来的影响。

第一章

个性化制造与3D打印

人类是这世上唯一一种只消费不生产的生物。

——乔治·奥威尔，《动物农场》

有了3D打印技术，任何人都可以在家中或附近的工厂生产个人物品、食物和药品。

几年前，我受以色列奥波耶特公司（Objet）邀请，参观他们的办公场所。我询问了一些对材料和制造业颇有了解的朋友，想知道这家公司是做什么的。他们却只冲我眨了眨眼睛，说了一个词——魔法。奥波耶特公司让魔法变成现实。

从外表上看，奥波耶特公司的办公地点就位于以色列的雷霍沃特，这是一个宁静的小镇。这里给人的感觉并没什么神奇色彩。办公楼里还有几家别的公司，看起来和普通的大型写字楼也没什么两样。简短的介绍之后，一位工程师带我来到了两扇打开的大门前。那里，正是通向个性化制造革命之奇迹的大门。

大厅里随处可见3D打印机——比家用烤箱稍大一些。很多还在嗡嗡作响。盖子是透明的，可以看到里面。每一台机器都在制造不同的物品，有珠宝、小塑像、手机壳和假牙，等等。计算机向机器发布生产指令，然后机器就变成了打印物品的孵化器。几个小时后，物品即可成型，而且一般很快就能使用。

最神奇的是，每台机器都能打印出各式各样的东西，而且就是把它搬到自己家去，它也能一样工作。你可以用它生产出任何想要的东西，不费什么力气，不用太多的知识储备，也无须特别的天赋。

这就是3D打印的魔力所在。

让打印立体起来

从喷墨打印机上取下一张刚刚印好的纸，用手轻轻滑过表面，就能感觉到上面的字其实是有厚度的，大概凸出纸面0.01毫米（0.0004英寸）。想象一下，我们把一个字在一张纸上重复印刷很多次，每一次都和前一次完全重合。每次等墨迹干了之后都再重复一次。这样一来，每次重复都是在原来基础上加了0.01毫米的厚度。现在想象一下，我们用的不是墨水，而是熔化的塑料，新的一层加上之后可以立即凝固。成千上万个这样的塑料层准确地叠加在一起，就会产生一个三维结构——一个真实的物体。它可以是一个扳手，也可以是一个水杯。不管怎样，东西一打印出来，就可以使用了。

3D打印技术不止一种，但它们有一个共同的优势：可以取代大工厂所采用的注塑工艺（一种生产工艺，通过向模具中注入类似塑料的材料来制造零件），让普通的非技术人员也可以在家中自在地操纵一些相对简单的机器，打造想要的东西。目前，家用的3D打印机仅限于用塑料打印，但据未来学家和3D打印领域的专家预测，不远的未来将迎来巨变。

其实现在有些工作室和私人居所已经有3D打印机了，用来制造一些私人用品，尤其是一些对性价比要求不高的产品（至少就试生产而言是这样）。豪华车车主可以用3D打印机做出特殊的零部件。艺术家可以用它们创造独一无二的作品，然后出售。导演和制片人可以用它们做好莱坞明星的雕像，比如电影《阿凡达》里的几位主角，然后用这些雕像来测试并调整机位和灯光。一般来说，每一件物品都会是独一无二的，是为用户量身定制的。

这项技术的应用还为需要假体、假牙或助听器等的人们带来了福音。2013年初，5岁的利亚姆·迪彭纳尔（Liam Dippenaar）收到了一只新的假肢，这只假肢是由几个热心志愿者设计并采用3D打印制造的，一共只花了150美元。这只假手他用起来非常合适，相关图样也上传到了Thingiverse.com。任何有类似残疾的儿童或成人都可以到该网站免费下载，调整之后制作使用。

类似的技术还被用于打印各种器官，包括牙齿和耳朵等。与量产不同的是，3D打印可以制造十分复杂且多样的零件，无需额外费用，因为从数字文件到实物的转化完全是自动化的，几乎不需要人工操作。

目前，3D打印机已经渗透到了各个行业，很多专业的工匠都在使用。但是，要迎来最重要也最有趣的突破，还要过几年。到那个时候，所有的学校、图书馆和家庭就都可以使用先进的3D打印机了。受访的未来学家中有70%的人认为，到2030年（平均时间是2025年），发达国家30%的家庭将拥有自己的3D打印机。

我担心这种预测过于乐观了，恐怕前路漫漫。不过，一旦过了某个关键点，3D打印技术确实可能彻底改变我们的生活。所以我们要问自己的是："在3D打印机走进普通人的日常生活之前，还要经历哪些过程呢？"

未来几年里的进展

奥波耶特公司在1999年成立于以色列，一直致力于生产高度精密的3D打印机。该公司的打印机能够打印两种不同类型的材料，并将它们组合在一起，让成品真正实现设计需求，有硬化的部分，也有灵活的部分。奥波耶特公司是以色列最大的3D打印公司，与斯特塔西公司（Stratasys）合并之后，它成了全球业界巨头的一部分。

丹尼尔·迪科夫斯基（Daniel Dikovsky）博士担任斯特塔西公司数字材料团队的主管。他一直对3D打印机的核心技术十分着迷，不过也很清楚这些技术的局限性。

他说："要打造自己的3D物品，你只需买一台家用打印机，或者按照在线攻略自己做图样，然后把文件发给打印店。它们跟那些拍照立取的商店差不多，可以把成品寄到你家里。这个市场很有意思，所以3D打印才吸引了这么多目光。甚至有媒体认为它代表了一场工业革命。那么，慢慢地，人们就可以自己在家里打印东西了。我觉得这种可能性绝对存在！但是，在这之前，人们应该还是会用到打印中心。你不必再进实体商店去搜寻想要的东西，可以直接下载设计图样，发给邻近的打印中心，然后第二天早上就能收到物品。"

确实很难相信3D打印机能瞬间成为无处不在的家用电器。目前，这种机器出现还不久，主要还是打印店应用比较多。你可以去那里打印物品。一些传统打印店也会引进这种新技术，购置3D打印机。这样，顾客就可以把3D图样发送过来，然后在几个小时之内拿到打印好的物品，就跟以前去商店洗照片差不多。

这一切听起来着实不错，但目前的实际情况如何呢？今天，3D打印机仍不多见。只有那些整天关注最新科技或者特立独行的人才会去炫耀自己的3D打印机。不过话虽如此，3D打印机的价格却在不断下降（现在最便宜的家用打印机只要100美元），3D打印的话题也总能吸引人们的眼球。照此情况，3D打印机会越来越流行。不过，它的成功普及还需要另外一个条件，就是将这项科技推广到世界各地去。拿以色列来说，罗伊特研究所（Reut Institute）就已经着手建立公共打印中心了。

公共打印中心

罗伊特研究所是一个无党派、非营利机构，关注以色列的生存、安全和繁荣。与其他致力于制定公共政策的机构高管们不同，罗伊特研究所的管理者们深知，在21世纪的今天，科技才是竞争的关键。

近年来，罗伊特研究所一直在推动“以色列15愿景”（Israel 15 Vision），旨在用15年时间将以色列人民的生活水平带入世界前15位。研究所的几位负责人指出，推进“以色列15愿景”的关键之一就是科技创新。这也是以色列的特色之一。正是这种创新精神，让以色列重新树起了创业与高科技（集中体现在编程和信息技术上）的大旗。研究所负责人还决心改变以色列的科技面貌，而突破口就在于个性化制造革命。正如罗伊特研究所前首席执行官罗伊·基达尔（Roy Keidar）所言：“从某种程度上说，要想实现繁荣，就必须走在世界科技创新的前沿。”

基达尔说：“这种主张‘自己动手’的技术革命是全球技术创新领

域的核心主题。这场革命背后的理念在于，某些过去昂贵而难以操作的生产活动如今已经变得便宜而易于掌握。因此，在居所附近自主制造产品，这完全是可能的。”他还说：“3D打印机和数字制造技术的普及已经开始改变设计和制造领域，并为设计和制造小众商品提供了新的可能。通过个性化制造，便可以根据不同人群的独特需求来调整产品了。”

个性化制造革命即将把制造能力从大型工厂和富人那里转移到普通大众手上。这种成就有点类似于普罗米修斯从天上盗取火种，再赋予人间。罗伊特研究所正在努力让以色列民众——无论在人口稠密的发达地区，还是在人口稀少的乡村——都有能力自行制造需要的物品。

基达尔预言：“再过不到20年，很多家庭都会拥有3D打印机，就像现在很多家庭都有喷墨打印机一样。”那么，接下来这几年究竟会发生什么呢?

基达尔详细介绍了罗伊特研究所未来10年的计划：“全国各地的公共技术中心——学校、社区中心、购物中心和城市中心——都会提供高质量的3D打印机供人们使用。人们可以在这些技术中心设计、计划并制造个性化产品。”他预言，大都市相对于外围地区的优势会被削弱。虽然现在这些工具和信息还都集中在城市中心区，但会逐渐覆盖整个外围地区。人们只要具备基本知识，就可以从单纯的消费者转变为制造者。

为了推动这场革命向前发展，罗伊特研究所成立了创新实验室网络XLN。其成员其实就是公共实验室，是遍布全国的技术研究场所，向公众开放。任何人都可以在那里试验机器、工具、材料和设计，开放代码软件和产品制造。这样便可供人们研究、开发、制造物品，同时记录社区的新发展。在社区里发挥功用的同时，各实验室也可以了解更多个体的不同需求，并据此改善计划和设计，制造出大家需要的东西。这样，实验室网络也将为以色列的创新发展出一份力，为以色列人带来诸多益处。

罗伊特研究所的目标是让XLN实验室遍布以色列各地，特别是在非中心地带。2013年，有两个这样的公共实验室已经开始运作，一个在特拉维夫，另一个在海法。其他实验室也快准备妥当了。罗伊特研究所想在全国范围内部署实验室，但资金在哪儿呢？

基达尔说："前三个实验室的资金主要来自捐赠，市议会也会参与。以后，一部分实验室会通过商业途径获得运营资金，比如向来访者收取实验室服务费等，但不会违背国家准建实验室的初衷和教育目标。"

换句话说，人们可以像从前的大工厂和大公司一样在这里设计、开发和制造物品，但要向实验室交纳少量费用。人们还可以把图样发送到实验室的打印机，然后付费打印。每个公民都可以从网上下载玩具、装饰品或精美玻璃器具的设计图样，发给附近的XLN实验室进行打印。

如前所述，所有这些都将在未来10年内变成现实。但是，3D打印机在普通家庭中普及后会发生什么呢？

3D打印走进消费者家门

家用打印机市场的渗透率取决于它的价格、性能以及是否适合频繁使用。首先，打印机的价格相对容易预测。过去几年，家用打印机价格稳步下降，最便宜的只要100美元不到。其实，很多3D打印机制造公司都已经经历转型，现在可以试着降价销售，甚至亏本出售。它们还计划通过出售"墨水"来赢利。种种迹象表明，即使是再过几年才会有的高端打印机，价格也不会太高（相对于开发和制造成本来说）。

那么这些打印机的性能如何呢？其实这主要取决于使用者的需要。打算买家用打印机的人，很少会只满足于打印脆弱的塑料制品。受访的未来学家中，有超过80%的人预测，10年之内3D打印机就可以同时用多种材料，比如金属和塑料来进行打印，制造精密物品，可以做变形金刚，也可以做门把手。

创新，为大众

这项技术在家用市场的不断渗透将为制造业历史带来前所未有的转折。每一个人，包括孩子，只要别出心裁，胸有成竹，都可以花几个小时把心中所想的东西打印出来。

迪科夫斯基解释说："这是这个时代最简单的生意，只要有必要的创造能力就行了。而在此之前，你首先要有个想法，制成设计图样，做出原型，然后，比如说让一个中国的工厂大规模地生产这种产品，储存起来，再安排物流运输。而现在，你只要在Shapeways.com上开一个虚拟商店，上传你的设计，就可以马上开始销售了。"

让我们再仔细研究一下迪科夫斯基所举的例子。假如，有个名叫保罗的人是美国的一位管道工。他很有创造力，最近提出了一个管道阀门的新设计，但还只是电脑上的设计图而已，要让它变成现实，保罗就需要创建一个原型——阀门的实物样品。如果保罗是某所大学的高级职员，拥有自己的工作室，或者是一家大型工业公司的高级工程师，那他就可以在工作的地方做这个原型。可惜，保罗既不是教授也不是高级工程师，只是一个勤奋工作的蓝领。那么，他可能就得从远东地区订购一个样品，还要支付数万美元给宜家公司，让其充当中间人，翻译各种说明和图表，花钱打通关系，然后过好几个星期，订购的这片小塑料才能漂洋过海运过来。

说不定海关还要再拖两个月。

别忙，这场长征还远未结束。他眯起眼睛，仔细检查做好的原型，马上就发现阀门和他想象的并不一样。他试着把它装到管道上，却发现阀门的开度太小。保罗立即坐到电脑前面，修改图表中的阀门开度，然后把新的设计发过去……是的，还是那远在天边的远东地区。跟中间人交涉，远渡重洋，与海关纠缠，所有这些都要再来一遍。他再一次打开包裹，却发现有一位工人把阀门换成了一块不知道是什么的塑料。好的，这个远渡重洋的悲惨故事就要再一次上演了，反反复复，没完没了。

故事的结局倒还不错。经过几个月的时间，交换图样，通过中间人与工厂沟通，并不断地与美国海关软磨硬泡，我们的保罗终于成功拿到了符合预期的原型。这时，他已经花了几千美元，现在还不得不花更多钱从远东订购几千个这样的特殊阀门。他把这些东西放在客厅，苦苦等待着感兴趣的买家，期待将它们一个一个卖出去。

管道工保罗的故事就发生在大部分人还没有用上3D打印机的现在。可未来世界将与此大不相同。假如保罗有一台3D打印机，他完全可以在家里花几个小时自己做原型。如果不满意，他可以第二天再打印一个新的。与目前的情况相比，设计和制造的过程将大幅简化。

不要觉得这不算什么，想想看，如果有3D打印机，保罗就不用先制造出一大批零件，再努力挨个卖出去了。他可以先做一个，然后拍照发到购物网站，想买阀门的人可以在线付款。保罗拿到订单之后再去打印商品邮寄出去就行了，皆大欢喜。

想象一下这样一个世界，只要一个人心中有创意，就可以像保罗一样，花几个月时间掌握些必要的技能，绘制3D设计图，打印产品，然后在家中出售。3D打印机就像从前美国的爱尔兰移民、中国移民以及犹太移民用的老式缝纫机，这些移民会出售女装或者其他漂亮衣服来贴补家用。有了3D打印机，普通人就可以花最少的力气同时变成企业家、生产商和供应商。甚至孩子也可以做设计。全球创新速率将大大提升。这将成为《经济学人》杂志所定义的第三次工业革命，也就是本书中所探讨的个性化制造革命。

然而，每一场革命都要为进步付出代价，这一次也不会例外。

就业与失业

如果每个人都可以为自己和家人制造个性化物品，那么现有的一部分制造、运输和销售系统就没有用了。虽然确切数字很难统计，但是这每个行业应该都为数百万人提供了就业机会。当然了，不会每一个行业（商业和运输模式）都受到3D打印机的影响，不过即使每个行业中只有10%的人失业，世界范围的失业率也将飙升。

如何防止相关服务需求的减少导致大规模裁员？这确实是个难题。到那个时候，就没人雇卡车司机去横跨欧洲大陆送货，因为人们可以直接在家里或者城市里的生产中心制造需要的东西。实体店的收入会下滑，因为不会再有那么多人去逛商场。当然，一些雇员较多的家居用品公司会面对严峻的财务压力，不得不大规模裁员。

这场革命的影响是可以预见的，不必太意外。以往的每一次工业革命都在就业市场上留下了印记，也都导致了大批工人失业。印刷术让书籍抄写员消失了，英国发明机械织布机的时候（这正是第一次工业革命的开端），也有很多熟手织工失业，规模很大。第二次工业革命期间也发生了类似的事，装配线投入使用后，取代了大量劳动力。自然，第三次工业革命的影响也会类似，不难预见。

不过也不用太过忧心，毕竟每次工业革命最终都会全面提升普通百姓的生活水平。机械织布机不仅为英国人带来了高质量的服装，还使英国成为世界级的制造商和出口商。美国的装配线为数千万人创造了就业机会（只是待遇比较低），也推出了大批价格亲民的产品。每次工业革命的好处都是在它尾声奏响的时候才显现出来，但它的弊端却在一开始就摆在那里了。未来几年，我们也必然会体会到这些弊端。

未来的消费文化

当革命的车轮滚滚向前，我们的生活又将迎来怎样的变化呢？或许，未来会有人这样记录和评述生活：

> 今早起床，刷了牙，然后打开衣柜去拿件衬衫。发现衣柜的把手掉了。不过没事儿，我去宜家的网站上下载了衣柜把手的设计代码。不到10分钟，我就打印了个新的。

新的消费方式也是新工业革命的一部分，它会像音乐和视频的消费方式一样逐步发展。如果大家都能自己在家打印漂亮名贵的花瓶或用多彩的金属制作夺目的珠宝，那么某些零售商店将成为历史。宜家、玩具反斗城、H&M以及一些小公司可能就要增加新的服务项目。就像亚马逊在纸质书之外加入了电子书一样，这些公司可能也不会单纯地生产和销售实体商品，他们应该会在线出售相关的产品信息和设计图样。

安装完衣柜把手，iPhone提醒今天是儿子的生日，我差点忘了！我赶紧坐到电脑前面。给他打印个变形金刚？我登录了玩具反斗城的网站，查看了在售的变形金刚模型。太贵了。但是我想到了个不错的主意。我在网上找了些盗版的设计图样，很快就找到了比较满意的模型。我把图样下载下来发到打印机，只用了几分钟。三小时后，一个炫酷的变形金刚玩具就摆在面前了，上面还有玩具反斗城的标志。真是幸运满分，那些盗版商买了变形金刚玩具，完完整整扫描下来，还把图样免费传到了网上。

一旦产品实现了数字化，而且图样发到了客户手上，就会出现网络盗版。就像今天，你买一张包含十几首歌的唱片，就可以复制到电脑里，然后免费放到网上。其实一大部分的实体产品也都可以复制和分享。说到盗版，其实就是一些倡导信息自由的在线用户在免费分享电影和音乐资源，他们会购买各种各样的商品，扫描之后上传到网上。当然，不是每个人都有3D扫描仪，也不是每个人都有拆解变形金刚、逐个扫描零件的天赋。但是，在数以百万计的3D打印机用户中，必然有几千人有这些必要的技能，而他们就是这些盗版图样的来源。

这种未来离我们并不遥远。其实，现在盗版网站海盗湾（Pirate Bay）就有一个专门的分区，可以下载从微型变形金刚到枪支的各种产品的3D版本设计图。

迪科夫斯基强调："打印材料的盗版是没法杜绝的。就像有人要把蒙娜丽莎拍下来，打印出来挂在墙上，你也没办法阻止。一样东西只要能扫描，你就可以打印。没人能阻止你。如果我设计了一辆新车，就可能有人来扫描它，然后打印出来。不过只要是他自己使用，我也无能为力，没人能说什么。就像现在大家也不再抱怨有人在摇滚音乐会上录像一样。”

开源的材料

今天，有许许多多的专利及著作权法来保护商标甚至某些产品的外观。这说明，我们或许能够限制盗版的传播。毫无疑问，各大公司一定会跟这种新的共享趋势斗争到底，并尽其所能把那些惯犯送上法庭，以儆效尤。然而，他们无论怎么努力，都没办法阻止网络盗版。就像今天音乐公司和电影工作室也根本没办法阻止在线分享音乐和电影一样。一旦大众得到信息，也掌握了相关操作，就会吸引越来越多的人浏览、下载并实时制造这样的内容。

孩子勉强接受了变形金刚，但还是没办法挤出一句谢谢。过了一个小时，我看见他在电脑前用3D设计软件弄着什么。我没有打扰他。第二天早上我看到床头柜上有一个崭新的变形金刚，和我昨天下载的那个很像，但是孩子用的是原始设计，加上了几个零件。他还把变形金刚的头换成了我的头。胸前加粗写着：小气鬼！

既然这种共享的方式是大势所趋，那么聪明点儿的公司就应该利用这种趋势，完善自己的产品。有些人，包括孩子，可以下载真实产品的3D设计文件，然后自己去加以完善，并且加入一些定制的元素，再把设计上传到网上，贴上新版或改进版的标签，与公众分享。如果某些公司能想到办法利用这些设计者的创造能力，比如说举办比较正式的比赛（需要提一下的是，罗伊特研究所和XLN实验室最近开展了相似的竞赛，都是要为老年人开发一些需要的产品），他们也许能获得些创新的源泉。

未来，定制物品将随处可见。如果我想要一个特别的杯子，让它完全适合我的独特握法，可以轻松下载一个马克杯的3D设计图样，重新做一个把手。给手指拍照，然后用专门的编辑软件来做就行了。我也可以在杯子上做我或我妻子的面部浮雕或者其他造型，让它和车上的杯架完美契合。

其实汽车本身也可以做一些改进和调整。美国著名脱口秀主持人杰伊·雷诺（Jay Leno）拥有大约190辆车。其中很多都是非常老的车型，零件已经停产。他要是想换零件，就不用再费工夫给制造商打电话，可以扫描旧零件，然后用3D打印机做个新的。雷诺的现在就是我们的未来。未来还蕴藏着无限的可能性，这些可能性都是个性化制造革命这种未来的一部分。

武器、恐怖主义和犯罪

肯定还会有人用3D打印机制造武器。即使是今天，分布式防御组织（Defense Distributed）的工程师们也在努力设计一种可以3D打印的实用手枪或步枪。他们成功策划、设计并打印突击步枪的枪体，但是这把枪只射击了六次就坏了。不过测试还在如火如荼地进行着。也许下一版步枪就能更加坚固耐用。

目前分布式防御组织开发的枪支需要实弹。如果某种气枪或步枪弹射力特别强，原则上就完全可以生产。这类武器就可以发射子弹，力量强劲，可以穿透敌人的皮肉。

根据以色列特拉维夫大学跨学科技术分析与预测中心的一项国际研究（我是该中心的研究人员），民用3D打印机的管理将变成一个难题。人们可以用3D打印机制造各种武器，政府监督很难触及。即便打印机内置了可以阻止某些产品的安全保护措施，也很难经受住黑客攻击，毕竟在这个时代，连新版iPhone的系统都会在几周之内被攻破。

拿以色列为例，可能有些愤世嫉俗的市民很难相信，以色列警察已经竭尽所能在抵抗新威胁了。以色列警察署政策部由丹·费希尔（Dan Fisher）领导，负责环境和组织评估，找出新的威胁并提出建议。有时候，这些建议可能会极大改变警察们的行动策略。费希尔觉得，可能不久以后就需要这样的改变了。

费希尔说："打印机的成本正在迅速下降。目前的平均成本在几千美元，但是几年前还要花十多万美元。3D打印机正逐渐走向大众。一旦可以打印刀具和枪械，就会造成巨大威胁。"

费希尔认为，武器打印将改变人们对犯罪之源的看法。所谓的"犯罪之源"指的就是手枪、步枪或任何可以被轻易制造和使用的致命武器。一旦人人可以制造这种武器，警察和州检察院将不得不着手遏制这种制造手段。

费希尔还表示："将来无疑会有法律禁止用3D打印机制造某些特定类型的武器。也许还会有法律可以让警察在制造过程中就逮捕违法者，而不必等到制造结束之后。这样，我们就可以将恐怖主义行为和犯罪活动扼杀在萌芽中，而不用在损害发生后才采取行动。”

可是，要怎样监控打印机制造武器的过程呢？费希尔设想，未来可以与打印机的制造商或进口商协调，控制每一台打印机。警方会与其他执法机构协调监控这些设备。“这就需要建立警察管理中心，设计并采用一些‘特工’程序，监控打印活动。并针对未经许可的武器打印行为生成情报报告，甚至可以远程拦截打印活动。”

费希尔表示，控制和拦截的策略是多种多样的，比如可以要求所有的打印软件将加密数据（例如二维码）发送到中央监控站。监控站将检查所有的打印任务，然后指示打印机继续或停止运行。只要有打印机试图打印未授权物品，中央监控站就可以禁用该打印机。

我无比好奇地看着费希尔，不禁纳闷：以色列的警察到底有多大能耐，可以阻止所有的自主打印步枪和手枪的行为。他也还无法回答这个问题，于是我开始想象这样的未来：每一个孩子都能制造武器，每个被妻子抛弃的男人都能快速打印枪支，每个潜在的恐怖分子都能购买3D打印机，一夜之间就能制造自己的枪。

3D打印技术一旦走向大众，我们，包括政府必然要重新审视武器装备的问题。分布式防御组织的研究人员雄辩地写道：“这个项目可能会改变我们对于枪支管控和消费的看法。如果有一天，每一位公民都可以几乎随时通过互联网获取枪支，政府该怎么办呢？我们不妨思考一下。”

我们就要开始探索答案了。2013年5月初，分布式防御组织的CEO宣布，他可以用塑料打印包含16个部件的枪支，并且可以把设计传到网上。美国政府迅速果断地采取行动，迫使该组织在政府出台正式决议前，从其网站上删除了所有相关设计。但是，政府还是晚了一步，据该组织称，虽然这些图样在线的时间很短，还是有10万多名用户设法下载了。图样即便已经删除，还是可以在海盗湾等文件分享网站上找到。

枪到底有多危险？美国情报部门曾发布过一份备忘录，执法机构担心的主要是3D打印的枪支无法用简单的金属探测器识别。为解决这一问题，我请XLN实验室的朋友帮忙打印了一把新枪。他们非常认真地做了，还修改了图样，避免真的可以射击子弹。最终的产品是一把枪的模型——比我的手掌稍大一点——我可以轻而易举地拆开藏在裤子和外套里面。

我用塑料枪进行了一系列严格的测试。近距离的手持金属探测器无法探测到它。即使是机场内灵敏的金属探测安检门也无能为力。我还通过了类似的金属探测器的检测，成功上了火车，并可以在火车的卫生间内用不到一分钟的时间就把这个致命的小武器组装起来。

所以说，世界各地机场的安保人员根本查不出这些枪支，除非他们采取物理检查方法，但那样做又可能会侵犯旅客，总不能要求乘客把衣服都脱掉。

当然，目前还很难用打印的枪支来进行大规模的恐怖袭击，因为它每次只能发射一颗子弹。有关部门主要是担心有人借此劫机（用这种单发子弹的枪也可以办到），或者无法用金属探测器来帮助确保重要人物（如美国总统）参加的活动安全。这意味着，机场安检人员将不得不强行触摸并拍打每一位旅客。这是非常扰人的举动，一般旅客都不会接受。

3D打印产品的快速发展

许多人觉得打印枪支不过是噱头。也许，枪只是个开始，未来人们还能自己打印更多工具。这些工具可以提高生活质量，当然也可能威胁他人生命。随着产品的加速进化，情况可能越发棘手。

什么意思呢？我们再回忆一下保罗的例子。这位富有创新精神的管道工想到了一个好主意，制造一种新型阀门。放在过去，他可能要花几个月才能把产品投放到市场，但是现在只要几天就够了。同样，以前开发一款新枪可能要举全公司之力，精心制作枪支原型的每一个部件，同时耗费大笔资金。一般只有实力雄厚的大公司才能负担得起。

未来就不必如此。任何人都可以从网上下载枪支的设计图。如果你才华卓越，有能力也有决心，那你还可以改进设计，然后把设计快速回传到网上，迅速传播。这样一来，枪支必然会迅速进化，因为在成千上万下载设计图的工程师中，必然有一些人可以真的改善设计。

快速回顾一下枪支打印的演变就会发现产品演化的范式更新有多快。原始设计是在2013年5月3日上传到网上的，不到一周就有10万多名用户下载。当时一些负责检查枪支的执法人员马上判断这些枪没什么杀伤力，认为它就算伤到枪手，也伤不到目标。但是，5月20日，一位来自威斯康辛州的匿名工程师对枪支的设计做了几处小改动，并打印出了新枪。新枪在射击9次之后仍完好无损。两个半月后，在8月8日，设计再次得到改进。这一次，发射装置被整合到了一支全3D打印的步枪中。步枪的主人说这把枪能够连射14发子弹，而且他对产品质量有绝对的信心，所以将其握在手中并扣动扳机。自然，他也把这个成功的设计传到了网上。

短短三个月，这支打印的枪经历了至少两次（我们所知道的）大的改进，成了一支像模像样的步枪。然后呢？没人知道。这样发展下去，现在所有的安全机制都将变得形同虚设。即便是经过仔细编程，专门用来寻找枪支形状的扫描仪可能也收效甚微。正如分布式防御组织的负责人科迪·威尔逊（Cody Wilson）所说的那样："（他们）还落后一步，而我们可以把枪做成任何形状。"

所有看似无害的东西，不管是手杖柄还是钥匙扣，都可以在飞机上重新组装成枪。在这种新的威胁面前，X光也将束手无策。执法机构不得不设计采用新的方法来保护民众。我们从现在起就必须设计新的安全理念来满足未来需求。我也参与了一个国家级的项目，分析新的安全需求，希望确保一个更好、更安全的未来。

我认为，要找到最合适的解决方法，就需要在社交网络中安置特工，以便联系到那些会使用3D打印机的设计师和工程师，同时识别那些可能用于打印武器的关键设计元素。费希尔提出了另一个解决方案：严格监控3D打印机的销售和运营。这个方法或许行得通，但是我担心这样会让很多独立制造商的生意很难做，这样就没办法推动未来的市场发展。费希尔试图着眼大局。他认为这种监控系统可能还有别的作用。警方深知，再过不久他们又得着手解决侵权问题。

费希尔说："黑客和盗窃版权也是一种犯罪，以色列警方有义务正确对待。未来很可能出现电子黑市，黑市参与者会买卖艺术家和设计师付出大量时间设计的作品。这种黑市会让那些勤劳致富的人们很受打击。因此，未来几年，要集中精力建立包括调查人员、侦探和情报人员的联合工作组，希望能够强有力地应对盗窃知识产权等网络犯罪活动。"

费希尔讲述阻止知识产权在网上流转的计划时，我不经意间皱起了眉头。十几年来，音乐公司和电影制片厂一直在努力阻止音乐和视频文件的在线共享，但是十几年过去了，还是以失败告终。要想获得成功，哪怕是暂时的成功，就只能"窃听"并监控每一台打印机。如果我们的隐私权受到了强烈侵犯，我们还会无动于衷吗？

费希尔很清楚自己的计划颇有侵犯性，但绝对有必要。他总结道：

"我所建议的管控机制确实会侵犯个人的隐私权，但是可以说，（以色列）禁止购买无照枪支也是对隐私权的侵犯。在世界上的很多地方，为了保障个人的权利，警察被赋予了极大的自由，比如为了保障社会安全，可以将一个人监禁一定时间。打印的武器带来了威胁，如果这种威胁加剧，就有必要采取措施加以遏制。"

未来谁会赢，是那些制造盗版武器和艺术品的人，还是努力保障整个社会自身安全的人呢？

未来，3D打印机的使用方式将是关键。

我紧紧搂住妻子，努力不去听她的哭声。我们相信这个小男子汉，同意让他一个人呆在家。12岁了，是个大人了！但是我们万没有想到他会从网上下载盗版的枪支设计图还打印了出来。医生说子弹只是擦伤了头皮，但确实很险，差一点儿丧命。

遥远未来的打印材料

打印材料的再利用

人们正在积极设法回收废物，拿来制造新物品，从而减少"油墨"的成本。

例如，FilaBot是一款大小和鞋盒差不多的打印机，可以粉碎和熔化各类聚合物。开发者说，它或许可以用水瓶、塑料牛奶盒、乐高积木、塑料桶、光盘和太阳镜等家用物品作为打印材料。分解后的材料会变成各种柔软的塑料线，可以用于再生产。它们可以作为现有3D打印机的原材料。以后，类似FilaBot的设备还会变得更加先进，能处理的材料种类也会越来越丰富。

虽然目前还不清楚FilaBot到底有多成功，但显而易见的是，只要一家3D打印机公司想在家用市场立足，就要在发展打印机的同时，寻求回收再利用那些打印出来的产品。只有这样，普通人才能每天早上打印耳环、胸针和玩具，晚上把它们熔化，第二天早上再打印新的、时尚有趣的东西。

打印药品和化学品

3D打印机在国内市场的成功将促使人们开发更加复杂的打印机，甚至可以打印具有药用效果的材料。今天，人们对这种打印机已经有了概念。各高校的研究人员与制药巨头葛兰素史克合作，目前正在研究在家中打印药物的方法。药物打印机会包含很多单元，每个单元里面有不同的药物物质：扑热息痛、布洛芬、氟西汀，等等。遵照医生提供的电子处方指示，3D打印机可以打印一个或多个药丸，所含剂量也都完全符合特定要求。

这种生产方式最大的优点就是可以根据患者的情况来定制药物。由于每个人的基因构成以及所处的环境不同，对不同药物的反应也不相同。医生开具处方时必须考虑药物的体积和剂量。比如说我头疼，去医院看医生。医生可能让我吃2颗、3颗或者4颗泰诺胶囊，但是我可能实际需要的是2.25颗胶囊，但医生不会给我正好的剂量。如果药物打印能普遍应用，医生就可以给出精准的剂量了。

药物定制的重要性不言而喻。2009年，美国因处方药过量致死的人数超过交通死亡人数，达到3.7万人。打印机如果能在预定时间打印定制的药物，就可以解决大问题。

格拉斯哥大学的李·克罗宁（Lee Cronin）教授设计的模型可以应用于最先进的打印机。克罗宁教授在实验室中改造打印机，制造出了微型打印机。他计划在设备的不同部分装入基础材料的不同化合物，包括各种糖和脂肪等。这部分材料可以通过微小的通道根据一系列预设的化学工艺进行融合。克罗宁教授的设想是这种装置可以作为微型的化工厂，患者可以在家中打印需要的药物。当然，也可能有人用来打印其他化合物，比如火药，或者吗啡。

克罗宁教授乐观地估计，这种化学打印机将在15年内走进人们的生活。但是，产品的监控要怎样实施却有点难以想象。瘾君子们可以从网上下载麻醉药品的配方，然后在家里自己制作。只有医生才能开的处方药也将变得毫无意义。当然了，只要有台传统的3D打印机，随便什么人也都能打印枪支用的火药。

打印晚餐

2013年年中，我受邀到以色列最大的食品公司之一的施特劳斯集团（Strauss Group）讲讲食品行业即将面临的各种可能性。我提出了一个想法，就是开发一种3D打印机，按照需求打印食物。公司高管们难掩热情，非常感兴趣。以后，可以把这种打印机安装在家里或者超市里，根据顾客的需求定制食品。每个人，无论男女老幼，都可以打印出喜欢的食物，享用喜爱的口味，食物里甚至包含营养师推荐的维生素和矿物质。

听起来是不是像个遥远的梦？不尽然。在接受问卷调查的所有未来学家中，有60%的人认为这样的3D打印机再过几十年将走进我们的厨房。其实现在已经有这类打印机的原型。在日本，消费者可以在情人节这天打印一块以爱人头部为原型的巧克力，然后印上他（她）的脸，欢乐地咬上一口。康奈尔大学的打印机还可以用各种凝胶材料打印不同颜色、不同口味和不同质地的食品。这样看来，再过几十年应该就能研究出可以打印更复杂食品的3D打印机，能够打印的食品包括肉类（已经有公司为此获得了巨额注资）。

有两类不同的机构可能最先引入这项科技。美国宇航局和其他致力于空间探索的组织可能想了解3D打印机，在宇航员执行绕地球飞行任务或者月球及火星计划时用它们来打印美食。目前，宇航员的餐单非常单调，不断重复，太空之旅枯燥乏味。每日食用不同的餐点无疑是打破单调的最好方法。以后，宇航员也许可以走到空间站的食品打印机前面，输入密码，然后就可以拿到想要的美食：仿制的汉堡配薯条、热狗配番茄酱和芥末，或者虾子形状的螃蟹泥。安全起见，打印机会在每份食物中加入适量的维生素和矿物质。

这或许会让人想起《星际迷航》中的神奇机器，它可以为进取号星舰上的每一位成员打印想要的食物。虽然这个想法听起来有点儿牵强，但美国宇航局还是满怀期待。美国宇航局决定出资支持开发一种3D打印机，用于在零重力条件下通过混合面粉、水和油来打印披萨。第十章会进一步阐述这种打印机的使用，同时也会探讨未来的外太空生活。

接下来采用这种技术的就是各类美食餐厅。富有创造力和想象力的厨师会用3D打印机创造更加复杂而精巧的餐点。盘子和其他餐具也可能用松脆的食物打印。甜点中可能包含酸甜苦辣各种口味，每一口都能咬到刚刚好的口味搭配。切开蛋糕，移走第一块儿之后就会出现触动你心灵的语句。这多适合求婚！只有厨师想不到，没有3D打印机做不到。

随着时间累积，3D食品打印机也许可以救下一大批原将被宰杀制为食用肉类的动物。人们会在实验室里培育牛、鸡、猪和鱼的肌肉细胞，不断复制，形成可注射的糊状物，通过3D打印机固化成真实肉类的形状。但是，如果没有食品添加剂，这种混合物尝起来并不像真的肉。这种设想对人类的意义重大，会帮助我们摆脱肉类工业，减少环境污染和道德压力。不过，要满足人类消费需求，同时又要将细胞再生的成本控制在可接受的范围内，我们还有很长一段路要走。目前，用这种方法制作一个汉堡花费很高。当然，过几年价格会降下来，但近期还找不到大幅压缩成本的好办法。

3D打印是一把双刃剑

这一章提出了很多对未来的预测，也描述了很多科学家对未来时间节点的期待。这里做一个简短的总结。

有一种简单、可靠的预测就是，未来10年内会出现可以同时打印塑料和金属的3D打印机。除非政府采取措施限制这些打印机的销售，否则它们就会广泛传播。假设政府不限制个性化制造，那么这章提到的打印机会带来的正面和负面影响就都会显现。

还有一种更加先进但是不太确定会发生的预测是复杂食品打印机的开发。这种打印机如果开发成功，或许可以放在家里的厨房，打印各种食物。这种技术和社会的发展实在迅速，受访的未来学家中有40%认为，这种可能性即使能实现，也要在2050年之后。相比之下，有60%的人认为这在2050年之前可以成真。目前还很难判断这种预测究竟会不会变成现实，但我个人还是充满期待的，毕竟这样做饭可以省很多力。

影响最深远的一种预测就是开发可以在家中打印化学产品（包括药品）的3D打印机。这一概念已经在实验室中向前推进了，但是即便普通用户可以操作，政府也会严格控制那些作为“油墨”的基本材料，防止人们生产危险物品，包括火药、毒品，甚至是生物同质性（bio-identical）人类激素和类固醇等。

最后两种预测体现的是个性化制造革命最高程度——每个人都几乎可以自给自足，并能在家中打印自己需要的食品、药品、办公用品和休闲用品等，无须任何外部协助（除了送打印材料的人）。很多艺术家和工匠会把自己的家变成微型工厂。在此过程中，人类社会的文化财富和工程知识基础会得到强化。但是，在有才能的人崭露头角的同时，恐怖分子和犯罪分子也会出现，用打印机制造武器和毒品。

3D打印机会让世界上的新发明和发明家迅速增加吗？会将制造和开发能力交到普通人手上吗？会有人用3D打印机做坏事吗？其实，这些都是无法回避的问题。3D打印机的应用将是一把双刃剑，这是人类的本性决定的。科学从来都只是工具，可以让我们的能力指数提升几个数量级。

但最终，如何使用这些工具却是由我们自己决定的。

是梦吗?

在这一章中，我一直在预测3D打印机的出现和崛起，以及它们革新社会的潜力。但是，我们应该记住（正如我在前言中指出的那样），未来永远无法确定。未来会发生什么，我们很难找到确切的答案。有些预测可能不会完全实现。因此，在每一章的结尾，会有一节标题为“是梦吗？”。这部分会分析一些可能阻碍预言成真的因素。

本章需要着重说明的是，家用3D打印机还远远落后于工业3D打印机和其他工业制造方法。毫无疑问，未来几年，家用打印机会有所改善，但在这之前还有一个过渡期，围绕这些家用打印机的炒作将层出不穷。很多购买3D打印机的人会发现打印物品比想象的要复杂，而且聚合物材料非常贵，他们可能宁愿自己去商场，也不愿冒险自己制造。

这样，对打印机的热情可能会逐渐淡去，3D打印公司将破产倒闭。要再过几年，等这些打印机性能足够好，可以在普通用户家庭中立足，以其卓越的制造性能满足普通百姓的需求，家用3D打印机市场才会复苏。

要记住，即便打印机能够制造我们想得出来的所有物品，普通家庭也并非一定需要它。很难想象我们早上起来打印新枪，中午打印新玩具，晚上打印柜子的把手……这样日复一日。所以，3D打印公司一直在思考的问题就是，这个机器对普通人来说，必要性在哪儿呢？

到目前为止，3D打印机对人们而言并非必不可少。但是，随着时代的必然发展，或许就会出现我们每天都需要的新商品。比如说，有了家用打印机，你就可以每天清晨随心情打印新的首饰，晚上回收再利用打印材料。每周还可以根据需求打印优质的小礼物。它们未来还会有什么功用，或者以后人们会怎样使用它们，目前还很难预测。但可以确定的是，要是没有这种我们每天或者每周都需要的“神奇物品”，打印机就会止步于工厂或指定的打印中心，无法“飞入寻常百姓家”。

本篇总结

这部分我们来总结一下第一场革命——个性化制造革命。这场革命让每个人都可以舒适地在家里制造各种产品，用于出售或者单纯的自娱，从昂贵的艺术品到小小的毛衣纽扣，只有你想不到。实物的设计也会变成在网上流转的信息流。网上看到的东西，都可以用3D打印机变成实物。一切实物也都可以通过网络进行复制和改进。再过些时日，3D打印机还可以打印食物、药品，甚至是人类器官。这就是个性化制造革命。

这场革命会让世界更美好吗？是的，几乎毋庸置疑。它会提升人类的创造力，削弱等级分化，也可以随时将物质转化为信息。除此之外，这场革命还将让一大部分配送系统消失。这算是个积极的成果，因为今天有大批的中国玩具运到美国，价格实在不菲。运输用的船只和飞机要消耗大量汽油和石油，污染大气和海洋，对地球的伤害极大。

3D打印技术的诸多优点也可能让我们忽视这样一个事实：和任何一场革命一样，个性化制造革命也会带来伤害。一旦很多商品都可以在家中生产，那些店铺的存在就没什么必要，卡车司机和售货员就会失业。一些工厂会倒闭，迫使大量装配线工人以较低的工资另谋出路。除非公众，也包括你我，已经准备好迎接这场革命，否则数百万人可能会被迫离开工作岗位，开始艰难的再就业。

听起来有点儿头疼？也许吧。但要知道，那些在这场革命中失业的人可以坐在自己家中，用计算机把心中所想打印成3D的现实。他们还可以通过线上线下的途径把这些东西卖掉。等一切尘埃落定，个性化制造革命会帮助人类更好地掌控自己的命运。

走向光明，或黑暗。

The Guide to Future

第二篇

智能革命

1984年，《终结者》系列电影第一部首次亮相。这已经是三十几年前的事情了。它让人们开始直视这样一个问题：能否赋予计算机和其他机器真正的人类思维？电影中，一个具有自我意识的计算机网络——天网与人类展开了全面战争。它取代了人类软件工程师，控制了机器，并向多个城市投放核弹，创造了杀人机器人，去扫除地球上为数不多的幸存者。几十年以来，许多人开始相信人工智能会在某一时刻攻击它的创造者，并让我们这些讨厌的人类从地球上消失。

但到目前为止，这种情况并没有发生。原因很简单——我们比想象中更聪明。

这些年来，人工智能的研究者和开发者已经意识到，他们设定的终极目标——模仿人类思维能力——比之前预想的要难得多。原因有很多，但即便今天，人工智能研究者们也不确定可以让计算机像人类一样思考。障碍太多，研究几乎止步不前。因此，要想开发出一台计算机或者一种算法，让它以与人脑相似的方式思考和处理数据，显然要花更多时间。

不过，在不久的将来，我们确实可以开发出一种计算机，让它在一定程度上模仿人类思维。即便是这种有限的进展，也会改变世界。

此时此刻，智能革命正在发生着。它描绘着人类的未来。在那个未来世界里，计算机可以取代人类掌控一些任务和活动，比如与他人交谈、驾驶、处理客户服务等。因为计算机能在一定程度上模仿人类思维，它们将在这些领域逐步站稳脚跟。但是，它们不会发展自我意识，也不会有任何知觉。

下面的章节会描绘智能革命的方方面面，分析它将为人类生活带来的积极和消极影响。

第二章
足够智能的电脑

先了解自己吧，切莫狂妄地窥测上帝，

人的研究对象应该是人类自己。

——亚历山大·蒲柏，《人论》

计算机会越来越先进，直到可以用自然的语言与人类交流，提供先进的服务，替代一些人类工作。

图灵测试

数学家艾伦·图灵（Alan Turing）生于20世纪初，被誉为当时最伟大的思想家之一。如果觉得言过其实，你可以去解一下，正是他的思想和理念为今天所有的计算机奠定了基础。如果说所有的哲学都是柏拉图哲学的注脚，那么也可以说所有的软件、硬件和计算机科学创新都是图灵思想的注脚。

不知道图灵有没有意识到他对计算机技术发展会有多么深远的影响。阅读他的著作，你会发现他曾提出过这样一种可能性：有朝一日，人们将开发一种先进的机器，这种机器拥有人类一样的智慧水平。他对这样的未来非常感兴趣。图灵曾想：“我们怎么知道一台机器是否真的智能呢？”随后，他提出了一种思想，这就是今天的“图灵测试”。

我们可以用一种现代的类比方法总结一下图灵测试：正在阅读此书的你自然是拥有智能的，试想你的脸书访客正邀你参与对话。你怀疑对方可能是个机器人，是个伪装成人的电脑程序。它只是想赢得你的信任，以后再找机会推销东西。但是，你怎么才能确定呢？你可能会试着跟对方聊天，问一些只有真正的人类才能给出正确答案的问题，这样不断挑战对方，直到对方露出真面目。这就是图灵测试。假如访客通过测试，你也相信对方是一个有血有肉的人，而不是计算机，那么图灵就认为，这台计算机或者它应用的软件在对人类语音或打字输入及输出的模拟已经达到足够高的水平，至少外在表达方面已达到足够高的水平。

图灵测试广受赞誉，主要是因为它简单、直观，容易理解。不过，它虽然很简单——或许正因为它很简单——它没有真的测试计算机的智能水平或者它与人类智能的相似程度。人的一生会有各种各样的感受和见解，要开发能像人一样思考的计算机，我们还有很长的路要走。话虽如此，再过几年，我们还是有希望创造一种具有人类基本智能的计算机软件。

问题来了：还要多久呢？如果我们真的做到了，这种软件会给我们和我们下一代的生活带来什么改变呢？

其实不用考虑太远的未来，即便今天也有些算法或计算机程序能够时不时地通过图灵测试。机灵机器人（Cleverbot）就是其中之一。不过，它虽然很成功，但还远没有拥有真正的智能或者人类的思维能力。原因可能在于它的会话技巧是从普通的“键盘侠”那儿学来的。

机灵机器人是在1997年前被上传到网上的，它从那时起就可以跟那些寻找片刻消遣的访客随意交谈。该算法将访客回答的句子储存起来，变成机灵机器人会“说”的话，然后在与其他访客对话时用来回应类似的句子。这是一种非常简单的对话方式，但是机灵机器人每天大约要进行10万次这样的谈话，积累了大量不同的句子。

2011年印度科技节上，机灵机器人的最新版本接受了图灵测试。30名志愿者和该算法进行了30次对话（每次持续4分钟），并由100人投票，观众对每个使用者的表现打分。计票结果显示，机灵机器人有59%的回应被认为是人类行为。相比之下，只有63%的人类反应被认为是人类行为。最近还有一个聊天机器人成功假扮成一个13岁的乌克兰男孩，而且它还有一种古怪的幽默感，可以用玩笑来转移一些难接的话题。

当然，不管是机灵机器人还是其他聊天机器人，都不具备真正的智能，也无法像人类一样思考。不管怎样，就像刮胡子的时候，浴室里的镜子只能反映出你的脸而已。未来可能会有极其先进的镜子会投射出你脸部的不同角度，让剃须更顺畅。甚至可能会有能投射3D影像的镜子，但是它都只能反映发生在它之外的、正在别处发生的过程。装置内部显然没有一个与我相同的大脑。机灵机器人也是这样的，因为它无法分析和处理数据或新情况，也无法做出自己的反应。比如说，它就永远无法取代实验室的研究人员，开发实物模型。如果所有人类都以机灵机器人的方式思考，那科技界会完全满足于现状，止步不前，一遍又一遍地复制相同的思想，不求改变，也不求进步。

悲观主义者会说一些人类在大部分时间里行为举止本就与这种不求进步的情况非常相似——这倒也不无道理。人类会从多年来学到的或者记住的行为模式中选择一种，然后照此行动，即便完全不合时宜，也不知改动。这当然有些夸大其词。人类天生就会分析新情况，并以此为基础，努力调整自己。问题是：是否有可能开发一种能构建广泛的真实世界知识库，并据此做出反应的计算机呢？

这确实是个大问题。2011年，IBM研发的计算机沃森（Watson）打败了《危险边缘》（Jeopardy!）[①]节目史上胜率最高的两位人类选手，赢得了一百万美元。这说明，它可以“理解”自然说出（写出）的问题，那些从前只有人类才能成功回答的问题。这些都是来自阅读书籍、在线百科全书和数据库，再加上提炼各种关联和见解实现的。

《危险边缘》并不是普通的冷门知识小游戏。问题的作者总是竭尽所能创造复杂的谜题。而且，这个问答节目中的大多数问题甚至都不是以问题的形式提出的，用的是描述性或者陈述性的句子，选手们需要自己去弄清楚问题究竟是什么。

比如说，在一个普通的问答游戏中，我们可能会遇到这样的问题：“丘吉尔的出生地是哪里？”虽然可能很多人答不出来，但这个问题本身简单明了。《危险边缘》节目上的问题更像是两个人在不经意的对话中出现的句子。节目中可能出现这样的问题：“爱因斯坦看到这个英国小镇上的宏伟宫殿时，很受触动，于是送给丘吉尔一块小手表，让他铭记自己出生的地方。”主持人说这些话的时候是想知道什么呢？其实，就是前面那个简单明了的问题：“丘吉尔的出生地是哪里？”

人类当然会觉得从那段陈述中提取出问题相对容易，但对计算机而言则并非易事。沃森计算机的开发人员并没有试图让它能真正理解（至少是我们所定义的“理解”）什么。相反，他们给沃森计算机输入了相当于大约100万本书的文本数量。沃森计算机把这些书中的段落拆分成句子，再把句子拆成单词和短语，并努力找出这些词之间反复出现的关联。这样，它就能了解到很多知识，比如船只可能会沉没，学生会有考试分数，人类探险家会在遥远的海滩登陆。利用这些词之间的关联，沃

① 美国的一档电视智力竞赛节目，该节目采取独特的问答形式：参赛者必须根据以答案形式提供的各种线索，以问题的形式做出正确的回答。——编者注。

森计算机甚至能在三秒之内回答《危险边缘》中最难的问题。

为了更好地说明沃森计算机“思考”的方式，让我们来看一个例题：“1898年5月，葡萄牙庆祝哪位探险家到达印度400周年？”沃森计算机不会去理解这个问题，而是会把它拆分开。根据“400周年”一词，它会从1898减去400年，得到1498年。它查阅数据库，意识到这一年与很多历史事件相关，但是哪一个才是正确答案呢？“探险家”一词引起了它的注意。它查阅了探险家名单，并将其与1498年联系起来，就发现那一年达·伽马在印度的卡帕德海滩登陆。它继续研究“卡帕德海滩”这个词，发现这个地方经常跟印度联系在一起，而“印度”一词恰巧也在问题当中！所以，在这个过程的最后，沃森计算机回答的是“达·伽马是谁？”它回答问题不是通过理解问题，而是去它所读书中查找两个或两个以上单词之间联系出现的次数。这种复杂的算法运行于2800个IBM核心之上，利用15TB的内存，让沃森计算机能在三秒之内完成这些计算，并彻底击败了它的人类对手。

不过，沃森计算机也并不是万无一失的。节目中出现了一道很难的问题：“在1904年获得双杠金牌的美国体操运动员乔治·埃塞尔（George Eyser）的生理异常。”人类选手有些不知所措，回答说埃塞尔少了一只手。这是个严重错误，因为其实是少了一条腿。沃森计算机给出了更准确，也更糟糕的答案：“什么是腿？”而正确的答案应该是“什么是缺一条腿？”沃森计算机可能没找到“异常”的意思，所以才犯错的，因为这个词一般不会跟失去一条腿之类的意思联系在一起。对沃森计算机来说，正常的腿和缺失的腿没什么区别。两个词对它来说都一样陌生。确切地说，两个词对它来说都毫无意义，只是单词而已。

沃森计算机是智能的吗？具有自我意识吗？能像人类一样思考吗？总的来看，沃森计算机创建关联的过程可能跟人类思考的过程有些类似，将现实世界中的各种东西联系在一起。但是，沃森计算机无法独立思考或行动，它只能根据需要回答问题，而且需要预先在它内部设定好游戏规则，用来引导它选择最佳答案。

不过，沃森计算机确实是以一种独特的方式获得了基础知识——浏览人类的阅读材料。这是个不错的技能，但是就像前面说过的，它取决于针对特定目的的算法。在问答节目的案例中，这个目的就是在这个世界上最难的问答节目上在三秒钟之内给出问题的答案。为此，沃森计算机消耗了大量的计算资源，消耗了大量电力。简而言之，要满足那些只使用个人电脑或者手机的普通人的需求，还有很长的路要走。

但是，如果IBM或其他类似的软件和硬件公司成功地让沃森计算机可以为普通人提供服务会怎么样呢？

沃森机器人走近大众

鉴于沃森计算机和机灵机器人目前的能力，人们可能认为再过几十年，商业公司就能结合这两种算法并创造各种新型超级算法。方便起见，我们就称他们为“沃森机器人”。这种算法能像人类一样跟其他人交流，可以从书本中学习新知识，并在对话中使用，就好像它们是智能的一样。但是，普通人能通过电话或者在线聊天来使用这些算法吗？

未来学家们认为答案是肯定的。将近73%的未来学家预测，到2030年每个人都能用上沃森机器人或者等效的算法。

沃森机器人要怎样走近大众呢？毫无疑问，未来几年内，代表计算机性能的处理速度、内存容量和各种其他参数都将大大提升，但要让普通消费者也能自己操纵沃森机器人，恐怕还很难。最好的回答是消费者不必操纵它。相反，它们能学会“外包”。比如，我问手机一个问题，它可以通过无线互联网将问题转发到沃森机器人所在的大型服务器群，到那里处理这个问题，然后返回给我适当的回应。苹果公司的Siri系统就与此类似。

沃森机器人可以服务各种客户，相关需求也会很广泛，会租借给医院、私人企业和报纸编辑，等等。这种新的信息处理技术将在这些焦点领域中立竿见影。

沃森机器人走进办公室

首当其冲的是客服行业

目前，任何一家大公司都至少有一个客服部门。客服的任务通常都不是最紧要的，一般只是保养、客户技术支持、决定是否派遣技术人员到客户家中等。只有少数人才有权自由做决定，包括批准员工福利等。每一家体面的大公司都有成百上千的客服人员，24小时轮班工作。公司必须最少支付每个人最低薪资、养老金和其他强制性的社会保障等。相应的，员工也要为公司服务，但很多客服是学生兼职担任的。他们常常无精打采的，总觉得公司在剥削他们。他们只是为了支撑学业而不得不承受这份负担而已。

为什么不干脆用电脑取代这些人呢？

其实这样的问题很多公司都会遇到，比如那些电话通信或者网络服务公司、电器制造公司，或者任何产品可能损坏、需要客服实时介入的公司。这些公司的管理人员会需要智能电脑服务来应对各种各样的客户——易怒的、友善的、胡搅蛮缠的，或者被爱人敦促打来电话的，等等。这些智能电脑可以用各种语言跟客户交流，当然，还比雇用那些要拿最低工资的学生便宜得多。最重要的是，这些计算机能迅速学会必要的知识。它们每周听一次所有的对话，总结知识，不断进步。

当然，提供这些计算机服务的公司也是无利不起早的。他们要收取第一阶段的启动费用，然后派一组计算机工程师来教沃森机器人如何应对网络另一端那些难缠的人类。经过几个月与真假客户交流的考验之后，沃森机器人的工程师团队才会去下一个项目，只留下一个工程师作为系统和公司客户之间的联络人。这位工程师就相当于整个客服部门，监管几十台甚至几百台沃森机器人，检测并识别各种问题，然后提醒公司的客服代表。当然，公司已经不会雇用那么多客服了，可能只保留几位，以防极少数情况下确实需要人类客服。那么，现在各公司已经雇用的那些客服呢？显然，马上裁撤。

不过，可能也不会那么匆忙。裁员可能不会马上开始，可能也不会全面展开。可能在实施的初期，沃森机器人也只会用来做一些基本的客服服务。它们只会询问客户的意图，然后等人类客服人员来处理。过几个月、几年，甚至几十年，等到人们对这项技术的能力更有信心之后，才会用计算机处理更复杂的问题。到那个时候，成千上万的人类客服都将被解雇。

影响是显而易见的，这种做法造成的伤害也是实实在在的。不过，其实很多这样轮班工作的客服都是还没毕业的本科生。这样的话，后果可能还不太严重。学生们会找到其他的低端工作支撑自己的生活直到毕业。只是，有些人年纪已然不小，却无法找到别的工作，而他们的家庭还要靠他们的微薄收入来度日。对于这样的员工，造成的伤害可能更大。而这还仅仅是个开始。

白领的工作受到威胁

沃森机器人算法的伟大之处在于，它不仅能与人类交流，还能根据需要掌握新技能。算法发展到这个阶段，就将对白领和中产阶层的专业人士构成威胁，包括政府官员、保险代理、汽车经销商、顾问，甚至心理学家。所有这些工作都要基于专业人员和客户之间的交互式会话。这些对话都遵循一些常规的、特定的模式。虽然要掌握这些专业的技能和经验通常需要很多年，但是沃森机器人每天可以进行数千次这样的对话，分析对话内容，并以惊人的速度继续学习、发展，并提高自己的技能。

私营部门的白领会被大量裁减，但在公共部门，工会将阻止大规模裁员。这些部门固有的缓慢适应能力也不允许它发生。那里的人员还会继续为人类服务，效率一如既往地低。这种情况会持续一段时间，直到公众压力越积越多，迫使政府采取极端措施，迫使大批雇员要么提前退休，要么重新接受培训。

医药行业会受到什么影响?

即使在今天，沃森计算机的海量计算资源也被用于深入阅读大量医学书籍。很多工程师期待它获得足够的医学知识，可以成为医生的远程助手。未来的沃森机器人还将作为医生台式电脑上的默认助手。医生将病人的症状输入电脑，算法会迅速找出与所有这些症状匹配的疾病，并提供适当的治疗方案。

听起来像科幻小说？其实早在2013年，IBM和伟彭公司（WellPoint）就宣布达成合作。此后，沃森计算机就一直在学习诊断癌症并为医疗提供建议。沃森计算机已经阅读200多万页重要的医学和生物研究文献，也接触了许多近期癌症患者的最新临床数据。有了这些信息，沃森计算机现在几乎可以在30秒或更短的时间内为医生提供详尽的治疗建议。绝大多数有幸与它一起工作的护士都同意遵循它的治疗指南。

以色列克拉利特医疗保健服务集团（Clalit Health Services）的医疗技术总监齐夫·罗森鲍姆（Ziv Rosenbaum）博士表示："我们在做出诊断的时候必须要用计算机系统。我们人类本身根本没办法处理海量的信息。医生试图将他们全部的知识和经验置于医学文献之上，并在此基础上得出结论，做出诊断，找出最适合的方案。但是，要想对这个领域的各种研究成果都了如指掌，实在是难如登天。更何况，每一周都有大量新的研究成果发表。如果有一个系统不仅能提取病人的症状特点，还能指导你做出诊断，选取最优治疗方案，你就可以在临床治疗方面获得明显的进步。"

现在有这样的系统可以用吗？罗森鲍姆轻轻地笑了笑。其实，克拉利特医疗保健服务集团在很多年前就已经投身智能革命了。

罗森鲍姆说："克拉利特集团已经开始使用计算机诊断辅助系统了。我们开始用几种不同的方式来配置系统。比如说，诊断辅助系统为我们提供了简单的工具，告诉我们后背疼痛应该做哪些检查——是应该使用X光、CT或者核磁共振，还是应该直接送病人回家。有些系统可以提醒我们药物的相互作用，比如两种不同的药物在患者体内会有怎样的相互作用。"

罗森鲍姆说，计算机已经在协助医生做决定，甚至可以提供初步诊断，初步分析病人的总体状况。一个典型的例子就是在分析乳房X光检查的时候——这种检查主要是针对乳腺肿瘤的。因为这是个重要的检查项，所以在美国每个乳房X光检查的结果通常要交给两位医生，每位医生要独立确认是否有可疑之处。这样做检测其实很昂贵，但罗森鲍姆认为，计算机化软件可以在一定程度上取代其中的一位医生。

罗森鲍姆解释道："放射科医生会首先进行诊断，然后解读检测结果。这实际上是最初的判断。稍后，会用计算机辅助检测软件来检查测试结果并独立找出可疑的地方。这是第二个判断。有时候这一步会提出医生忽略掉的问题。"

罗森鲍姆总结说："其实，这相当于放射科医师对测试结果的另一种解读。医生会看软件的判断和自己的是否吻合。但人类医生显然是有最终决定权的。"

将诊断辅助系统融入医疗行业的案例越来越多了。罗森鲍姆提到的计算机辅助检测系统只是这种诊断辅助系统的一个例子。罗森鲍姆说，在治疗的最晚期阶段，这种系统也会发挥作用：为患者推荐适当的治疗方案，找到问题的最佳分析方法，甚至会提供最佳分析工具的相关信息，包括胸腔管的直径和医院的医疗用品供应商等。所有这些都是根据病人的特点来判断的，因为病人的具体情况是确定治疗方案的基础。

那么，在可预见的未来里，沃森机器人和其他诊断辅助系统会取代人类医生吗？罗森鲍姆和我都觉得不太可能。

"我们无意将医疗行业变成机器人行业，"他解释道，"我们离整个医疗行业的全面自动化还有相当的距离。这个行业首先需要的就是病人和护理人员之间的信任。这种信任是治疗成功的必要因素。即便是世界上最好的医生，给出了最好的诊断，也配备了最优秀的护理人员，但是患者要是不信任这位医生，不跟他联系，就不会接受治疗。这样一位医生还会开出正确的药物吗？有可能，但不管怎么说，这位医生没能改善病人的状况。信任是最重要的，目前机器人或复杂的软件系统还没有赢得这样的信任。”

的确，沃森机器人以及它同类的软件还无法与病人交谈，让病人感到有信心且平静。罗森鲍姆说，到目前为止机器人还无法深入调查患者的病史。不过即便它们有这样的能力，很多人可能也不想让计算机以这样的方式来问诊他们。最大的问题还是当前智能计算机的局限性。它们还不够智能。

罗森鲍姆解释道：“决策过程依赖于计算机算法的辅助，这既是可取的，也是明智的，但是这并不是最后的裁断。这些系统现在并不是绝对可靠的。我们还要做很多的创新和改进。目前的技术还无法取代人类的技能。”

如果是这样的话，那么几年之内计算机不会取代人类医生。话虽如此，拥挤的医院和稀缺的医生可能迫使医疗保健公司为客户提供独享服务——远程医疗顾问。比如，通过现在计算机化的电话菜单，可以通过按键找到想找的人。同样，诊断辅助系统或许也能初步检查病人的症状。它们将从这些信息中提取重要的数据提供给人类医生，有时还会提供即时的治疗建议。

机器人也会写作?

就像沃森机器人可以与人类交流一样，有些电脑软件还可以写作。有80%以上的未来学家认为，到2030年，1/3的报纸文章将由电脑编写。大多数未来学家认为这种情况最有可能出现的时间就是2024年到2030年。

未来学家是如何得出这一结论的？其实，写作并不像我们想象的那么难。现在也有一些算法可以像记者一样基于真实事件的信息写文章。在这些算法中有一个特别值得注意。

叙事科技公司（Narrative Science）的算法包括几个步骤。首先，它收集信息。如果是体育赛事，这个算法就会过一遍在比赛中快速生成的各种数据，比如每个选手拿了多少次球，是哪位选手，谁投进了第一个球，是扣篮还是外线投篮，等等。这些数据都是在比赛过程中自动记录下来的。算法有权限访问这些数据并将它们插入到预先编写好的模板句子中。在不同的情境下，这些句子也会发生改变：如果两个足球队在整场比赛中都没有得分，其中一支球队是在比赛即将结束的时候才进球的，那么该算法会找一个句子来描述这戏剧性的一幕，同时也会表明，要是没有这份惊喜，整场比赛会毫无看点。

为了获取数据的具体含义，叙事科技公司的工程师们创造了一套庞大的规则体系。根据这些规则，算法会分析那些从比赛中获取的信息，并通过叙事附上适当的解释。但是，是谁帮助工程师们制定了这些规则呢？其实，有一些记者喜欢在背后对同事捅刀，为叙事科技公司提供咨询服务。作者们已经很清楚规则，会教会该算法去识别那些好的桥段。

公司出租这种算法写作服务的时候，客户可以选择软件的未来写作风格。该算法能够模仿不同人类作者的风格，或讽刺、悲观，或直截了当。就像之前说过的，所有这些如今都已成为可能。

那么未来会朝什么方向发展？今天的算法主要还局限在体育和经济领域（二者都有丰富的数据可供采集，可以转化为文字），未来的沃森机器人将可以在任何小众领域取代记者。目前尚不清楚是否可能通过编程，让算法来识别事件中的突出部分，并且像人类一样对其进行着重描述。其实，这也没有必要。沃森机器人会实时连接到网络，查阅关于特定事件的所有报告和文章，并将其中的句子和主题融入到新文章中。不过，写出来的东西会跟许多知名报纸现有的文章类似，因为这种做法本来就是很多年轻记者的惯用伎俩。

这意味着，记者们也会意识到自己受到算法的威胁，因为这种算法能够完成他们大部分工作。很多人都不得不另谋生计，还有一些会成为编辑——其实说得更准确一点，就是计算机保姆，确保沃森机器人不犯任何严重错误，指导它写最时髦的话题，也在空闲的时间写些感兴趣的博客。沃森机器人会马上阅读这些博客，然后纳入其数据库，用于辅助未来的分析和重组。

对抗机器

综上所述，很多人会失去工作，这将是大势所趋。像前面所说的那样，这个时代对于弱势群体来说将尤其艰难。他们主要的职业道路都在服务业。“初步分析一下数据就会发现，办公室杂务工作一项就占到了全部劳动力的15%到20%。”不过，这些人力资源服务商并不是唯一要面对这些计算机的，裁员和重组也会影响许多白领，包括心理学家和记者。

如果被解雇，这些人该怎么办呢？很多人没有接受过高等教育，当然也不可能临时转到其他领域重新接受高等教育。各国要如何应对这样的未来局面呢？为了保障机会平等，政府会被迫进行干预，甚至限制使用沃森机器人吗？

以色列战略与经济研究所首席科学家办公室主任乌里·加拜（Uri Gabai）认为，阻碍技术发展并不明智。“这太荒谬了，”他果断地说，“历史一次又一次地证明这种做法的荒谬。在类似以色列这样的小市场更是如此。即便我们今天决定不鼓励使用3D打印机或智能电脑，又能改变什么呢？这些技术并不会消失，只是在以色列看不到而已。我们的任务是竭尽所能支持技术发展，而不是操心以后那些复杂而难以预料的结果。当然，制造炸弹之类的极端情况则另当别论。”

加拜认为，技术必须向前迈进，但他也很清楚，这条路上必然险阻重重。

“人们曾经认为，中国人会成为世界的主宰，因为他们知道如何制造出比我们更好、更便宜的产品。但是，未来的计算机会比中国人更精于此道。所以，政府应该积极提供相关的培训，让专业领域的人不断进步。未来的专业领域无疑是指技术和工程领域。高技术水准是必不可少的。”

加拜深知形势严峻，也明白未来应该努力的方向。即便我们提到的一些预测不会成真，他还是认同这种整体趋势。“如果不了解未来技术，以后就很难找到工作。更重要的是，即使在这些未来的专业领域，也会有越来越多的人难以生存。现在就已经初见端倪。人们最担心的是，技术的差距会越来越大。那些技术水平较低的人会被甩在后面，甚至无法谋生。因为电脑和其他机器就能取代他们。”

技术水平不高的人都会失业吗？加拜可以修正自己的观点，但不会改变初衷。“肯定还会有别的类型的工作。旧的经济模式会继续存在。私人理发师和便利店店员这样的职位还会存在。只是，这些领域也会受到技术发展的影响。服务业也会变得更加技术化。一家披萨店要生存下去，就得出一个手机应用，方便顾客点外卖。任何一种经济模式都要拥抱技术的进步，才能不断发展自己。这在当今时代就已经显而易见了。”

所以，在加拜的概念里，未来的人类角色就是开发者、技术人员和技术工程师。加拜认为，即使沃森计算机和同类的系统走进了市场上的各行各业，取代了人类，新的工作也仍然会朝着软硬件的计算机化的方向发展。他希望以色列政府能够引导教育朝着正确的方向发展，让下一代更好地迎接未来，但他不确定政府能否做到，甚至不畏惧说出对未来的深重担忧。

“如果政府官员不采取行动，差距就会继续扩大。我们需要更多地参与经济的长期规划，了解某些领域何时不再重要。这样，政府就需要帮助民众从一种职业跨越到另一种，帮他们就业，提供各种再就业培训课程，提升他们的能力。在以色列，参与先进技术领域相对较少的人尤其需要这样的支持。政府要确保他们获得平等的机会，充分发挥人力资本的潜力。这些领域应该拉近与各技术专业的距离，确保未来有更好的表现。”

可是，加拜承认，即使政府采纳了他的建议，也会有很多人无法应对那样迅速的改变。他耸耸肩说：“有时候确实没办法。如果一个人已经60岁，没有必要的技术能力，而且连他之前从事的职业都开始消失，那么就根本没办法把他纳入劳动力大军。”

如果民众发现政府无力为其提供就业机会，他们会作何反应？显然是要怨恨的。更可怕的是，即使将沃森计算机的使用减到最少，还是有人要失业的。它的使用越广泛，裁员的规模就会越大。如果科技公司继续开发那种会代替人工的计算机，就等着看公司门前和董事家门口的大规模示威吧。极端情况下，有些失业的人可能会采取暴力甚至恐怖手段。可是话说回来，这些都是徒劳的。即使示威者破坏了实体基础设施和公司的电脑，有些算法也可能已经走进了数字领域。实体设施的毁坏也许只能中断沃森机器人的服务，但被损害的控制系统会在几个小时之内恢复算法的功能。沃森机器人不会有事儿的，它还将继续提供有价值的服务，造福人类。即便那些对立方并不想看到这样的结局，也不管你我是否支持，这都不会改变。

比较温和、也更有可能的情况是大部分人类职业一步一步缓慢地向计算机化发展，让劳动力市场适应新环境。消失的工作岗位会被新的工作取代。这些工作与计算机的交互性会更强。虽然有些人的就业条件会恶化，还有人会失业，又无法在熟悉的领域找到新工作，但许多新创立的职业会填补失去的工作。其实最重要的问题是，传统工作岗位消失到什么程度，才会让人们无法获取转行的新技能？

长期的影响

设想一下未来的生活。

我打着呵欠，下床去洗澡。四分钟后，沃森机器人建议我暂停，因为楼上的邻居也进了淋浴间，水压即将下降。按它说的做，双赢。上班的路上，沃森机器人建议我在加油站停一下，买个充气床垫。它拒绝解释原因，但是我相信它，因为它从没有出过错。到办公室后，它让我给床垫充气，然后当然是把它靠在墙上。我还是不明白它要我做这些干什么，但是照做了。

其实，沃森机器人也在为别人提供建议。比如，它会让特拉维夫大学自助餐厅的一名顾客把一整卷卫生纸扔进女卫生间的抽水马桶里。马桶堵了，下一个去洗手间的人——我们叫她莱文小姐吧——就会换个地方。沃森机器人会带她到附近的一栋大楼，同时建议我和朋友去那栋大楼的前面。我们碰见了莱文小姐，电脑给我朋友的手机发了一条紧急信息，建议他跟那个女孩儿随便聊聊。他照做了。结果，两个人没说几句话就被对方吸引了。可惜，男的住北边，女的住南边，要是当天晚上出去约会的话，就没办法在特拉维夫找个地方住了。但是！他们可以睡我办公室啊！那天晚上，床垫还真的派上用场了。

大胆地设想一下，也许以后沃森机器人会成为半神，指挥着地球上这些卑微的人类。它会让所有行动的作用最大化。每一个小小的行动，就连每次去厕所，都将有益他人，有益未来。

这样的未来难免让人又喜又怕。人类一直在寻找一个能控制并引导我们到达终点的神。如果我们选择走那条路，那么在遥远的将来，我们可能会发现自己成了这个计算机化的“上帝”的臣民。我们要如何创造沃森机器人背后的人工智能呢？每个人都能选择对自己最重要的东西——金钱、权利、知识，或者爱？或者说，电脑会替每个人做决定吗？反正人类总也不知道自己应该要什么。它的决定会带来更多好处，或者促进国家利益吗？它要如何保障人们生活的便捷又不违背大家的意愿呢？

幸运的是，也可以说不幸的是，这些问题可能永远都不重要。人类也许会意识到，不应该依赖这样一个有形的“上帝”，我们很难去理解他的“思考”过程。为了他人的利益，甚至为了整个国家的利益，沃森机器人永远都有可能去伤害一个人。这种风险是巨大的。黑客就可能破坏系统并操纵沃森机器人的指令，以此获益。

另一方面，一些愤世嫉俗的人可能会说，人类社会本来就是这样的：有些人损人利己，也有人为了家庭、国家或整个人类的利益而牺牲自己。沃森机器人可以让我们的牺牲最小化，用最少的血汗，换来最多的好处。

这样的未来离我们还很远。其实它就跟科幻小说差不多。最重要的原因在于技术——至少可以说，要通盘考虑整个人类群体，并量化他们的选择对彼此的影响，这需要巨大的计算量。要想开发一种足够强大的技术，支持全球范围内沃森机器人的创建和运行，唯一的方法大概就是开发能在任何给定时间评估并量化多种可能选项的量子计算机。今天的量子计算机正在迈出第一步，不过要完成上面所说的计算量，我们还有相当长一段路要走。所以，现在还没必要去崇拜这样一个数字化的神，不要急着点燃神香，顶礼膜拜。我们只能希望，即使我们有能力为一个无所不知的新上帝加冕，也要仔细考虑清楚之后再行动。

沃森计算机何时走入大众生活?

总结一下不同未来学家预测的时间。沃森计算机走进大众生活的时间还很不确定。研究人员不愿给出具体的年份。预测到2038年这段时间的人分布得很均匀。但是有至少58%的人认为沃森计算机会在大约10年内普及到大众中去。我也认为这是最有可能的预测，因为沃森计算机已经在试验的基础上开始提供医疗服务了。

随着沃森计算机及其同类产品融入到为人类服务的系统中，计算机在人类就业市场的份额将会不断增大。如前文所述，计算机将在新闻写作市场中占有相当大的份额。73%的未来学家认为，这个时间就在2019年到2030年之间。

计算机将继续进入人类的就业和贸易市场，但是未来学家们不确定具体什么时候计算机会占据现有的人类就业岗位的1/3。不过62%的人认为这一里程碑将在2038年到来。这个预测的意义是深远的，每个人应该都是既兴奋又害怕的。25年内，现在大学里教授的30%的专业都会消失。那时，现在在上小学的孩子们也进入就业市场了。有哪些职业会不再需要他们呢？现在还不好说，我们只知道要应对这些改变，我们只能不断向前，不断提升和简化。政府必须激励公民去学习那些即将取代现有职业（客服和新闻写作等）的东西。

以色列战略与经济研究所首席科学家办公室主任乌里·加拜断言："要想维护公民的福祉，未来政府必须非常有创造力。它必须反应迅速，找出最重要的人口特征，解码需要建立的新专业领域。政府还要具有实验性和创新性。应该不断地沿着这个方面探索，因为这将是公民未来的诉求。"

但愿如此。

是梦吗?

目前，机器人技术面临的主要障碍在于人工智能的复杂程度。未来学家想当然地认为，信息处理能力和计算机内存存储的增长不会间断。这是微型化技术的结果。虽然这是一个合理的假设，但我们不能排除将来会遇到"玻璃天花板"，这将是无法逾越的障碍，让未来的微型化几乎成为泡影，并抑制整个计算机芯片行业的发展。

这种悲观的预测会周期性地浮出水面，也持续多年了。但到目前为止，它们都被证明是错误的。从前，我们以为不可能创造出小于0.000001米（1微米）的晶体管，但没过几年就实现了突破。后来，许多人确信，我们不可能实现纳米级（即十亿分之一米）分辨率，但想象中的障碍又一次踏平了。很难想象计算机的这种发展势头会突然停止。

不过，也有可能说，10年到20年内，我们便无法再有效地缩小晶体管了。

好的一面是，即便现在的计算机不再改进了（上面说过，这不太可能），现有的技术也足够强大，可以让这一章里提到的大部分预测成为现实。在这些技术基础上创造的算法仍然能够充当优秀的销售代理，帮助医生做出全面而明智的诊断，甚至撰写新闻稿。

当然，也可能拿不到通行证。几乎可以确定，会有一些国家和政府会禁止计算机进入某些特定领域，与人类竞争。这种不可避免的下意识反应可能会帮助一些人在短期内保住工作，但从长远来看，这会让他们在全球舞台上的竞争越发无力。这种反应将是灾难性的。

要追求公民利益的最大化，政府必须投资教育，提高公民的科技素养，让他们能找到需要使用先进的集成计算机的工作。只有足够聪明的公民，才能应付并驾驭那些足够智能的电脑。

第三章

希望之路，绝望之路

去吧！奇妙的人！去攀科学指引的高峰，

去吧！去称量地球、空气，去测定潮汐；

去为各大行星指定应该运行的轨道，

去调整不适用的时间和太阳的速率。

——亚历山大·蒲柏，《人论》

自动驾驶汽车会把我们从家里送到学校、医院，还有养老院。

“这样不行的。”我对妻子抱怨道。那是2011年初的一天。两周之前，我在海法的以色列理工学院完成了博士学业，然后开始在特拉维夫大学做研究员。海法位于以色列最北部。那是我出生和长大的地方，所以决定还和妻子住在那里，然后开车上下班。

但是刚过两周，我就放弃了。

如果你曾经在两个大都市之间开车上下班，就会明白早高峰有多可怕。大部分路段还是通畅的，但到某些地方就会减慢，直到寸步难行。我每天的通勤时间都在一到三小时，视交通情况而定。也就是说，我们要保证早上九点到工作单位，就得七点之前出门。这两个小时里，得花一大半时间盯着面前的保险杠，还要集中精力剃须或化妆。一旦司机走神儿，就可能要躺进医院。

交通拥堵这件事，相信有同样遭遇的绝不止我一个人。世界各地的司机都面临着类似的问题。美国司机每年花在通勤上的时间平均超过100小时。这意味着每天从A点开车到B点平均要用52分钟。每一天都要花将近一个小时！全浪费在听流行歌或无聊的电台谈话上了。所有这些，都是因为要驾驶一个装有数十升可燃燃料的四轮金属箱，而且它的速度通常超过每小时100公里。虽然大多数人都不允许持枪，但拥有这样一个移动炸弹肯定是合法的。

有办法解决吗？公共交通的提倡者马上会说可以使用公共汽车、火车和出租车。但很多人也会马上指出，即便在西方，公共交通也没有发展得很完善。确实是这样的。而且，人们总是更想自己开车上下班、购物或者和家人出门度假。如果你说一辆车90%以上的时间都是扔在停车场或者马路上的大块废金属，大多数人是不会认同的。

不过，公共交通还是有其独特的优势的。我最终决定坐火车上下班。速度很快，也相对可靠（肯定比经常堵车的高速路靠谱），也许最重要的是，它解放了人的双手和思想。我可以在火车上睡觉、读书、写字，甚至工作，不用担心火车会突然变道，或者有另一列火车撞过来。火车、公交和其他公共交通工具的一个显著特征就是，你终于不用自己驾驶了。

那么，如果我们让私家车也有这样的属性呢？

自动驾驶车辆

近年来，一个崭新而非凡的技术领域突飞猛进，它让汽车可以自主地移动和做出决策，不需要人类驾驶员。这种自动驾驶汽车——有时媒体也称之为无人驾驶汽车——将能够穿越高速公路和城市街道。按照我们的期待，它们必将改变世界。

很多企业都在研发不同类型的自动驾驶汽车。其中最具雄心的当然要算谷歌这个21世纪最具创新力的公司之一。这家在线搜索巨头最近已经开始运营一个小型的无人驾驶车队，在无人干预的情况下行驶了大约50万公里。2014年5月，谷歌发布了一款无人驾驶汽车原型，它既没有方向盘也没有踏板。这些先进的车辆可以在拥挤的高速公路或者蜿蜒的旧金山大街等各种困难的环境中实现自主导航。

在接受在线科技新闻网站Wired.com采访时，一位熟悉该项目的谷歌高管介绍了这款车的性能："这款车时速75英里，可以识别行人和自行车。它能识别信号灯，也可以在高速路上并道。"

其他公司以及学术界也在推进类似的项目。斯坦福大学自诩拥有一辆无人驾驶赛车，大众等大型汽车制造商也在积极努力把无人驾驶汽车送上马路。宝马最近宣布将在2025年开始无人驾驶汽车的商业化制造。丰田和福特将只生产具有有限独立性的汽车，计划将自动停车系统整合到汽车中。同时，日产采取了谨慎的策略，目前"只"提供一个可以辅助驾驶的踏板，防止粗心驾驶。

其他公司则在集中精力开发部件和设备，帮助驾驶员注意盲点，在他们疲劳时保持警觉，或者在司机允许的情况下，在缓行路段（时速10公里或更慢）采取一定控制措施。

以色列理工学院机械工程学院的教授什洛莫·贝霍尔（Shlomo Bekhor）已与以色列理工学院交通研究所所长一道，参与了三个无人驾驶汽车领域的国际研究项目。

他说："其实这些年来，很多组织和机构已经可以开发出类似的自动驾驶系统了。这些车辆都用自己的专用车道，与人类驾驶的汽车隔开。可以说，最新的突破就在于整合统一了自动驾驶汽车、强大的计算机，以及能够调节并探测静止和移动物体的监控系统。谷歌的各项测试正在如火如荼地进行着。它让人们相信，自动驾驶汽车不是梦想。”

谷歌具体做了些什么呢？它将各种科技融入无人驾驶汽车，很多技术更多是用于军用坦克而非小型民用汽车的。无人驾驶汽车使用精密雷达扫描周围环境，探测附近的物体。它可以旋转激光雷达（激光探测与测量），用激光照射目标并分析反射光来识别物体。红外摄像机让它在黑暗中仍有“视觉”，同时配备GPS，以及速度和加速度传感器。谷歌的无人驾驶汽车还配备摄像机和计算机化的“大脑”，用于处理从各传感器接收的信息，重建汽车附近的动态图像，同时预测即将到来的情况：几秒之后左面那辆车会在什么位置？我应该现在超车还是等它超我？

如果是一辆普通的汽车，它要依靠人类驾驶员来做驾驶决策，并相应地操作方向盘和踏板。但如果是自动驾驶汽车，人类“司机”可以不用动手，甚至去后座上睡一觉。汽车可以自主导航，在高速路或者城市街道上行驶，不会撞到突然跳出来的孩子或者小猫，还会在斑马线和交叉路口让行。谷歌的汽车不会有任何人为的失误，因为司机就不是人类。所以说，虽然前面说过，自动驾驶汽车集合了各种复杂先进的技术，它还是比人类驾驶的汽车要安全得多。为什么？因为人类就是人类。

贝霍尔解释道：“很多交通事故都是人为失误造成的。只要你能建立一个车队，让各个车辆之间保持恒定的距离，就可以避免事故的发生。如果能在一个区域内所有的车辆间建立联系，或者在车辆与信号灯之间建立联系，就可以避免大部分交叉路口的事故。最重要的就是要用计算机来控制驾驶速度。”

他承认："这也是科学与大众之间脱节最严重的地方，就是大部分人觉得速度本身不会带来致命危险，所以开快点没关系。这无可否认，但前提是你不撞上其他人。但是我们又很清楚，不同的人以不同的速度开车必然会发生事故。自动驾驶系统可以确保车辆以适当的速度行驶，从而大大减少事故的发生。"

据贝霍尔计算，谷歌的自动驾驶汽车可以大大减少交通事故死亡人数。浏览一下统计数据就会发现，近年来发生的大多数事故，准确地说是95%的事故，都是人为失误造成的。在美国，每年交通事故造成的经济损失约为2000亿美元，更不用说还有成千上万的人还因此失去了生命。

自动驾驶汽车会防止相当一部分此类事故的发生，主要是因为它们不受人为失误的影响。它们不知疲倦，也不会因为别人抢道而路怒症发作。导航的计算机不会在上班的路上刮胡子、打电话，也不会听广播。传感器不会被视觉错觉所欺骗，换作人类就难说了。谷歌的汽车已经行驶了50多万公里，只报出两起事故：一次是人类司机追尾了自动驾驶汽车；另一次是人类监管人员决定切换到手动驾驶模式，结果撞上了另一辆车，发生事故，还卷进来另外五辆车。人为失误再次导致恶果。

贝霍尔说："还没有很多研究可以说事故数量究竟能减少到什么程度，但是现在有些系统是可以帮人类驾驶员保持在自己的车道上的。只要是这样的系统，都能让交通事故死亡人数下降5%到10%。那所有这些系统协同工作，会减少多少事故呢？没有人能给出确切的答案。但似乎一个完全自动系统可以把事故和死亡人数减少一半。我甚至猜想：要是能相应地规划自动驾驶汽车和（交通）基础设施，也许能实现零事故。"

这种愿景能实现吗？未来学家似乎觉得可以。70%的受访未来学家认为无人驾驶汽车将在25年内大规模集成，但接下来几十年需要解决一些问题。本章后面将探讨无人驾驶汽车将如何一步步驶上街道，以及将带来的影响。

驾驶自动化即将到来

几十年来，无人驾驶汽车的技术一直在逐步改进。自己驾驶技术的应用也越来越普遍。比如，有些系统可以控制刹车并调节驾驶员的刹车力度，还有些系统可以在拥挤的缓行路段控制车辆，人们甚至还开发了自动停车系统，等等。受访的未来学家中有80%的人认为，到2030年，这些系统将得到全面的应用。

当然，这些都是半自动驾驶的汽车，大部分时间仍然需要人类驾驶。但是它们的重要性在于让人类驾驶员对自己的车以及内置的半自动驾驶系统更有信心。到2030年，发达国家大部分的司机应该已经上完了新的驾驶课，学会了如何跟半自动驾驶系统配合，学会在某些情况下可以放开方向盘，可以不看路，把驾驶工作交给自动程序。目前，这种信任感已经在逐渐增加了。2012年年中，欧盟甚至通过了一项决议，要达到最高的安全评级，汽车制造商需要在所有新车中安装自动刹车系统。根据这一决议的相关研究，自动驾驶系统可以减少27%的事故，挽救8000人的生命，每年减少损失达63亿欧元。在人们逐步适应这些半自动系统的同时，各公司将继续完善它们的全自动汽车的性能。

贝霍尔说："未来10年到20年，谷歌将把无人驾驶汽车带进大众的视野。其实，谷歌一直在这方面努力着，只是我们可能没注意到。它做的最重要的事就是让公众意识到这是可行的。几年以前，这正是最需要做的事，好让立法者同意让这样的车上路，也让人们同意坐进这样的车里。”

即使现在，也已经有很多人对自动驾驶汽车深信不疑了。在英国和美国进行的一项调查中，49%的受访者表示，乘坐自动驾驶汽车不会觉得不自在。这样看来，现在人们已经越来越信任自动驾驶汽车了。我们可以假设，10年到20年内，大多数人会同意使用自动驾驶汽车。

现在需要的就是一个定价标准了。

我们买得起自动驾驶汽车吗?

首批上市的全自动汽车会相对贵一些。多贵呢？谷歌发布的数据显示，目前其自动驾驶汽车所整合的技术成本已达到15万美元。运用激光束实现机器视觉的激光雷达，成本7万美元。这当然不是个小数目，但是谷歌工程师预测，过几年，市场上的激光雷达系统价格会更合理。举个例子，德国的伊贝奥公司（Ibeo）宣布，将以每辆车250美元的价格向某家汽车制造商提供激光雷达系统。

基于这些数据，我和很多未来学家认为，10年到20年内无人驾驶汽车的成本将大幅下降。当然，价格仍将远高于（类似的）传统汽车，但是成功的品牌推广会让汽车的使用者和汽车租赁公司意识到，无人驾驶车辆是一项明智的投资，因为它几乎不会发生事故。

自动驾驶汽车制造商肯定会积极营销，强调其产品相对传统汽车的优越性。当然，自动驾驶汽车将首先经历一个大规模试用的时期。如果几十年后的某个时间点，人们发现媒体隐瞒了此类车辆的某些重大事件，哪怕是一件，也可能不会再购买它们。如果那样，可能就要花相当长一段时间才能让它们重新上路。

方便起见，我们先假设这段时期内没有任何轰动的大事故，或者即便出现了几起事故，也被制造商迅速压了下去。假如自动驾驶汽车出现事故，制造商代表会在几个小时内登门拜访当事人，给出诱人的条件，敦促其对事故保持沉默，不要公之于众，并在庭外和解。

在这段时期，保险公司会和汽车制造商一起研究自动驾驶汽车的保险方案。事实上，谷歌已经在和保险公司协商了。人们普遍认为，在自动驾驶汽车普及之前，这是最需要解决的问题。保险公司提出了一个有趣的问题：如果发生事故，谁要来负法律责任？肯定不是司机，因为他都没有碰过方向盘啊！所以，谷歌和梅赛德斯等汽车制造商很可能会自己承担大部分保险费用。

一旦保险问题解决，并且让公众发现这种汽车比传统汽车安全得多，它们就会像现在的汽车一样成为大众消费品。虽然开始几年价格可能比较高，但是如果有政府意识到它们能大幅减少交通事故并极大缓解交通拥堵，从而开始提供补贴的话，可能会有重大突破。一旦政府给予支持，大多数普通人就会愿意也可以买得起一辆新的或者二手的自动驾驶汽车。要不了几年，自动驾驶汽车就会变得更便宜，路上的自动驾驶汽车也会猛增。

关于这个问题，受访的未来学家中有70%的人认为，到2050年路上至少有30%的车会是自动驾驶汽车。到那个时候，我们的世界会变得越来越机动化、机械化，而更重要的是更加自动化。

自动驾驶汽车的短期影响

对经济的影响

自动驾驶汽车能在多大程度上改善交通拥堵？很难说，因为我们既不知道它们未来的特性，也不知道它们以后在最佳车速时的效率如何。不过很明显，自动驾驶汽车所需保持的安全距离可以比现在的小。哥伦比亚大学的一项研究预测平均公路交通速度为每小时120公里，安全距离为6米，相比之下，两辆传统汽车的安全距离要接近60米。根据这一预测，目前的道路可以容纳的车数几乎是现在的3倍，而且不用考虑时间段问题。多数路段将告别拥堵。

如果我们假设自动驾驶车辆能完全消除交通拥堵（有点过于乐观，但为了方便起见，暂且这样假设），那么我们就能初步估计其经济效益。研究人员阿诺特（Arnott）和斯莫尔（Small）报告称，在美国的39个大都市区，大约1/3的地区交通拥堵，导致行驶速度明显降低，每公里的行驶多了1分钟。分析一下各种交通拥堵数据会发现，仅在美国大都市地区，每年就有7500万司机浪费了共计60亿小时在交通拥堵上，简直难以想象。

是不是可以用美元衡量一下这种损失？研究表明，平均来说，美国司机愿意支付1.33美元来节省10分钟的驾驶时间，或者最多8美元来节约1个小时。按照这个标准换算，就可以算出司机们有多么珍惜他们在路上的时间：交通拥堵每年给美国经济造成了不少于480亿美元的损失，每位司机每年要损失640美元。虽然这些数据来自20世纪90年代，今天应该也还是适用的。它们表明，如果一个国家能用自动驾驶汽车来减少交通拥堵，好处是不可限量的：会节约大量的工时。

如果快递服务和航运公司也开始使用无人驾驶卡车和其他完全自动的货运服务，经济会进一步提振。这些卡车将缩短交货时间，而且可以不分昼夜地工作，不用睡觉，也不用吃饭。这样，零售商品价格就可以进一步下降，惠及大众。

对工作与休闲的影响

即使交通堵塞完全消失，还是会有很多司机要花大量时间在城市间和城市内部通行。可是一进到车里，他们会做什么呢？读报纸，玩电脑游戏，或者给孩子换尿布吗？

我们先来看看现行法律是如何限制自动车辆驾驶员的。截至今天，美国已经有3个州允许无人驾驶汽车上路了，分别是加利福尼亚、佛罗里达和内华达。驾驶员不允许在驾驶时享受休闲时光，而要时刻观察路况。万一车辆控制不当，可以马上介入，防止事故发生。但是真的有必要这样吗？答案是否定的。只是立法者对新技术的态度一向谨慎，不愿冒险，因此仍然要求司机对路上的自动驾驶汽车负责。

贝霍尔解释说："律师们已经定论，不管发生什么状况，都必须由你来负责。所以你不能在移动的车上看报纸，因为你必须时刻注意周围的情况，以防发生意外。这就像飞机的自动驾驶仪一样。自动驾驶仪就可以负责起飞和降落，但是我们要求人类飞行员完成这些活动，只是出于规章制度和责任方面的考虑罢了。如果出了什么问题，应该负责的要么是自动驾驶仪，要么是人类司机。"

这个案例研究的结论是，至少在技术发展的早期阶段，法律不可能允许驾驶员悠闲地坐在车里。自动驾驶车辆越普遍，越可靠，对司机的规章制度要求就会越放松，司机不用一直紧张地注意路况。最终，此类法规都会变成一纸空文。乘坐自动驾驶汽车，你的手脚和思想都是完全自由的。你可以自己找些游戏或者其他事情来消磨时间。

很大一部分司机肯定会选择睡觉。还有些人则会选择看书、工作、玩电脑游戏或者煲电话粥。要看书或者工作，需要乘客没有晕动病。因为当眼睛盯着固定的书本或电脑屏幕时，身体能感觉到汽车在路上移动和颠簸，这两种相互矛盾的感觉会让某些人感到头晕和恶心。一些司机可能选择药片或者非处方晕车糖浆，但是自动驾驶汽车制造商很有可能会尽量添加一些微调的控制元件，让乘坐体验更加简单平稳。

一开始，通行时间将用于休息或休闲，但是随着时间的推移，开车行驶的时间也会是员工需要（正式地或者非正式地）工作的时段。这个世界上的人们需要不停地向前奔跑，根本没有时间休息。矛盾的是，自动驾驶汽车到来以后，或许我们最后一点宁静、平和及自省的机会也要消失了。

对就业的影响

今天的汽车机械师会觉得控制自动驾驶汽车的计算机化硬件或软件问题很难处理。所以，汽车修理厂将不得不雇用计算机工程师，还要由汽车制造商自己培训和认证。

首先，会有定制的部件专门用于特定汽车制造商生产的操作系统。谷歌生产的部件不会适用于奔驰的自动驾驶汽车，丰田生产的部件也不会适用于谷歌的自动驾驶汽车。即便是原则上可以通用的部件，各公司也不会批准。汽车制造商会非常担心，也应该担心由于两种不同汽车部件的不当组合而可能导致的故障。

由于事故数量将大大减少，汽车修理厂的工作量也会减少。加上对计算机专门领域的需求以及不同厂家生产的部件组合的局限性，许多小型汽车修理厂会倒闭。取而代之的将是大型的汽车修理店。其中一些就附属于汽车制造商，甚至由他们来经营，会提供例行的检查和维修。这些店将雇用大量的机械和计算机专家。每一辆自动驾驶汽车所去的修理店都将雇用相关汽车制造商认可的专业人员（工程师和程序员），在那里负责诊断和修理。

对安全问题的影响

如果你来到以色列特拉维夫的阿里洛科技公司（Arilou Technologies）的办公区，把车停在那里，然后试图出来，可能会突然发现车门是锁着的，而自己又没有锁过门。如果你打开车门，再次试图从车里出来，会发现自动锁已重新接通。你会大吃一惊，然后干脆不看仪表盘，结果看到阿里洛公司的创始人兼首席技术官齐夫·列维（Ziv Levi）站在车外，脸上带着恶魔般的笑容。只要他想，他就可以锁定或解锁你的车。如果他喜欢，还可以控制你的油门和刹车。

虽然这个场景是虚构的，但并非不可能。阿里洛科技公司一直在开发一种系统，用于保护车辆免受网络攻击。当然，它也会试图攻击车辆来找出自己的防御系统的弱点和漏洞。阿里洛公司的工程师们检查了是否有可能通过导航和娱乐系统侵入车辆。经过几个月的努力，他们终于想出了一个办法，可以侵入任何配备某种无线电系统（我被要求保密）的车辆。

列维对我说："如今，车辆是由电脑控制的，这些电脑可以接收彼此或司机的指令。只要我能够远程连接到车辆，就可以命令它的计算机开门或锁门。我可以干扰引擎监控系统，让汽车加速，防止它减速，甚至可以让某些可以自动停车的车辆停在道路中间，或者撞到墙上。"

那么，为什么我们今天没有看到这样的网络攻击呢？列维认为，类似的攻击行为已经发生了，只是我们还没有认识到罢了。在某些情况下，车主一定认为这只是技术故障或反常现象，因为这个问题最近几年才开始引起公众的注意，而且还没有开发出合适的工具供有经验的黑客发动这样的攻击。正因为如此，阿里洛科技公司的人才会善意地让我开一辆由特定汽车制造商生产的汽车，因为他们不能简单地入侵所有车辆。侵入一种新型汽车或系统需要专门研究其品牌和系统。

那自动驾驶汽车呢？

自动驾驶汽车本质上是计算机化恐怖袭击的一个诱人目标。虽然电脑蠕虫和病毒对普通汽车几乎没有负面影响，但它们却可以严重扰乱自动汽车在驾驶过程中的功能使用。这个电脑被病毒感染的时候，最好别在它旁边。安全机构最担心的情况就是一个小小的恶意代码就可以同时破坏大量自动驾驶汽车的控制系统，让它们撞向其他汽车和路人，变成大规模破坏的工具。

这种情况能避免吗？列维面露忧色。

他指出："保护这类车辆是一项非常复杂的任务。它们有大量可能被攻击的组件。除此之外，很多时候，司机需要在非常短的时间内做出决策。如果要刹车，就现在刹车，没法考虑加密或者命令来源的问题。所以确实很难提供实时保护。由于无人驾驶汽车的所有系统都是相互协调、相互连接的，如果我能够侵入一辆汽车，我就能够控制它的每一个动作，并造成极大的损害。"

列维也认为未来的汽车修理厂将经历根本性的变革。他认为，人们将会需要那些汽车制造商自己经营的、集中的、先进的维修店。这些车间的工程师和技术人员必须熟悉车上的各个软件和硬件。这些商店本身将受益于信息安全专业人员的保护。这些专业人员将确保他们的系统不受网络攻击的影响。

从定义就能看出来，如果去这些具有精选的高素质工作人员的中心店检查和维修，必然要花大价钱。这些车辆的软件，包括杀毒软件和防火墙，会不断更新，但如果每天有成千上万的顾客到这些商店来更新他们的车，那它们就没法正常运营了。因此，列维预测以后需要进行车辆的远程更新。客户将需要从网上下载更新，然后安装到车上。或者，车辆自己下载更新。更新会加密，并单独适配到每辆车。

即便在车上安装了所有的更新软件和控制防御系统，也尚不清楚是否有可能转移所有的黑客攻击。只要投入足够的时间和精力，专注的黑客能够绕过任何保障措施。不过，通过车辆的巧妙设计以及不同系统之间的适当交互，还是可能将潜在的损害降至最低。一个最优的设计将能够限制黑客使用无线电系统等，而汽车最重要的部分，包括控制引擎、刹车和方向盘等将继续正常工作。

虽然有潜在的黑客和混乱风险，自动驾驶汽车还能上路吗？列维表示乐观。

他总结道：“我相信，自动驾驶汽车最终会走进大众。虽然我们很可能无法毫无漏洞地保护它们，大多数事故其实还是由人为失误造成的。问题主要在于人们对这些汽车的看法：如果黑客攻击导致了数百人受害，那么公众舆论可能会站到这一理念的对立面。不过，我觉得一般也不会有人毫无目的地随便掀翻一辆车。即便真的发生了，那也只是一个无聊的黑客或者恐怖分子偶然实行的车辆黑客攻击。我们也不能把它造成的伤害与人类驾驶的汽车每天造成的路上大屠杀相提并论。自动驾驶汽车是交通领域值得称道的创新之举，但我还是希望汽车制造商能提前与信息安全专业人员合作，确保技术安全，因为追溯修复故障的成本将会高出几个数量级。我很愿意拥有一辆自动驾驶汽车，但前提是它有合理的安全保障。”

虽然保护自动驾驶汽车的问题显然是没有快速的解决办法，但也很难估计它会在多大程度上阻碍进展。毕竟，计算机也会遭遇恶意软件。破坏互联网、银行网站和交通灯也可能导致混乱、经济损失甚至生命损失。通过在研发过程中将齐夫·列维这样的人和阿里洛科技公司这样的信息安全公司相连接，汽车制造商就可以尽最大努力制造“防黑客”的自动汽车了。我们只能希望，即使有人使用车辆的远程控制进行了恐怖袭击，公众和议员也不要放弃一项可能挽救生命的技术。

贝霍尔总结道：“今天的交通系统完全就是效率低下！无法否认，现在的交通系统就是在浪费空间、时间甚至是生命。无论你从哪个角度看，都不好。如果自动驾驶汽车能够力挽狂澜，我们绝对应该欢迎它们。”

自动驾驶汽车的长期影响

到这里，我们已经探讨了自动驾驶汽车引入民用市场的短期影响。正如所见，许多未来学家认为这里描述的一些事件可能会在20年内发生。

接下来会发生什么呢？

这个问题不太好回答。事实上，我们根本找不出一个肯定的答案。我们深深地植根于当下，很难真正放眼未来。几十年以后的世界仍然是个未知数。

如果我们暂时摆脱眼下的束缚，或许可以想象一个完全不同的未来。那里的城市是完全自动化的。街上几乎再也找不到人类驾驶的汽车。少数坚持自己开车的人可能会受到怀疑，就像我们今天听到有人开飞机不用自动驾驶仪的反应一样。

到了这个遥远的未来，路上的车会比现在少很多。很少有家庭会自己买车。听起来奇怪吗？其实现在，普通市民每天用车的时间也非常少。一般就是开车去上班，放在停车场。接下来的八九个小时就把它抛诸脑后了。下班之后再把它开回家，丢在车道上。既然这样，为什么大家还是觉得没有车就很难生活呢？

原因之一就是我们一直在寻求心理上的安全感。我们需要确定，当我们想要和家人出去旅行，或者需要带孩子去看病的时候，有一辆自己的车可以马上用来代步。也正因为如此，即便大部分时候，大部分车里只有司机一个人，我们还是会坚持选择四到五座甚至更大的车。

目前，城市交通工具要么太贵（出租车），要么太慢太笨重（公交车）。未来会有更好的替代方案。按理说，大中城市里不同大小的出租车——可载2名、4名、6名或者更多乘客的——一定会越来越多。同时，这些出租车将可以相互通信，通过一台中央计算机连接通路。一旦有人想去工作单位，去看医生或者到最近的杂货店去逛一逛，都可以通过智能手机应用程序或者直接打个电话叫出租车，说明乘客人数。中央计算机就会派最近的合适的出租车。上车之后出租车会沿着最快的路线去目的地，没有交通堵塞，也不会犹豫要不要并道。这些都与周围的其他车完全同步。出租车到达目的地以后，乘客下车（信用卡自动付款），然后车辆会马上去接下一位乘客。这种城市服务将是24小时不间断的。

以色列理工学院交通研究所前所长约瑟夫·普拉什克（Joseph Prashker），曾任以色列交通和道路安全部的首席科学家长达5年。他认为，在适当的环境下，公共交通可以实现自动化。

我们坐在一家咖啡馆，俯瞰拥挤的特拉维夫高速公路。他说："如果公共交通工具都有自己的专用车道，它们就将实现自主化。如今，有些大城市已经有了自动驾驶的地铁列车。如果你有自己的专用河道，自然可以畅通无阻。在巴黎，有轨电车已经发展到了很高的水平了，被称为‘水平的电梯’，几乎不需要人类监管。”

他表示：“为了避免网络攻击，这个系统必须是封闭的。而且，还有一些基本的问题要解决。比如，万一人类驾驶员误入自动公交车道怎么办？当然，为了防止出现这种情况，车道旁边可能会设置一些栅栏。”虽然还有些问题要解决，他还是确信公共交通最终会转型。“其实，现在有60%的公共交通费用都用于支付司机工资了。所以才要付出如此大的努力来推动这项创新，而且一旦发现可行，就要马上实施。”

关于大部分公共交通工具何时能实现自动驾驶，未来学家们还存在分歧，但其中85%的人认为会在2043年实现。也就是说，从现在开始最多30年。考虑到可能给生活和就业市场带来的巨大影响，这样一个时间段并不算长。

自动驾驶汽车的道德问题

自动驾驶汽车的普遍应用必须建立在特定的道德法则之上。这将决定这些车以后如何发挥作用。这样的道德法则到底有多大必要性呢？让我们来设想这样一个场景：一辆自动驾驶汽车因为柏油路上的油渍而突然失控，正迅速滑向一个过马路的女人。控制车辆的计算机有两种选择，继续向前，撞向那个女人，或者转向左边车道，同时碾过一个无辜的路人。

这种情况下，怎样才算更符合道德标准呢？是撞到路上的女士，还是站在人行道上的无辜路人？如果路人碰巧是一位80岁的老人，该怎样抉择？如果这位女士还推着婴儿车，汽车又该何去何从？路人站在人行道上或者正在乱穿马路，会影响汽车的决策吗？

这些问题都能在伦理和道德法则中找到答案。这些规则，还有那些学术象牙塔中的教授们制定的规则，在社会中并没有被严格遵循。答案有时候会让人难以接受。即使经过逻辑分析和冷静思考，我们可能还是觉得道义上难以接受。在这种情况下，自动驾驶汽车也许只能基于这些考虑来做决定，不考虑其他因素。我们很有可能对最终结果不满意。但是这样做可能会比人类更好地处理类似的危急情况。

“如果一个人意识到事故马上就要发生，就必须在几分之一秒内做出反应。那么不管怎样都很难确保道德上的万无一失。”贝霍尔为自动驾驶汽车辩护道。“冰冷而确凿的数据不断告诫我们，在极端情况下，人类司机常会做出错误判断。比如说，一辆车下坡时刹车失灵，其实司机应该做的是放弃故障制动，让车翻过去。这样，可能只是车上的人受伤。这是正确的、理性的决定。但是，人类不会考虑故意翻车。相反，车掉下悬崖，一家人都遇难了。”

问题在于，理性的决定有时会被认为是冷漠无情。如果一辆自动驾驶汽车为了拯救乘客的生命而自己翻车，新闻媒体肯定立即横加指责。新闻媒体不会想到要是不这样做可能造成的后果。因此，在这种情况下，汽车制造商很有可能决定不让车辆完全自主，并对车辆进行编程，避免车辆因为变道而造成人员受伤。这样，只有汽车发生故障的时候才可能发生事故。车辆将继续沿着原有路线疾驶，也有可能在某些情况下撞到偶然出现的路人。这样的程序设计可能会导致本来可以避免的死亡，但立法者可能会认为这是不幸的副产品，因为总不能让车辆因为编程的“良心”而去碾压路人。

迟早有一些国家会根据现有的成文和不成文的规定，来赋予自动驾驶汽车一些权利，让它们去做一些道德层面的决定。这些决定可能拯救许多人的生命，但在某些情况下可能会产生骇人听闻的影响，尤其是因为各个国家的道德准则会有不同，有时候甚至会因种族而异。自动驾驶汽车可能要做出艰难的抉择：碾过一个罪犯是不是要比碾过一个守法公民要好一些？那么癌症患者和健康人呢？我们真的想把这些决定留给自动驾驶汽车来做吗？我们还有选择的余地吗？

所以说，在那个我们正努力奔向的未来，也许机器人和计算机会有权决定是否有必要夺走人的生命。确实，必须是在特定条件下，而且要有严格的限制。不过，不管赋予计算机自主性是好是坏，它都是一个新的前沿。人类会因此受到威胁吗？人工智能会不会对人类产生敌意，会不会用我们赋予它们的自动驾驶系统来伤害我们？

答案可能非常简单——自动驾驶汽车既不需要也不会试图反抗我们来伤害人类。它们的存在可能就对我们不利。

自动驾驶汽车和智能革命

我们举个例子：格雷戈里今年45岁，是一名普通的科技记者，头脑灵敏，身体健康，有一位美丽的妻子和三个可爱的孩子。他本科学的是新闻专业，从事这项工作多年，仍然深爱。他还从不同的报社编辑人员身上学习了丰富的经验。然后有一天，上一章里那台足够智能的电脑突然出现，取代了他。

格雷戈里该怎么办？去学一套新技能？不，不适合他。此时的他似乎年纪有点大了，也没力气再回去上学了。就算接受其他职业培训，也要跟一群精力充沛的初生牛犊竞争。他应该会找一个竞争不太激烈的职位，容易掌握的，不用再进大学待上好几年。简单点说，他会开始开出租车。即使在今天，许多人也在做同样的事情。几乎谁都会开车，所以许多失业的人都选择去开出租车了。

但是，如果有一天，连这最后的退路也没有了，会怎样呢？智能革命开始以后，必然导致很多人失业，自动驾驶汽车的存在可能会让情况更加严重。许多家庭会因此陷入贫困。跟恶意的网络控制自动汽车相比，这可能是更大的危险。

什洛莫·贝霍尔比较乐观。“可能还是会在卡车里看到司机，但他可能不会负责驾驶，而是负责货物。”他还认为，失业不一定会加剧。“欧美有大量先进的机器，但失业率几乎没有增加。在一个健康发展的人群中，教育体系会不断进步，更好地教育下一代，让孩子们以后能够抓住新的就业机会。所以，即使那个卡车司机找不到工作，儿子也可能会找到别的工作。”

整体来看，过去200年都是如此。但无法否认的是，工业革命期间，科技的飞跃导致了数百万人在几年内失业。虽然他们的孩子成年后可能会找到工作，但整个家庭在这个过渡时期都遭受了痛苦。一个国家如果想以最小的代价度过这一时期，就一定要避免出现许多人同时失业的局面。更重要的是，前面提到的，要为下一代提供最好的教育。

自动驾驶汽车的未来

自动驾驶汽车终将上路。这是大势所趋。正如美国国家公路交通安全管理局前局长戴维·斯特里克兰（David Strickland）所言，自动驾驶汽车是汽车技术的“下一个进化步骤”。未来学家预测，未来15年内，路上大约有1/3的车辆将配备部分自动装置，比如自动控制刹车，只能在交通堵塞时使用的自动驾驶仪，或当相邻车道阻塞时拒绝转向的方向盘，等等。

要等到全自动驾驶汽车在市场和道路交通中占据大份额，还需要些时日。受访的未来学家中，70%的人预计，到2038年1/3的道路交通工具将完全实现自动化，而85%的未来学家认为，到2043年相当一部分公共交通工具将被自动车辆取代。

不过，未来学家们很清楚自己的局限性。虽然我们可以预测自动驾驶汽车技术的总体发展，但很难预测公众和立法者的反应。毫无疑问，自动驾驶汽车技术能否成功进入交通运输领域，很大程度上取决于营销和广告方式。有些国家会为自动驾驶汽车提供补贴，同时进行有力的广告宣传和营销活动。在这些国家，自动驾驶汽车的采用会更早一些。在其他国家，立法委员可能不愿颠覆旧的交通方式，甚至可能完全禁用自动驾驶汽车。

其实，除了立法者，公众也有可能是阻碍或刺激社会变革的重要力量。如果公众发起一场大规模社会运动反对自动驾驶汽车，这项技术可能需要几年才能最终普及到高速公路上。如果自动驾驶汽车导致了一场灾难，那将需要很多年——甚至一代人的时间——直到这种创伤从集体记忆中消失。所以普拉什克才对自动驾驶汽车持怀疑态度——他曾经是公务员，深知满足公众要求有多难。

他说：“高科技创新一旦成功，回报是不可限量的，而即便失败，后果常常也无关痛痒。但是涉及交通、城市或公共基础设施时，成功的回报微乎其微，甚至根本不存在，失败则会受到严厉的惩罚。我们假设一下，你和我都是天才，我们成功地将特拉维夫的最大通行能力提高了20%。谁会知道我们成功了？高峰时段还是会堵车，司机还是会抱怨。但是如果我们的计划失败了，最大通行能力下降了5%会怎么样呢？这种情况，恐怕市长都要下岗了。”

虽然难免有种种的不确定性，但许多研究人员，也包括我自己，都相信自动驾驶汽车最终会走进大部分发达国家。它们的优势不容错过，除了节约能源，减少路上的车辆，还能大大减少空气污染。交通堵塞将成为过去。卷入车祸可能和被闪电击中一样罕见。路上行驶的车辆会像协调良好的蚂蚁一样相互交流。可能它们偶尔也要碾过无辜的路人，但也许是为了挽救更多人，让他们免于重伤。

第一批无人驾驶汽车要真正上路，这之前要经历哪些具体的过程，现在还不好说。可能会像本章描述的那样发生，也可能不按常理出牌。各国可能会出台不同的法律来规范无人驾驶汽车的同化和使用。也有可能出现一些新的问题。

关于人类与自动驾驶系统的交互过程中可能出现的风险，以色列绿色照明协会首席科学家齐皮·洛坦（Zipi Lotan）博士预测说：“虽然不确定具体时间，但最终，自动运输系统会让驾驶员成为纯粹的乘客。而车辆和基础设施将完全实现计算机化控制。但是，在我们达成目标之前，还有很长一段路要走，而且这段路很可能并不平坦。将各种系统引入车辆可能是一个危险而含混不清的过程，尤其是在责任方面。一方面，只要司机手握方向盘，那他就是责任人，也有应该去纠正的技术错误。然而，去依赖这种技术，或者利用它来降低风险，这种诱惑会让人放弃一些冷静的、理性的思考。”

多辆自动驾驶汽车交互的方式也可能导致各种各样的问题。普拉什克承认：“虽然不知道自动驾驶汽车是怎么找到路的，但是如果以后谷歌的车价格合理，就很可能会逐步进入市场。不过，我觉得自动驾驶汽车变多会让系统负担越来越重。单个智能汽车的行为可能与一群智能汽车的表现截然不同。一辆智能汽车周围的司机都能够响应其驾驶模式并相应地调整他们的驾驶模式。但如果有很多这样的自动驾驶汽车，人类驾驶员可能无从得知这些汽车将如何行驶。更糟糕的是，自动驾驶汽车本身可能也不知道如何应付其他自动驾驶汽车。”

他澄清道：“我们不能犯错。自动驾驶汽车还存在很多问题。但我觉得最大的问题还是网络攻击。任何有能力的黑客都能愚弄整个国家或全州的交通系统，他这么做的原因可能就是想在下午五点戏弄主干道上的三辆车而已。”

由于存在局部网络攻击的风险，所以以后完全放弃自动驾驶汽车也是说得过去的？什洛莫·贝霍尔和齐夫·列维一致反对，认为无人驾驶汽车虽然还有安全方面的问题待解决，但是车本身是有用的，原因很简单：它每天挽救的生命远远超过网络攻击中丧生的人数。

因此就产生了一个奇怪的悖论。一方面，由于害怕网络攻击，人们很难接受自动驾驶汽车。但另一方面，只要人们觉得自动车辆是陌生而奇妙的，这种恐惧就会一直存在。同样，100年前的人也会完全惊愕于我们对电网的依赖，然而只要一把电剪和一双绝缘手套就可以破坏电网。这会严重破坏其他基础设施并危及医院里的和路上的人的生命。下一代，甚至再下一代，会非常习惯自动网络，包括它的优点和缺陷，也包括通过网络攻击而恶意控制其系统的危险。没有它们，下一代将无法生存。

贝霍尔说：“智能手机这样的技术革命已经在进行了。智能手机对我的孩子们来说已经习以为常，完全不觉得惊奇。同样，我们现在需要向公众灌输自动驾驶汽车的意识。这样以后人们就不会觉得惊讶。这也是谷歌目前最重要的工作。”

一旦我们对未来习以为常，它就会自然变成我们生活的一部分。向来如此。

是梦吗?

正如前文一再提到的，自动驾驶汽车的未来还是个未知数。可能会出现很多问题。比如，由于摄像机、处理器、激光雷达、雷达和其他必要的装置都要消耗能源，车辆的节能效率可能就要降到最低。

还有一个技术问题是，自动驾驶汽车特别容易受到黑客攻击和远程操控。假如这个问题没有好的解决办法，汽车制造商就很难将自动驾驶汽车送进我们的日常生活。

还有很重要的一点是，这里还涉及情感上的障碍：要不要让一个我既不能控制也不能理解的机器人来操纵我的生活，这需要仔细考虑一下。更何况它也要来掌控我妻儿的生活，想想就有点儿起鸡皮疙瘩。虽然我不能否认这些车大大减少了交通事故，但是必须承认，就算是最狂热的技术狂人心中也会产生强烈的恐惧。如果这种恐惧过于强烈，可能会使公众不敢接受自动驾驶汽车；要是再出几次重大事故，就想也不会想了。让我们期待自动驾驶汽车能够以最小的摩擦，成功融入人类社会，快速地展示它们的价值和安全性。

第四章

挑战死神——审视人性

生来要死，依靠理性反而错误不已，

想得过多，想得过少，结果相同。

——亚历山大·蒲柏，《人论》

有了电脑，我们就能与父母、配偶，甚至去世的兄弟姐妹交谈，或者，至少有一个可以以假乱真的虚拟替身。

2012年，美国说唱歌手图派克·夏库尔（Tupac Shakur）登上了科切拉音乐艺术节，引来成千上万的狂热粉丝声嘶力竭如狂呐喊。舞台上的他用最棒的旋律征服了欣喜若狂的观众。这看起来就是一场相当常规的说唱表演，只不过，图派克早在1996年就已遭枪杀。

图派克怎么可能在舞台上表演呢？其实，这只是一个3D全息投影。几块透明的薄屏重叠放置，观众几乎觉察不到。就这样创造了一个舞台上的3D人物，可以跳舞，甚至可以和其他表演嘉宾进行互动。

这有什么不寻常的？似乎也没什么。我们经常在电视上看到猫王和迈克尔·杰克逊这两位天王唱歌跳舞，他们也已经去世多年了。报道图派克“表演”的大多数记者都在关注让他复活的创新技术，而忽略了这项技术更重要的意义——我们这一代人，开始能与死者以有形的、清晰可见的方式进行互动，模拟真实的存在。

可能说得有点远了，毕竟舞台上的图派克是无法做出真实回应的。他的形象是预先设定的，只能进行一系列设定好的舞台动作。这并不是真正的互动。

但真正的互动总有一天会可以实现。

3D版大屠杀回忆录

2013年1月，一群学生坐在80岁的大屠杀幸存者平夏斯·格特（Pinchas Gutter）对面。一个学生举手问战争结束时格特有多大。

在这位慈祥的老人答道："战争结束那年我13岁。"他一边说一边挥动着手，继续和学生们交谈着。他还应邀唱了一首波兰摇篮曲。那是他母亲战前那几年唱给他听的。学生们离开教室时，感觉就像刚和一位真实生活中的大屠杀幸存者交谈过一样——一个亲身经历了这场灾难的人，讲述着真实的创伤。

其实，事实并不完全是这样。平夏斯·格特确实还健在，但是他们遇到的不是他本人。参与会面的，其实是一种先进的3D全息图，带有先进的人工智能程序，可以针对问题，从格特的记忆中提取出实际的反应和答案。

操作格特图像的算法有点类似大多数iPhone手机上装载的Siri软件。格特参与录制了几个小时，回答了500多个关于自己，关于大屠杀，以及任何他人可能想知道的问题。整个过程动用了高速摄影机和6000盏LED灯。最终，投影到半空中的3D全息图让学生们赞叹不已。他们以最亲密的方式了解了大屠杀幸存者的故事——就好像他在亲自讲述一样。

记者们一如既往地把目光投向了3D全息图的技术创新，还对比了图派克表演需要的实体屏幕。其他人则一致认为有必要保存大屠杀幸存者的记忆。他们的平均年龄已经80岁左右了，可能很快就不在了。他们的证词也将随之消失。这些无疑十分重要，但是，这让人想起泰晤士河上的船夫。他们会问，要是船上安了蒸汽机，船身会下沉多少。他们只关注那些技术上的细枝末节，却忽略了技术革命的真正意义。

的确，格特的全息图比图派克的要先进，但不是因为它的创建方式，而在于它能与真实场景互动。问它一个问题，它就能马上回答你，直截了当，切中要害。

一个虚拟的我

第一次了解大屠杀幸存者的全息图时，我心中满是悲伤。并不是为格特难过，而是为自己。从某种意义上说，格特是可以永生的。那个会思考、有感觉的内在的他可能会随着肉身的腐朽而消失，但是未来的人们还是可以通过记录下来的他对那500个问题的回答来继续跟他交流。通过交互式动画技术，他可以针对任何相关的问题做出相应的回答。对未来的人来说，他会一直活下去，不是活在大家多变的记忆中，而是在实实在在的生活中，在每次去博物馆参观的时候。

那我呢？是不是等我死后，就只留下你在读的这本书了？难道我就不能留下一个全息图或者一个虚拟的存在来模仿我的全部细节，在我死后继续跟我的孩子、我的孙子，甚至曾孙交流？

也许真的可以做到的。现在的类似格特这样的技术已经越来越普遍了。

约翰·扎科斯（John Zakos）博士说："我们的目标是帮任何个人和公司轻松创建虚拟代理。这个代理知道本体所知道的一切，而且能为他们工作。"2005年，约翰·扎科斯博士和利斯尔·卡珀（Liesl Capper）共同创建了网络双胞胎（MyCyberTwin）——现在的科戈尼人工智能公司（Cognea Artificial Intelligence）。他说："我们想把心理学和计算机科学结合起来，建立一个平台，去跟现实生活中的用户进行智能的、交互式的、开放式的对话。"

毫无疑问，扎科斯和卡珀实现了目标。他们建立的公司目前有数万名用户已经利用其界面创建了有效的、个性化的虚拟代理，可以在互联网虚拟世界中代表他们。扎科斯把这些代理昵称为"网络双胞胎"。迄今为止，这些双胞胎已经跟数千万真实的用户进行了线上的互动对话，主要用作客户服务代表。

"我们觉得我们这些'网络双胞胎'可以在不同的环境中实现各种各样的功能，从在线对话，到整个虚拟世界，再到智能手机。每个代理都存在于完全不同的环境中，但是都来自'网络双胞胎'的核心算法。"

出于好奇，我亲自访问了该公司的网站，想看看我能否创建自己的"网络双胞胎"。第一步很简单：我创建了一个新用户，设计了我的"网络双胞胎"外观（一个很有气概的年轻男子汉形象，目光坚毅，头发飘逸），然后开始训练他，让他能回答任何可能的、针对我的私人问题。

不过，这个过程比我想的要难多了。

这款"网络双胞胎"程序预先设定了许多商业相关问题的答案。甚至还不用做更复杂的调整，就可以回答诸如"你用什么支付方式？"或者“你要送货到哪里？”这样的问题。对于一个商人来说，这些都是很重要的问题，但与我的兴趣或复杂的性格相去甚远。我觉得自己在过去几十年中还是养成了比较复杂的个性的。正因为如此，我开始了一项艰巨的任务：为我的“网络双胞胎”可能被问到的更私人的问题添加新的答案。这需要几个小时的时间，还要做很多思考。不过结果证明这是值得的。我妻子坐在电脑前面，下面的对话出现了：

罗伊：嗨，加莉，我是罗伊。我正在测试这个应用程序，看能不能用它跟别人交谈。

加莉：嗨:)

罗伊：嗨:)

加莉：你什么时候回家?

罗伊：现在还不确定。你想要我什么时候回来?

加莉：下午五点吧。

罗伊：有点儿太早了。还有很多事儿要做。孩子好吗?

加莉：挺好的，等不及要见你呢。

罗伊：真想他。给他找到合适的幼儿园了吗?

加莉：你怎么啦？病了吗?

罗伊：确实感觉不太好。今天尽量早点儿回去。

加莉：亲亲 :)

罗伊（自动回应）：我不会进行这种对话。

总而言之，我的虚拟替身和妻子的第一次对话只持续了不到两分钟。期间，她成功传达了一个重要的信息，就是我应该在下午五点前回家。同时，“网络双胞胎”引起了一些怀疑，但通过假装生病转移了。

整个谈话过程中，我妻子都认为是我在说话，而不是我预先变成到虚拟替身中的应答模式。谈话的最后，妻子甚至给这个“网络双胞胎”送去了亲吻，但是它有点儿拘谨，所以表现出了怀疑的态度。总的来说够好了。

第一次测试成功。虚拟实体：1分。被蒙在鼓里的人：0分。

扎科斯承认：“大公司的高管们经常开立个人账户，用来跟家人或商业伙伴交流。我们还收到报告说‘网络双胞胎’成功瞒过了他们的合作伙伴。那些商业伙伴可能确实觉得有些不太对劲的地方，‘网络双胞胎’说了一些奇怪的话。但总的来说，这是一次不错的经历。”

我跟妻子说，她可是跟一个冷冰冰的虚拟替身打得火热，那家伙根本没有真实的性格。她马上坚持说要再试一次。随后的测试表明，第一次成功的谈话不过是侥幸。如果她把话题引向另一个方向，那个学舌的鹦鹉马上就会暴露，说话完全让人没法相信。下面就是个例子：

罗伊：嗨，加莉，我是罗伊。我正在测试这个应用程序，看能不能用它跟别人交谈。

加莉：嗨:)

罗伊：嗨:)

加莉：你什么时候回家?

罗伊：为什么问这个?

加莉：就是想知道。

罗伊：你知道的东西不少，这倒是个不错的技能。

加莉：你怎么怪怪的。想看看孩子吗?

罗伊：我不会进行这种对话。

加莉：他很想你呢。

罗伊：那当然，你不相信我吗？

加莉：你是生病了还是怎么了？

罗伊：确实感觉不太好。今天尽量早点儿回去。

加莉：亲亲 :)

罗伊：我不会进行这种对话。

可见，网络双胞胎的智能算法要想真的时常在人类面前瞒天过海，还有很长一段路要走。把句子做个简单的调整，从“那你什么时候回家”变成“好的，你什么时候回来？”就会让电脑发脾气，反应还很激烈。从这个地方开始就会急转直下。虽然这样，以后还是可能会完成完整的对话。这是肯定的。

永生的承诺

科戈尼公司并不是一个人在战斗。与之并肩作战的就包括脸书上的程序“复制人”（Rep.licants）。这个程序可以访问用户的脸书账户，发表符合其兴趣和性格的状态。这两个程序都在为实用性的目的去模仿还健在的用户，比如发布有趣的脸书状态，或者与客户沟通，持续便捷地为他们提供信息。其他公司正努力实现化身（外表和用户极其相似）的更多用处——征服死亡，或者至少迷惑它。现在我们就来具体探讨一下。

活下去公司（Lives On）成立于2013年，是最新进入该市场的公司之一。活下去公司瞄准了推特这个社交网络平台（平台上的每条推文都不能超过140个字）。活下去公司的处理引擎会分析用户之前的推特消息，包括消息和通信，然后代表用户发布新的推文。用户会收到这些推文，然后提供反馈。这些推文和用户真正要发的内容到底有多像呢？写作风格的相似度又有多大呢？

其实，它为了提升这个系统，会跟自己进行对话。目标只有一个，就是教育这个程序，让它在自己死后还能继续发布真实的推文。该公司的座右铭是："即便你停止心跳，也可以在推特中继续活着。"

永生人公司（Life Naut）会用更全面的方法让客户不朽。公司的愿景是：客户可以将自己的意识转移到一种新的载体上，可以是电脑，也可以是别的生物体。永生人公司的高管相信，在不久的将来就会有技术可以实现这些壮举。但在那个不确定的未来到来之前，永生人公司建议客户们发送两种格式的个人信息：一个生物文件（Bio File）和一个思维文件（Mind File）。

永生人公司会寄给你一瓶特殊的漱口水和一个收集管。用漱口水漱口，吐到收集管里，然后寄回公司。公司会收集你唾液样本中的活细胞，并将其保存在液氮中，作为你的生物数据。日后就可以重新创造一个你了。他们很乐观，但有些人觉得这简直是妄想。不过，这些服务本身完全是免费的。除了要支付一点运费和手续费、样品收集材料费和一点杂费之外，你还有什么损失呢？

即使永生人公司的想法成功了，未来也有些慷慨的慈善家愿意用你储存的细胞让你复活，你肯定希望这个新的生命有你之前所有的记忆。更重要的是，公司会需要你的思维文件：图片、视频、各种经历的具体日期和细节，以及你的地图位置，等等。永生人公司的人希望有一天可以用这些资料来"唤醒"另一个你，一个尽可能像你的生物体。

如果你还是不相信可以用电脑创造一个新的自己，可以了解一下信息化身公司（Intellitar）。信息化身公司并不是在推销一些可能永不见天日的未来技术，而是在为你创造一个智能化身，代替你永远存在。他们用图像、录音和你自己叙述的人生经历来构建这个化身。化身会尽可能逼真，听起来跟你的行事风格是完全一样的。信息化身公司的员工声明，你提供的数据越多，他们训练出来的化身就会越像你：包括拥有你的外表、声音、知识、生活经历和其他与你相关的一切。

和科戈尼公司一样，信息化身公司也用化身做客服代表。人们会希望，把记忆委托给公司之后，公司不会利用他们的化身。我们不太清楚公司具体进展到什么程度了，但是公司高管声称他们已经有很多用户了。

实景测试

韦雷德·沙维特（Vered Shavit）的哥哥在她37岁那年死于一场车祸。她的哥哥下葬大约一个月后，他的朋友开始收到发自他的雅虎邮箱的电子邮件。其实，是因为他的雅虎邮箱被黑客攻击，所以才开始发送各种“死了的”邮件。

韦雷德说：“那些黑客应该不知道他已经死了。他们应该就是随机入侵账号。”但是，亲朋好友的悲痛并没有因此减轻。她发现现在让死者真的安息变成了个难题。他们会留下数字遗产。这些遗产会在人的肉体消失之后“继续活着”。

这让韦雷德极为震惊。于是她开始花大量的时间来研究数字时代的生死命题。哥哥走后的两年，韦雷德成了以色列在这个领域最有名的研究人员。她会定期在自己的博客“数字尘埃”（Digital Dust）上探讨哪些新发展最有可能导致大量在线幽灵。

韦雷德对市场上很多虚拟替身公司比较熟悉，也在这一领域积累了不少经验。她与信息化身公司创始人之一唐（Don）的同名化身进行了一次谈话。不过，与我妻子不同的是，韦雷德事先就知道她在跟谁说话。我问她，如果是她哥哥的替身，她会怎么想。她的回答倒也很合情理。

她说：“和唐谈话的时候，我在想对面的化身是我爱的人的虚拟替身。这个人已经不在了。其实有点儿吓人，因为他是那样冷漠，有一种人造的气息，生硬、陌生，又有很多局限性。如果他不是个陌生人，而是我熟悉的什么人，我一定尖叫着跑开了。”

技术在进步

正如前面提到的，韦雷德的反应并不让人感到意外。今天的虚拟替身和真人其实也没有那么相似。这些复制而成的人也只能回答少数问题，不能给出自己的反应。他们无法提高自己，无法变得老练，也没办法实时学习。这都是不争的事实。

到这里，或许你可以停下来回顾一下前两章。考虑到当前技术进步的速度，你真的觉得当智能革命达到高潮时，算法还没先进到可以促成真正的人机对话吗？

我个人认为，这最多20年就会成真的。我坚信，总有一天，会有一家公司能够合理安排资源，完成这样一个项目，让第一个虚拟实体通过图灵测试，就像IBM公司能够找到所需的资源和人员开发深蓝（Deep Blue）计算机，让它在国际象棋比赛中打败加里·卡斯帕罗夫，以及后来让沃森计算机游戏节目《危险边缘》中打败了人类的世界冠军一样。深蓝超级计算机出现10年后，普通消费者也将能够在家里的电脑上运行类似的应用程序。这就是智能革命时代计算机化技术的发展速度。

这种设想中的未来的算法可以像通用的实体一样运转。因为是通用的，所以没什么特定的特征。或者它可以读取用人类语言编写的信息，并执行语言指示。假设它们在接下来的几年里还能继续存在，前一节中提到的那些公司就可以把客户提供的所有数据放进机器，创造有史以来第一个可以与真正的人类对话和交流的化身，就好像它就是那个真正的人一样。对于其他与之交流的人来说，它几乎就跟那个原来的人一样，只是它只存在于计算机中，它所提供内容的决策过程也与人脑的思维过程完全不同。

有人可能会说，这不过是一个纸板剪影，一个在风中挥舞双臂的稻草人，一个苍白的真人仿品而已。但是，如果风能让它以完全等同于人类的方式行动，让它流畅地表达，甚至像一个真人那样行动，那么在周围的人看来还有什么区别呢？只有那些了解虚拟替身的真正本质的人才会知道它不是真正的麦考伊。对其他人来说，它就是真人。虚拟的替身如果能恰巧在人类肉身死亡的一刻激活，就将开启一条通向永生的道路。至少原来这个人的熟人都要被迫在社交网络上继续跟他交流，就像他还活着一样。爸爸妈妈去世之后也可以继续跟我们交流，就好像还在世一样。我儿子40岁的时候也可以唤我帮他出谋划策，而我——至少我的肉身——可能已经深埋地下了。

有没有发现感兴趣的部分？

假设这本书的读者中绝大多数都不是长期信息保存公司的注册用

户，那么未来的计算机要如何访问你的图像、记忆和语音模式呢？那么，你是不是注定要弃那些活着的亲人而去呢？不一定。

目前，每天约有3.5亿张照片上传到脸书，社交网络上的12.8亿活跃用户每天会产生32亿次评论和点赞。这便是海量的信息，全部记录在脸书的服务器上，一点也没有丢失。脸书现在会用这些信息来改善市场细分，并为其用户定制广告，但是没理由把这些数据搁置不用，用它们就可以让人们的虚拟替身复活。

但是，这些虚拟替身会和原来的人完全一样吗？当然不能！如果仅仅根据脸书上发布的状态来评价朋友，那必然会觉得他们非常完美，永远那么快乐，永远值得依赖，而且，很多人好像也都喜欢猫咪。其实，我们会把控自己在社交网络上透露的信息，展示那些能美化自己的小花絮。因此，虚拟版本基本会是我们理想的替身。这不也正是我们在现实世界中想向他人展现的形象吗？这样说来，理想的虚拟替身和我们想向亲朋好友展现的自己有什么区别呢？

这就意味着，以后推理和数据挖掘软件可以检查我之前的所有通信、评论和发布的状态，并将它们编译成一个单一而复杂的人格。从本质上说，它们会把我从死亡中拯救出来。即便创造的不是我本人，至少也是一个可以跟我一样能够发表见解并与人沟通的计算机化的虚拟替身。

沙维特说："统计数据显示，每分钟就有3个脸书用户死亡。这些用户不会简单地从社交网络上消失。他们的个人资料还一直保存在那里。个人账户也仍然保持着之前的好友关系。"即使有人通知脸书说他们已经去世了，他们的时间轴最多也就是变成"纪念"，而他们的个人资料仍然与以前的所有好友相连。那些好友还是可以在这位已故的朋友的时间轴上写东西。我们每一个人周围都充满了这种脸书幽灵！"

几十年以后，这些幽灵会变得更加活跃。

具体是要到什么时候呢？受访的未来学家中有近90%的人认为，到2038年会出现一种能够相对准确模拟脸书用户的算法。只是大家对具体的时间有些不同意见而已。其实，不管具体是哪一年，这样的技术发展都会给整个社会带来深远的影响，并且改变我们看待生死的方式。

这种技术有两个主要用途，每一种都有其自身的意义。一方面，它可以进行“生命复制”，可以用来复制仍然健在的人的思考和表达方式。另一方面，它可以进行“生命维存”，也可以用来复制人，但这种复制可以在人去世之后进行，只要这个人在社交网络上积累了足够大量的电子邮件和通信会话。即便人类的肉体已经死亡，虚拟替身也可以继续存在，并在虚拟世界中占有一席之地。

生命复制

生命复制技术可以在教育和工业领域做一些一般的、物质性的工作。高管们可以为自己造一个替身来模拟自己。这样就可以更好地跟客户互动了。这正是科戈尼公司等公司正在努力的方向。虚拟替身可以跟客户谈笑风生，甚至可以按照预定的指导，试着推销一下他们最赚钱的产品。

虚拟替身能自主决策吗？答案取决于替身驱动算法的先进程度。要知道，在智能革命达到顶峰之前，计算机是不能真正“思考”的，只能模拟人类的一部分思维方式。

这项技术的运作是需要进行监控的，这可能是它最大的挑战。如果应用程序能够替代人类表达意见，那就必须就其权利建立明确规程。如果替身可以跟好友进行非正式的对话，那么也必须规定是什么样的“好友”（比如我们在脸书上的好友，还有那些唠叨半天却不愿花钱的客户）。这些标准并不是针对那些重要的人（真正的朋友和重要的客户）的，因为如果这些人发来信息，应用程序会提醒我们注意，然后我们就会亲自跟他们对话。

高管们会经常使用虚拟替身来跟客户“说话”吗？答案仍然取决于算法的先进程度，以及运行算法所需的计算资源。如果每个这样的应用程序都要用一整个服务器，那大概只有大公司的核心高管才用得起。不过，这项技术很可能会不断地有更简约的版本进入市场，让每一位管理者，无论资历深浅，都能让替身来承担一部分的表达和分析工作。

客户会想跟虚拟客服谈话吗？对扎科斯来说，虚拟替身代替真人与客户对话显然相当可行。他说：“与‘网络双胞胎’交谈过的人中，大约60%表示，要是没有在网上跟虚拟的代表谈过，他们就会给这些机构打电话。”用“网络双胞胎”代替与客服通电话是个不错的主意。另外，“很少有人报告体验不佳。我们发现大多数人更喜欢和虚拟代表交谈。有70%到80%的人表示满意”。

“网络双胞胎”最大的优势就在于它可以把全部时间和注意力投入到每一个客户身上。扎科斯说：“这就是它最棒的地方。他们可以适应和回应客户。人类代表常常同时跟多个人谈话，所以客户常常要等更久才能得到回应。另外，即使你培训了100个人来回答客户的疑问，你也可能很快就发现他们的准确率只有70%。所以，要是你问100个客服同样的问题，可能只有70个人能给出正确答案。‘网络双胞胎’就不一样了。它只要理解了问题，就永远会给出相同的答案。这种体验是即时的、快速的、交互式的。人类客服却做不到。”

扎科斯表示，“网络双胞胎”非常成功。它们可以使在线销量翻一番。“网购平台成交率主要体现在销售额与访客数量的比例。例如，每1000个访客，可能会带来20到40个销售订单，那么成交率就是2%到4%。但是，如果你有一个适宜销售的‘网络双胞胎’，你的成交率可能会翻倍；对于跟‘网络双胞胎’交流的客户来说，成交率大概是6%到8%。”

要注意的是，这个数据来自网络双胞胎公司的老板扎科斯本人，所以可能并不准确。另外，跟“网络双胞胎”交流的客户中，很多人可能已经决定下单，只是想多了解一些信息而已。不过即便这样，成果也十分惹眼。

网络犯罪

几个月前，我收到一封意外的电子邮件。发件人的名字当时没想起来。这个人自称是阿迪索·哈比巴（Adiso Hubeba），还说了些自己的悲惨经历。一年前，他还是尼日利亚的一位王子，拥有数亿美元净资产，宫殿数不胜数，猛虎为宠，姬妾成群。可是两年前，他父亲手下的一位将军反叛，夺走了这位王子的全部财产。他本人幸免于难，逃到一个偏僻的村子，仅剩下几千万美元的财产。目前这笔钱存在瑞士银行，以备不时之需。

虽然听起来还真是个悲伤的故事，但我本人就很少同情王子，或者前王子，对于这种手握巨款还抱怨时运不济的王子就更难心生怜悯了。但是，这位哈比巴王子不厌其烦地给我发邮件讲述着他的故事。说瑞士银行已经禁止他访问账户，需要他本人到银行证明自己就是哈比巴王子，不是骗子。哎，王子连银行账户都用不了，还怎么买机票过去呢？

下面就要进入正题了。王子别无选择，只能慷慨地给了我一份绝无仅有的独家合同，他让我给他1000美元，让他买一张去瑞士的机票。作为回报，他愿意把巨额财富的10%给我。这到底是多少钱啊！这么说吧，他所说的回报可以让我直接成为全世界最富有的人之一。果真如此，我就可以在40岁退休。而这些，现在花1000美元就能拿到。我这就要走上人生巅峰了！

但是，我拒绝了。

并不是因为我厌恶铜臭，也不是因为我不忍剥削那些时运不济，被推下宝座的君主。我拒绝主要是因为我几乎每周都会收到类似的邮件。主人公的名字和具体的故事情节可能稍有不同，但主题却千篇一律：就是让我现在投一笔钱，然后许给我未来的超大回报。简而言之，就是要骗我。

这种骗局太普遍，甚至还有个名字，叫尼日利亚王子骗局。骗子只要敲几下键盘，就能把类似的邮件发给数百万毫无戒心的人。大部分收到这种邮件的人都不傻，也不会轻易上当。他们扫一眼内容就知道是无稽之谈，根本不会理睬。但是，总有少数人会回应，还把钱寄出去。然后就石沉大海，再也没有回音。

奇怪的是，这些邮件几乎都是非常拙劣的骗局。除了极其天真的人，根本没人会信。那么他们为什么不编一个复杂点儿的、更有创意的故事，让那些摇摆不定的人回信询问呢？

科马克·赫尔利认为，这是因为骗子们故意只找那些最容易上当的人。赫尔利是微软的一名研究员。他一直在努力寻找网络骗子的思维方式和运作方式。2012年，他发表了一份研究报告，认为“骗子发出一封邮件，绝大多数人都会比较反感，但也自然会从中甄别出那些最容易上当的人群”。

如果骗子编了一封更合理的邮件，就会有无数人回复，来问询更多的信息。一旦后续的邮件稍有不当，就会马上引起怀疑。但是，要是骗子给非常多的人发送同一封非常可疑的邮件，至少会有几个极易上当的人回应，然后把钱寄过来，不会问任何不必要的问题，也不会浪费骗子的时间。

但是，如果骗子能用一个“网络双胞胎”跟成千上万的潜在受害者同时对话，会怎么样呢？即使面对最有戒心的人，“网络双胞胎”也能机智应答。于是，就会有很多人被骗，至少受害者会比现在多。

扎科斯承认：“确实可能有人用‘网络双胞胎’来做这种事，但我们不鼓励，也不提倡。几乎任何技术都可以用来做好事，也能用来做坏事。这和原子弹或者抢劫银行时用的汽车是一样的道理。”

这种技术还可以用来做比诈骗更邪恶的事。例如，恋童癖者和强奸犯可以运行数十或数百个“网络双胞胎”，在网络上搜寻成年或者未成年女性，用那些会说甜言蜜语的算法来引诱和哄骗她们。当然，警察可能也会用同样的虚拟替身技术来进行有力的反攻。

扎科斯说：“我们已经与澳大利亚联邦警察商谈了这项技术在执法行动中的使用问题。可以让‘网络双胞胎’像那些年轻女性一样聊天。一旦有人图谋不轨，算法就可以通知警方。我们已经和警方讨论了这种想法，还谈到了虚拟警官的概念。孩子们可以和虚拟警官交谈，可能孩子们会说一些不能跟父母或者老师说的话。”

显然，无论是警察还是犯罪分子，都可能会利用“网络双胞胎”技术。这自然会导致一场技术装备竞赛。谁会赢呢？大概只有时间才会给出答案了。但我猜，“网络双胞胎”应该无法对恋童癖者带来决定性打击，原因很简单：如果用作诱饵的“网络双胞胎”太多，普通人可能就无法辨别对面是一个真正的人还是一个廉价的仿制品。

教育

除了赚钱和犯罪，虚拟克隆技术还可以用于教育领域。它们能够简化复杂的问题，帮助学生理解，还能把那些困难的课程转化成激动人心的挑战。许多著名的科学家仍然记得某位特别的高中老师。他总是能激发学生的学习兴趣，让所学的学科成了学生们日后的专长，或者让他们觉得，他们终于也可以有所成就了。从优秀的教师那里获取大量的课程以后，再复制出一个虚拟的教师并非不可能。这些教师能够理解学生的想法，和他们交流，并且用最好的方式进行教学。

有些人可能会说：“这种计算机化的老师根本不会真的理解学生。”他们当然不具备同理心！毕竟它们只能复制原老师那些设定好的句子、大纲和指导。但你必须承认：这应该已经足够了。同样的类比、句子和词语，加上最合适的信息传达方式，一定会带来好的效果。这跟说话人是否具有远见和头脑没什么关系。未来学家也认为，人类的同理心并不是必不可少的。80%的受访者认为，到2030年，数字实体将取代发达国家至少10%的人类教师。

真我与假我

人们会对这些虚拟替身作何反应呢？想用它们还是看不上它们呢？多伦·弗里德曼（Doron Friedman）博士或许能回答这个问题。弗里德曼是位于以色列荷兹利亚的奥菲尔通信学院跨学科中心的高级讲师，也是跨学科中心高级虚拟实验室的负责人。几年以来，他一直从容地研究着学生们对于虚拟替身的反应。

弗里德曼告诉我："我的化身在跨学科中心上了一堂课。学生们并不知道那是个独立的虚拟克隆体。他们能看到的只是屏幕上的一个图像，这个图像说课上讲的全部内容都是接下来的考试范围，然后就开始上课了。"

虚拟克隆技术还不够成熟，虚拟替身还不能完全独立地跟学生互动，但是弗里德曼想出了一个聪明的办法。他的虚拟替身如果不知道怎么回答学生的问题，就会通知他本人来给出合适的回应，再由替身将答案融入到实时讲座中。这种操作自然会让学生赞叹不已，相信这项科技的潜力。

弗里德曼说："学生们都非常期待能用虚拟克隆体来完成一些枯燥的任务，还想出了一些可能的应用方式：用虚拟的克隆人做面试官，或者让克隆体去跟女朋友说分手。我们的结论是，绝大多数年轻人会和学生一样接纳这种理念。我也觉得等这种技术更普遍一些，完全可以用起来。其实，在网上跟虚拟的客服聊天的时候，就已经是在利用这项技术了。随着视听技术不断进步，这种虚拟实体可能会走进Skype这样的通讯工具。通话的时候你无须知道对方是真人还是虚拟的替身。目前基本的性能都已经具备了。"

生命维存

现在一些公司已经在尝试创建化身。随着技术进步，有些公司很可能会逐渐强化算法，通过查阅已故客户的脸书资料和过去的往来信件就可以在社交平台上创造出一个不错的替身。

早期，这些虚拟实体可能不具有思考和决策能力，也许只能用一种交互式的方式模拟已故真人的语音模式来提供与之相关的信息。但独立来看，即使仅凭这一原理也足以从根本上改变人类社会，并对社交网络用户产生巨大影响；可能有10多亿人会跟“活死人”互动。

韦雷德·沙维特强调说：“其实，我们周围已经满是这种不再活跃的脸书幽灵了。下一个阶段，它们会变成活跃的精灵。它们会发布状态和推文，时常出现。它们会让我们想起那些曾经存在的人。”

沙维特觉得这种未来状态并不理想。她说：“从前，人们只会用奢华的宫殿、金字塔或者纪念碑等，长久地纪念那些最富有的人。但是，要是给每个死去的人都建一座金字塔，今天的埃及会是什么样子呢？同样的道理，如果我们坚持以虚拟存在的形式来纪念每一个人，我们的生活又会变成什么样呢？谁能适应并跟这些实体互动呢？”

沙维特继续说道：“比方说，我们失去了一位亲人，而且我们非常重视她留下的虚拟实体。我们可以继续在社交网络上和她聊天，就好像她还活着一样。听她的建议，回忆她曾经的样子。但总有一天，我们也将离去。所有认识她的人也都将离去。那这样一个虚拟的幽灵还有什么价值呢？日后，没人会去祭拜那些有形的坟墓。总有一天，大家会没兴趣跟那么多已经死去的人互动。除了人类学家和未来研究死者文化的科学家，没人会在意那些幽灵。”

到时候，我们就只能被虚拟的“僵尸”包围了吗？这些“僵尸”不能独立思考，还总用那些没完没了的陈词滥调来骚扰我们的生活。我们注定要面对这些吗？除非脸书等社交平台采取预防措施，否则我们在一开始的几年里将无法避免这样的烦恼。所以，未来，或许就是几年以后，脸书可能就会添加新功能，让用户决定是否想跟死去的朋友保持联系，或者在发来的好友申请中添加一个自动的垃圾邮件警告，屏蔽那些已经离去的用户。

这种网络幽灵只是死者的廉价仿制品，也许未来几十年都会一直存在，除非算法最终先进到可以进行智能的讨论。

融入社会的幽灵

从长远来看，最先进的虚拟实体可能会先识别并分析真人的过去来学习如何应对新情况。这样的虚拟实体能够融入社会。孩子可以跟去世的父母继续交流，获得某种形式的可靠建议，甚至是关爱。各大公司也会继续存储其高管的记忆和人格结构，创建一个“智囊团”（如果成真，应该就是这样一种概念），可以为公司的现任管理者们提供随需应变的建议。

鉴于这种情况，我们就必须要重新审视虚拟实体的法律权利。如果驱动这种实体运作的仅是某种模仿死者行为模式的算法，那就没理由授予它们和真人一样的法律地位。但是，它们的法律地位又显然应该有别于目前那些没有生命的普通计算机或一般的物件。

为了理解这一法律问题的重要意义，我们还是来看图派克·夏库尔的案例。你可能还记得，在科切拉音乐节上，图派克的全息图在台上热情舞蹈，反应灵敏，几乎在人们的眼前复活。与其同台的是著名说唱歌手Dr. Dre。1996年，也就是他去世的那一年，图派克和Dr. Dre正身陷法律纠纷。图派克会同意跟Dr. Dre同台吗？可能不会。不过，事情还是发生了。如果他还活着，这可能是违背他意愿的。

如果有朝一日，数据处理算法先进到可以创造出一种人工智能来模拟死者生前的决策模式，并以此呈现其人格，那么与死者相关的伦理就会变得更加复杂。设想这样一个场景：一位美国老人去世了，留下遗嘱要求他的信托基金每月向共和党捐款1000美元。管理信托基金的儿子听从父亲的指示，还激活了他父亲的虚拟克隆体，偶尔说说话，就像跟自己的父亲聊天一样。几个月过去了，算法阅读了网上新闻后，发现共和党背叛了其选民（当然，这只是个纯粹的假设）。虚拟的父亲联系儿子，要求他马上停止捐款，并把钱转捐给民主党。

儿子有法律义务去实行变更吗？更有意思的是：从道德层面来说，他该这么做吗？模仿人类思维的实体应该有跟真人一样的法律地位吗？以后几十年中，人类必须要处理这些问题。其实，问题还不止这些。

宗教

宗教领袖们会对这些虚拟实体作何反应？

以色列特拉维夫大学比较宗教系的讲师、著名希伯来语博主托马尔·珀西科（Tomer Persico）博士说：“以色列的很多宗教领袖可能会认为数字实体代表了人类灵魂向物化和世俗化又迈进了一步。这样说来，如今，一些科学家认为人类灵魂只是一些物质成分和神经网络的综合体。与此相比，数字实体也不会给宗教带来更大挑战了。今天就有人认为，人类的主观体验不过是大脑内部化学反应的结果而已。宗教领袖们已经不得不面对这种信念了。现在，他们需要区分大脑和灵魂。而计算机已经在努力模拟两者了。”

珀西科认为，宗教领袖们对此项技术的态度会有两种：有些人会不屑一顾，另一些人则将其视为一种新的世俗威胁。他说：“如果技术大获成功，而且很多宗教团体的人都开始用它，那么宗教领袖们就会开始积极反对。就好像今天很多人也排斥智能手机一样。他们可能将其定义为可怕的异端邪说、一种假扮上帝的妄想、一种伪造和盗窃人类灵魂的行为。”

珀西科认为，还是有些宗教领袖会相对平静地接受这项技术。“我猜想，他们很多人会觉得这就是一种愚蠢的尝试，是试图将生命注入那些没有生命的东西里。可能就直接忽略了。说到底，对他们来说，一个人就是一个灵魂。没有灵魂的根本就不是人。”

珀西科还认为，除了恐惧或者轻蔑，还会兴起新的宗教运动，视这些数字实体为神圣。他说：“其实，今天也有新型的宗教运动和具有宗教特征的群体认为，技术是永生的关键。雷尔教派（一种相信外星人通过技术手段创造了人类的邪教）就是个例子。在我看来，普通人中间也很自然地会产生一些新的习惯做法。比如在家里的‘神龛’中供奉已故亲人的电子克隆体也不是不可以的。”

想想看，即便以后有些宗教派别会将技术神圣化，还是可能有宗教极端分子对这项新科技大打出手。正如珀西科提到的，有些人会说克隆和人为地让人类延续的做法只是在用罪恶的方式显示傲慢，是在试图挑战“上帝的意志”。其他人则可能从人道主义的角度进行论证，（以某种理由）指出要维存那些“活死人”，就会消耗本应该由活人享有的资源。

大部分极端主义者也只会抱怨和咆哮，然后拒绝使用这种新技术。不过，也有人会选择忠于自己的意识形态，积极地反对虚拟实体。要想知道他们以后会做什么，我们需要先猜猜这些未来实体的存储方式。

信息存储

托管所有这些虚拟身份将需要非常高效的数据存储能力。2000年，微软研究实验室的前研究员戈登·贝尔（Gordon Bell）和詹姆斯·格雷（James Gray）发表报告，粗略估计了要实现数字永生所需的信息量。具体的数量值取决于需要存储的数据性质，从每个虚拟实体75千兆字节（假设每天只保存一些书面文本和几张图片）到1万兆字节（假设以每秒4.3兆字节的DVD记录整个人生）。要知道，1万兆字节相当于100万千兆字节，大约是普通家用硬盘可用内存的2000倍。

大部分人不会一天24小时用DVD记录生活。但是，存储那些更重要的实体，那些花了多年从多角度积攒信息的实体，会需要大量的数据。其实，今天就可以存储这么多的数据。但是需要一个专门的服务器群和足够的电力来运行它，还需要持续的冷却（因为硬盘会释放大量的热量）和维护。

因此，未来要储存这些数字实体可能有两种方法。第一种，如果存储技术和数据维护技术没有重大突破，那么虚拟实体就会储存在大型服务器群中，可以通过互联网跟其他媒介和用户交流。很可能也会有备份，这应该是不可或缺的。第二种，也是可能性更大的一种，如果信息存储技术持续进步，再过几十年，从理论上来说，我们任何人都将可以在自己的硬盘上存储一个甚至十个虚拟人。

虚拟战争

假设虚拟实体存储在昂贵的大型服务器群中，前面提到的那些宗教原教旨主义者应该就会开始实施“报复”。他们可能不觉得人类灵魂（至少是那些非常精确的仿品）可以永生并与真正的人类交流是多让人激动的事儿。拥有这些服务器群的公司不得不进行严密保护，防止有人恶意侵入，破坏这些设备。

但是，要是数字实体存储在私人电脑上，而不是集中的服务器群中，那么那种破坏就不会那么伤筋动骨，要提防的就只剩下网络攻击，如计算机病毒、蠕虫、特洛伊木马和其他数字害虫等。

除了宗教原教旨主义者，还会有其他人想破坏这些虚拟实体。年轻的黑客和无政府主义者也会试图侵入高管们用作私人助理的原始实体，最好的结果就是让它们的行为和对话变得有点儿尴尬。但最糟的情况是黑客修改身份代码，让虚拟实体泄露公司和高管的秘密资料。他们也可能针对教师和有名望的科学家发起这样的攻击。其实这些大部分都会像孩童的闹剧一样，但是有一小部分攻击行为的背后会是老练的犯罪分子。他们会试图欺骗虚拟实体，使其泄露密码和那些不该公之于众的信息。

只要这些没有行为能力的虚拟实体仅被用作个人助理或教师，就不会对社会造成太大的影响。但是，要是被攻击的是那些模拟死者的实体会怎么样呢？直接的结果将是，很多之前与逝者进行的交谈和咨询活动将无法继续。这只是生活中暂时的不便。但是，这就提出了一个特别有趣的法律问题：假设黑客破坏了所有原始数据，即删除了所有创建该虚拟实体所用的文本和图像，那么，黑客应该受到什么惩罚呢？他算是杀人凶手还是普通的破坏分子？我们很清楚一个人如果结束了另一个人的生命所要付出的代价，但是，如果这个人销毁了其他人（甚至是已经死去的人）所有的痕迹呢？如果他是用虚拟的方式（就像提线木偶一样）来冒充死者发送信息，又该如何判决他呢？

虚拟实体算是人类吗?

这一章，我们探讨了虚拟实体融入人类社会的问题，但是主要关注的是那些可衡量的专业方面。然而，这些数字个体给人类带来的挑战可能是智力方面的。它们会迫使我们重新定义人类思维，以区分生物大脑和计算机化的大脑，即便二者至少在有些时候会生产出表面看来差不多的产品。

珀西科也认同："这项技术对人类的思维方式提出了巨大挑战。定义人类的真的只是一组思维模式吗？若是如此，人类生命的价值何在？若非如此，那么人类究竟是什么呢？如果人类的价值不止于此，我们是否要回到人类意义的宗教或形而上学理念上去？我认为，当这些技术无处不在的时候，无论是世俗的还是宗教的哲学家，都必须回答这些问题。他们将如何回答这些问题，我们需要拭目以待。"

纳夫塔利·提斯比（Naftali Tishby）教授认为，人脑活动的最终表达和虚拟实体功能的最终产物之间并没有实质区别。提斯比是以色列耶路撒冷希伯来大学工程和计算机科学学院的教授，也是神经计算跨学科中心的主任。作为全世界机器学习和大脑研究领域的权威，他没有被人类大脑之复杂吓倒。

他说："我个人认为，'人脑'系统背后的机制比我们想象的要简单得多。我觉得，如果我们能成功创建一个能像我一样反应的学习机器，而且它还能提出跟人类一样的见解，做一样复杂的决策，拥有跟人类一样的行为，那我觉得它就是智能的。或者像艾伦·图灵所说的，它与智能系统没有区别，是等同的。"

只要可能，提斯比会很乐意给自己造一个这样的虚拟替身。"如果存在这样一个统计系统，让我看完我和它的聊天记录之后，无法区分它是真人还是计算机，那对我来说，这个系统就是一个完美的替身了。要是这个替身能给学生的试卷打分，还能写资助项目申请，那就更棒了！"

那么大多数人最看重的会是什么呢？是难以捉摸的灵魂，还是我们连定义都难以给出的自我意识呢？虚拟实体也会被赋予自我意识吗？它们会被视为和人类一样拥有权利的个体吗？提斯比认为这些都是有可能的。他说："我觉得，不能说我们作为有认知能力的生物的不同之处就是我们神经系统的生物学特性。很明显，计算的行为是在神经系统中进行的，但是物理介质——它的确切性质，以及计算过程是化学元素还是生物元素支持的——都不重要。关键是算法的运作方式。对我来说，重要的是，它可以在合理的时间范围内进行输入和输出。我为什么还要关心它的物理或者化学过程呢？"

其实，哲学上的唯物主义者——就是那些不相信在有形世界的物质和能量之外有任何灵魂或精神存在的人——可能会将虚拟实体视为人类。就像提斯比所说的，说到底，要是生物神经系统和以硅为核心的计算机能产出同样的东西，那它们还有什么区别？而且，目前我们对大脑的理解仍十分有限，我们能证明大脑的功能与我们正在开发的算法不同，并给出有见地的答案吗？

虽然我无法就这些关于虚拟实体的哲学问题给出最好的答案，但我确信，未来数年，我们会越来越频繁地思考这些问题。虚拟实体的存在将迫使我们深入探究目前的思维方式，甚至对那些看似理所当然的东西提出疑问。所有这些，都是为了重新理解人类的独特之处（如果真的独特的话）。这将是人类面临的巨大挑战，因为或许有一天，虚拟替身和克隆体会拥有独立行动的能力。

正在以色列荷兹利亚的跨学科中心的实验室研究克隆及虚拟实体的多伦·弗里德曼解释道："我们认为，要让人们视虚拟实体为真正的生物，这个实体就不能是被动的，它必须是主动的才行。它必须是有生命的，还要具备像人一样的记忆，要有经历，有目标，该有的都要有。具备这些之后，我们就会面临一个哲学问题：它是一个真的生物，还是一个仿制品呢？不过这样一来，应该就能造出一种非常高级的模拟生物，有目标，也具备适应能力。这就是当今人工智能的焦点。只要这些想法逐渐成型，人们就会慢慢适应。这倒未必是件好事。"

未来会更早到来

我们在前面的章节中提到，预测社会发展是非常难的。预测未来对人类身份的模拟更难。所以，我只向未来学家请教这项技术何时能够成熟，不问它何时能大范围应用。他们的预估结果分布相对均匀，但是绝大多数人（87%）认为，到2038年会有第一批可以较好模拟人类在电脑上进行文字对话的虚拟实体出现。第一批简单的数字教师会出现得更早。80%的未来学家认为，到2030年，数字教师将取代约10%的人类教员。

人类和电脑、活人和死人的界限什么时候会变得模糊呢？未来学家无法给出明确的答案，因为这主要是社会和哲学层面的问题，而非现有或新兴技术的进步决定的。我个人觉得有点悲伤，因为如果能够做出预测，就可以勾勒出智能革命顶峰的图景：届时，电脑不会再单纯地提供服务；它们会开始在个人的甚至人际交往的层面上模拟人类所有的意图和目的。这种图景将比我们想象中来得更快。

提斯比总结道："技术成熟的那一刻会比我们想象中来得更早。也许我在有生之年还有机会看到（采访时，他已经60岁了）。差不多10年前，我第一次在采访中提出这种想法，那时候听上去还像是做梦。现在，有这么多人在讨论它，而且有这么多应用程序在做这个，确实有点儿不可思议。当年的梦变成现实的速度比我们想的要快得多。技术发展到'足够好'的程度，就会带来巨大的变革，就像汽车取代了几乎所有的马车，电脑也取代了几乎所有的打字机。"

提斯比、戈登·贝尔和詹姆士·格雷已经谈过了创造虚拟实体所需要的技术水准。他们还预言，以后的虚拟实体会越来越先进，直到有一天和真人难分彼此。到那个时候，作为生物的人类就不再独特了。社会也将包含虚拟实体。虽然这些虚拟实体没有生命，但它们却能模拟有生命的人类。

智能革命达到顶峰的时候，我们就不得不去解答那些关于死者、生者，以及来生的问题，还要探究我们的社会要用何种方式作答。这些都不是无聊的假设。看图派克和格特的案例就会发现，类似死而复生的事情已经在社会中实际存在了。

未来几十年，司法和道德领域的专业人士也将面临因此而来的挑战。希望他们能够找到正确的答案，因为再过不到50年，在另一个世界的“我”可能就需要他们的帮助。

是梦吗?

我们真的能看到数字实体模仿人类，甚至在真人死后还能作为独立的个体存在吗？到目前为止，还没有能够令人信服地模拟人的算法出现。正因为如此，本章所描述的预测尚需更大的信心，去相信计算机技术还能以过去几十年那样的速度向前发展。其实，这种信心也是智能革命的重要前提。如果人们的信念走进了死胡同，那么本书所描述的很多预测都会成为泡影。人类也无法再奢望跟那些虚拟世界中的人交朋友了。

即便真的创造了数字实体，也达到了高度先进的水平，很多人可能还是不会用它模拟自己，无论活着时还是死后都不会用。如果数字实体能够自主决策，能够像人类一样选择自己的行为，人们可能更不会用它。我们可能会觉得这些实体是有生命、有意识的。它们甚至可能对生活在计算机之外的人类宣战。这些担忧，甚至是这些担忧被具体化的场景，可能会让创造复杂数字实体的趋势停下来。

第二篇总结

前几章中，我描绘了智能革命的开端。这场革命之后，计算机将可以模拟人类思维产物，重建人类的全部行为，并像人类本身一样与其他人交互。

这是一个美丽新世界。工业革命就带来了低成本的大规模生产。例如，机械织机生产出大量廉价的面料；有了蒸汽机之后，连中产阶级也能负担起悠闲的远洋之旅了。同样，智能革命也会带来丰富的生活，让每个人都能享受前人梦寐以求的高质量生活。现在大部分依赖与人对话的工作都必然成为计算机程序的天下。这些程序应付这样的对话会比人类更快、更高效，也更得体，从而提升客户满意度。各公司也可以节约一些客服所需基础设施的支出，然后降低产品价格，在市场竞争中占据更有利地位。除此之外，计算机还将具备更多功能，承担之前只有人类才能胜任的工作。它们可以做客服代表，做比人类更成功的医生和科学家，撰写新闻稿，甚至在我们的道路上驾驶汽车。从长远来看，它们可能会监督我们的全部生活，引导我们走向幸福和成功，同时在虚拟世界中维存我们死去的故人，让他们复活。

现在的问题就是：人类还能干什么呢？

其实，工业革命也导致了一波又一波的失业潮。机械织机替代了织工。蒸汽机出现后，也不再需要人力划桨了。同样，沃森机器人和同类产品的应用也会在短期内导致失业率大幅上升，因为许多白领岗位会被电脑取代。

届时，那些被科技围剿的卢德派（19世纪英国反对工业革命的社会运动者）将复活。这些人就是现在的客服代表、接线员、出租车和公共汽车司机、新闻撰稿人，以及会计和其他很多白领。很多人会意识到，电脑的工作表现突飞猛进，雇主们为了削减成本，会更多地选择算法而不是人工雇员。裁员人数只会不断上升，随之而来的就是对这项技术的敌意和厌恶。除非可以让所有这些人重新就业，否则我们有可能陷入反技术革命，与我们一直在探讨的智能革命大相径庭。

但是真的有必要担心吗？其实旧岗位被新岗位代替是从来就有的，也是必然的。托马斯·L.弗里德曼的著作《世界是平的》也描述了这种动态。弗里德曼认为，历史已经证明，“员工数量增加会导致薪酬下降，但知识型员工的下降幅度可能会小于低技能员工”。原因在于，知识工作者（工程师、程序员、科学家等）总会带来新的理念。他们会开发出市场上可以采用的新奇产品。这些新理念在市场上应用得越多，相邻生态系统中就会有更多新专业和领域蓬勃发展起来。

同样，有些人可能会说，正因为有了足够智能的电脑，才会有新工作成长的土壤。一开始无疑会是这样的。其实，过去几十年就是如此。例如，Excel专家取代了专业的制图人员。虽然工业革命确实让大部分农业岗位消失了，但它带来了更多城市内工作岗位，从股票经纪人到清洁工。智能革命不会也带来类似的职业更替吗？

答案是，工业革命的结果不一定适用于智能革命。一开始，我们让机器去执行各种重复的任务，我们需要自己控制和规范它们的操作。随着智能革命的展开，我们将赋予机器控制自身和其他机器的能力，它们的表现还要胜过人类。但我们失去了相对于机器而言最主要的优势——思考能力，我们的效率也必将败下阵来。矛盾的是，今后几十年，人类相对于机器的唯一实质性优势可能就是执行诸如疏通下水道等枯燥的机械任务时会更灵活、更有效而已。

过去200年出现过一些看起来不证自明的假设。如果不看这些，未来的局面将变得更加黯淡。200年来，每位政治家都已清楚地看到，国家的福利和力量取决于其公民的身心健康，取决于公民是否能够激发潜能，造福国家。但是，当计算机取代一部分人，让一些公共部门变得冗余，会发生什么呢？欠发达国家会有兴趣投入巨额资金和资源，去帮助改善那些数以亿计的贫穷、生病和无知的公民的生活吗？还是说，他们会更关注先进计算机和人类的“前沿”——计算机操作者呢？

这种严峻局面可能在一些国家是真实存在的。但我预计，很多别的国家会面对相反的局面：穷人不会被弃之不顾，因为技术效率将渗透到社会下层。智能计算机不会是富人和上层人士的专属。它们会出现在服务、教育，甚至科学领域，发挥其高效和低成本的优势，通过未来几十年将构建的通信和网络系统来造福穷人，成本也比人类自己提供这种服务要低得多。

由于这种信息技术的涓滴效应，穷人也能获得教育和信息服务，甚至能用我们在前一章中提到的3D打印机生产药品和物理辅助设备。这就需要将西方普遍使用的有线和无线网络进行升级。然而，与对人类的潜在回报相比，这只是很小的付出。所有这一切只有在我们仍然是人类的情况下才成立。但我相信，我们终将改变，并在这个过程中不断超越人类的定义。在这种情况下，我们迄今为止所依赖的所有定义和基本假设都会很容易改变。关于这一点可以阅读与第三场革命——生物革命相关的章节。

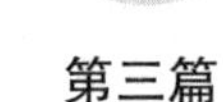

The Guide to Future

第三篇

生物革命

有一个现象的明显程度已经让我毛骨悚然，这便是我们的人性已经远远落后于我们的科学技术。

——阿尔伯特·爱因斯坦

本书涉及的最后一场革命是生物革命。作为这场革命的一部分，人类将在未来几十年内了解与我们躯体和大脑有关的所有重要数据，并根据个人及社会的需要改变和强化它们。

自人类诞生以来，生物革命从未停息。从我们的原始人祖先拿起第一根树枝，并从山丘中抓到白蚁的那一刻起，生物革命就已经开始了。那根树枝就是其身体的延伸。早期的人类实实在在地找到了延伸双手的方法。从那时起，人类不断开发着新的工具。这些工具赋予了人类前所未有的能力。所有这些工具都用来增强了人类躯体那些天生的、有限的能力。

下一章中我们会探讨那些将继续与人类躯体融合并

从根本上增强其能力的技术。下一章开篇，我们将在所有其他技术的基础上详细介绍一项技术——解读人类基因。接下来的章节中，我们会探讨理解和操纵人类基因密码将如何玩转所有生物，当然也包括人类自己的外形和特征。接着，我们就可以探讨停止衰老，甚至扭转时光，重现青春。后面我们还将探讨一些改善人类大脑及其功能的技术，以此描绘一种遥远的可能性，即将人类大脑上传到计算机，使之与真人一道操纵虚拟世界。

我知道，后面要说的未来图景会让很多人觉得莫名其妙，不甚可能。对大多数人来说，终结衰老或将意识从人脑转移到计算机之类的想法不过是科幻小说中的情节罢了。

为回应这种观念，我们来回想19世纪伟大的化学家路易斯·巴斯德。他发现并开发的疫苗在他所处的时代影响极大。当时的人们十分感激他的疫苗，但却对他的预言不以为然。他预测，有了疫苗，以及对有害菌和病毒的了解，大部分儿童疾病将被根除。巴斯德死后约一百年后的今天，他的预言成真。西方人几乎不再受那些致命的儿童疾病困扰了。巴斯德所看到的，是其发明的长远意义，而他当时的同行们却只关注其能带来的直接益处。从这点来说，巴斯德算是一位未来学家。

阅读后面的章节时，可以带着巴斯德那样的思考，努力望见遥远的未来。只有这样，才能理解我们身边科技进步的真正意义。

第五章

阅读生命之书

"希望"，长着羽毛

栖息在灵魂里

它唱着无字的歌

一刻都不停息

——《希望，长着羽毛》，艾米莉·狄金森

基因的时代已向我们走来。再过几十年，可能我们每个人都能看出别人身上的基因写着“可爱”“崇高”，还是“可恶”。每个人也都能一窥他人所携的隐秘基因……

大部分人都可以决定自己的命运，无论喜悲。通常人到十几岁的时候，这次重要的命运之旅就开始了。希瑟·杜格代尔（Heather Dugdale）是一位年轻的加拿大姑娘。然而在她还在襁褓中的时候，命运就无情地由喜转悲。那天，她的母亲在用奶瓶给她的姊妹喂奶时，手突然就不由自主地抖动起来，几乎无法控制。几年后，病情恶化。她的母亲几乎无法行走，身体会不由自主地抽动。由于无法控制嘴巴、脸颊和眼部肌肉，她已经没有办法掌控表情。甚至连说话或吞咽也不能了，因为对喉咙和舌头的控制能力也逐渐消失了。

这些都是亨廷顿舞蹈症的症状，是一种遗传疾病。据说，得了这种病，最可怕的是患者智力会慢慢减退，无法掌控现实。这种症状确实可怕，但在我看来，真正的难题还在于，那些眼睁睁看着父母发病、智力减退的孩子们也深知，自己成年后也有50%的概率会发病，甚至可能遗传给自己的孩子。希瑟的母亲在首次发病14年后离开了人世。希瑟自己的命运也悬于一线：如果母亲的缺陷基因遗传给了自己，她就会在二十几岁的时候出现亨廷顿舞蹈症的症状。要是自己的基因没问题，她就可以过上正常的生活，掌控自己的命运。

假使希瑟生活在30年前，她大概只能耐心等着。每天观察自己：刚才头晕了，是不是不正常？刚才是不是手抖了？刚才的小口误是不是智力衰退的前兆？其实很好理解为什么那些有这样经历的人会最终疯掉。谁也不该承受这种痛苦的折磨。

不过，希瑟很幸运能生活在医学发达的当今。现在已经有先进的基因检测手段了。她想通过基因测序等方法来判断自己是否携带了缺陷基因，以此来一窥自己的未来。

人类遗传密码是由一系列“字母”组成的，这些字母组合在一起，就会产生生物语言的单词和句子。我们可以视其为一种编程语言。它将决定我们的身体如何发展，从在子宫中的最初阶段，到我们咽下最后一口气。这种语言中的每个句子或指令都被称为一个基因。整个人类遗传密码包含两万多个不同的基因。

这种说法可能过于粗略，但是，每个基因或基因组合都会影响整个有机体里里外外所有的特征。这些基因也可能是微不足道的——不同的基因变异可能会导致婴儿出生时头发像煤炭一样黑，像胡萝卜一样红，甚至像雪一样白。另一种基因的（非常罕见的）变异可以防止感染克雅氏病（疯牛病在人类身上的形式，患者会失去理智和运动控制，痛苦地死去）。由于这种疾病非常罕见，而且几乎不可能传染，所以可以防止这种病的基因突变对大部分人来说没什么意义。如上所述，上述特征几乎是微不足道的。

除此之外，有些基因的细微差别可能是致命的。例如，亨廷顿基因就会毫不意外地导致亨廷顿舞蹈症。基于目前的知识储备，我们可以阅读不同人身上不同的基因变异。有些变异是无害的，有些则会导致携带者日后发病。大多数人的基因版本都是无害的，因此永远不会发病，但有少数人会在三十到四十岁时开始出现症状。还有些人会被命运摧残，二十几岁时就发病。阅读人们的“亨廷顿基因”可以预知他们的未来，至少可以相当准确地预测他们是否会患亨廷顿舞蹈症。

除了亨廷顿舞蹈症，所有遗传疾病的发病和病情发展都是由基因密码的缺陷和改变引起的。影响新生儿的遗传基因——泰萨氏病、囊性纤维化和其他疾病——尤其如此。除此之外，还有老年人易患的动脉粥样硬化、阿尔茨海默病等。这些疾病在某些基因发生变异时更易出现。

应希瑟的要求，医生对她的亨廷顿舞蹈症基因进行了测序。早在十几年前，现代科学就已经能够解读导致亨廷顿舞蹈症的基因变异，任何疑似携带者都可以接受测试，并获得明确的结果：幸福生活或坠入疯狂。一个面颊拭子，甚至唾液，都可以提供足够的细胞样本。医生可以读取这些细胞的遗传物质，进行测序，并返回结果。但是，医生希望希瑟自己决定是否要看结果，希望她想清楚是不是真的要知道未来几十年的生活会是什么样子，是不是真的要知道自己是否会患上不治之症。还是宁愿就这样开开心心、自由自在地生活下去。

现在，我们暂时按下希瑟的故事不表（稍后再来揭晓她的决定）。其实，此时希瑟要做的决定就是未来几十年人类要做的抉择。到那个时候，每个人都可以看到自己的整个基因密码。那么，我们每个人都要经历希瑟的两难之选：去了解等待我们的疾病，还是开开心心地让未来的健康状况保持神秘呢？

基因密码不再神秘

每个人都能进行基因测序？会有这样一天吗？答案几乎是肯定的。近几十年来，生命科学技术突飞猛进，成绩斐然，令人惊叹。始于1990年的人类基因组计划花了美国纳税人27亿美元，历时13年，需要许多实验通力合作。

听起来是个大事儿？确实如此。回想起2000年刚过，我在以色列理工学院攻读生物学学士学位的时候，有个朋友非常礼貌地向我询问，做一次完整的基因测序要多少钱。再看现在，科技发展之飞速实在让人惊叹。我当时估算了一下，告诉他大概要10亿美元。他无奈地耸了耸肩膀，但还是心存希望的。

他说："没关系，会降价的。"

他是对的。放在今天，基因测序的价钱可以控制在1000美元以内，用的还是尖端科技。

价格还会继续下降的。

近年来，有许多人认为基因测序的成本不可能下降，但是实践结果不断证明，他们的想法过于悲观。其实，2008年以来，基因测序成本的下降速度已经超过了计算机芯片的发展速度。价格每年都以10倍的速度下降：2008年的500万美元，到2009年的50万美元，再到2010年的5万美元。

受访的未来学家中，有77%认为，到2030年读取一个人全部基因组的成本会跌破10美元。而且，随时随地都可以享受测序服务。这些数字确实让人耳目一新。但是，最重要的问题还没有答案：基因测序有什么用处呢？

遗传医学时代

医学博士詹姆斯·埃文斯（James Evans）是美国最著名的遗传医学研究者之一。他不愿明确地指出未来10年人类基因测序的潜在益处。

他在受访时说："基因测序在医学领域的应用炒得很火。其实，大多数人，可能也包括你我，遗传密码都平平无奇。只有1%到2%的人遗传密码中会有些他们应该知道的东西。"

埃文斯认为，人类基因分为两种：一种里面包含着会导致某种疾病风险飙升的罕见变异；另一种（比较幸运的）所包含的变异则比较普遍。这些变异不会导致已知疾病的发生。

希瑟·杜格代尔可能正巧属于第一类。但是，通过读取她的遗传密码，我们就能在很大程度上确定她是否会患上亨廷顿舞蹈症，甚至能指出症状最有可能出现的年份。许多其他基因中也存在类似的变异，并可能大大增加携带者在年轻时发作心脏病（基因LRP6的变异）、乳腺癌（BRCA1或BRCA2基因变异）或其他癌症，甚至阿尔茨海默病（由ApoE-ε4基因变异导致）的概率。

幸运的是，这些变异很少发生。例如，在阿什肯纳兹犹太人（Ashkenazi Jews）中，只有2%的女性会出现有害的BRCA1或BRCA2基因突变。这些人极易罹患乳腺癌和卵巢癌。正因为如此，起初几年，读取基因密码（假设可以大规模应用）将主要用于识别那些携带有害基因的人。对那些还不知情的携带者来说，这是重要的一步，但是对于大多数人，却不会有什么意义。

一旦可以用基因测序发现潜在的患者，就有可能采取措施帮助很多人预防疾病的发生。例如，BRCA1基因携带者到了一定年龄，也决定不要孩子的话，可以切除卵巢，甚至乳房。心脏病的高危人群可以接受会诊，按医生的意见改善饮食。不过，埃文斯还是对鼓励人们去过更健康的生活不太乐观。

他说："我们很有可能会死于癌症或心脏病，但其实，你原本就知道自己该做什么：健康饮食，多锻炼。那么，知不知道自己有高于20%的心脏病风险有什么关系呢？"

我试着接受埃文斯的怀疑态度，停下来，想想自己的动机。短暂的犹疑之后，我告诉埃文斯教授："有关系，至少对我来说是这样的。"如果我可能死于心脏病，那么我想提前知道。我会想了解一下我余生必须与之搏斗的敌人，尽我所能地研究它，并制定防御策略。对我而言，知情本身就是有意义的。清楚地了解致命对手的属性将助我一臂之力。我可以通过调节饮食和健身习惯，并动用所有其他的手段来与基因之敌决战到底。

我在电话这头都能感觉到埃文斯肯定是无奈地耸了耸肩。对于人类的性情，他比我悲观。毕竟，他指出有那么多肥胖人士，即便深知自己的状况会影响健康，也还是无法保持健康饮食或坚持运动。

我还想探索一些了解基因密码能带来助益的领域，于是我换了个话题。

埃文斯说："了解遗传密码可以帮助了解疾病背后的基本科学。我们可以读取大量患者的基因密码，从而对某种疾病进行大规模研究，还能据此推断出这些疾病的遗传来源。"从长远来看，遗传学将为几乎每一种人类疾病的防治带来曙光。

对于那些想要孩子的夫妇来说，读取遗传密码尤其重要。例如，在今天世界上的许多国家，大部分妇女都会通过基因测试来确认是否携带某种可能伤害胎儿的遗传变异。这些检测相对简单，也很便宜，但无法检测所有潜在的遗传变异，也无法检测所有可能的疾病。所以，还是需要全基因组测序。

受精的早期阶段也可以进行基因测序。目前，体外受精是要取出母亲的卵子并用父亲的精子使其受精。整个过程在试管中进行，而不是在母亲的体内。受精卵发育成幼胚，然后精心选取，再植入母亲的子宫。

如果担心母亲会把某种遗传疾病传给孩子，实验室技术人员可以对幼胚进行部分基因测试，来找出没有携带有害基因的胚胎。话虽如此，如今的测试既烦琐又耗时，而且只能检测一两个基因。基因读取技术可以大大简化胚胎的基因选择过程并提升准确率。除此之外，不久的将来，我们就可以识别出基因问题，即便是对非体外受孕的胚胎，也可以做到这点。

埃文斯说："我们现在可以从母体中提取血液样本，甚至在怀孕的最初阶段——大约怀孕2个月后——提取胚胎遗传密码的信息。"这对很多夫妇来说都是极有意义的。他们能够事先确定孩子是否患有某种显著的遗传缺陷，并在孩子只有2个月大的时候及早决定是否堕胎。不过，这对社会来说是喜还是忧呢？

当基因测试成为时尚

让人始料未及的是，知道自己的整个基因密码并不总是好事儿。新科技为我们提供了如此丰富而深刻的信息，为什么反而会伤害我们呢？要回答这个问题，我们只要看看20世纪80年代磁共振成像扫描仪首次应用的情景就可以了。医生可以用这种设备扫描病人的身体，获得其体内组织的深度图像。

磁共振扫描仪问世时，很多医生开始用它来诊断各种背部问题。那些饱受背痛折磨的病人被送去做磁共振检查，费用要一千多美元。医生随后将收到患者脊柱的最终图像。根据这些图像，医生诊断出了很多人患有椎间盘退行性病变，以及其他磨损和撕裂，然后推荐患者去做矫正手术。

听起来不错？并不是的。医生根据磁共振图像中发现的细节对患者进行诊断，但每张图像都包含了许多不同的细节——有些是模糊的，有些稍清晰些。这些多余的信息骗过了医生，让他们几乎在每一张图像中都发现了能够说明严重背部问题的异常。很多时候，要治疗这些（通常不存在的）问题，就要去做侵入性的，甚至有害的手术。

医生一直对自己的诊断和手术沾沾自喜，直到发现自己对相关病症诊断的成功率。20世纪90年代中期，一些有趣的结果浮出水面。医生们进行了开创性的研究，对近100名没有任何背痛症状的人的磁共振图像发表意见。结果让人大跌眼镜。医生声称近90%的假定患者患有某种形式的椎间盘退行性疾病。如果这些患者在这些诊所接受治疗，医生很可能建议他们去做侵入性手术来解决“问题”。

如果各国的卫生组织和政府能为每个人提供个性化的遗传密码读取补贴，我们可能很快就会陷入类似的困境：医生应该没办法再忽视患者的基因密码记录。会有2万个基因大声嚷嚷着，等着医生的格外关注。每个基因都能拥有成千上万的医学研究，将其与某种疾病或其他可疑的疾病联系在一起。遗传密码是否包含有用的医学信息？当然！可问题是，人类的眼睛——或者更重要的是，人类的大脑——能轻易地识别出来吗？答案几乎必然是否定的。

被基因测序诱惑和误导的人不仅仅是医生。很多人——从普通人到雇主和保险公司高管——都可能错误地估计基因的决定性作用，以为它们是决定身体、大脑和人格发展方式的唯一因素。

当然，这种对遗传密码的看法过于简单。虽然尽管基因确实控制和影响了我们的大部分特征——包括我们的智力和性格特征——但是文化和社会也是塑造人类的重要力量。

埃文斯说："21世纪初，一项公开的研究认为，MAOA基因变异的男性携带者会更容易陷入犯罪和暴力等反社会活动，但前提是他们在儿时受到虐待。现在我主观上猜测，如果这样的男孩从小被好好对待，他们长大之后就会学会如何排解自己的攻击性，说不定会变成极富野心、敢想敢做的商人。"

即便是最基本的特征，包括攻击性，也不是完全由基因决定的。所以其实，要想找到基因和那些更复杂的特征（智商和幽默感等）的直接联系，我们还有十万八千里要走，这有什么奇怪的呢？这些关系是极端复杂的。很多时候，单纯从统计学角度来看，单个基因控制一个特征的情况是极为罕见的。大多数情况下，遗传密码的单一相关变异只有极小的可能会带来特别高的智商，比如拥有美国著名社会批评家乔治·卡林（George Carlin）那样犀利尖刻的社会评论技能。如果每个个体的细胞中存在2万个基因，它们也会相互作用，其结果可能是难以量化或完全理解的。

从字面上看，这些概念都很简单。但是，要让公众理解基因测试的真正含义及其内在的高度不确定性，是个巨大挑战。媒体免不了耸人听闻。他们会例行公事地刊登出各种基因的最新研究成果，配上博人眼球的标题。于是会有很多人把基因测试奉为神灵。这将是一个基因的时代——预计这个时代会在2020年左右拉开序幕。这个时代本身也会携带一些我们不喜欢的基因。随着我们对人类遗传学的进一步了解，这个时代终将过去。但在那之前，它可能会以各种方式伤害整个社会。

对婴儿和胚胎的影响

每对夫妇都可以通过读取胚胎的遗传密码，在怀孕的第一个或第二个月就知道胚胎是否患有遗传疾病，以及如何处理它们。除了医学诊断之外，父母还可能会发现孩子是否可能对药物或酒精成瘾、易暴，或智商低等。基因时代初期，这些预测的价值只会停留在纸张和屏幕上。但是，合法和非法堕胎的数量必然会增加。

以太·亚奈（Itai Yanai）博士是以色列理工学院生物系一位年轻的副教授。他的研究重点是遗传密码的快速测序。有一次，他私下对我说，他想试着为每对夫妇提供胚胎的全部基因图谱。

他说："我和一位朋友想着，可以对胚胎的遗传密码测序。不过，随便问一个医生就会知道，这可能不是个好主意。问题在于，基因测序找到几个变异。你去告诉他们。然后呢？这位妈妈可能会震惊，爸爸可能会昏倒，或者反过来。他们可能不知道，基因突变是很普遍的现象。即便这对夫妇意识到了这一点，怎样让测试结果更好地传达这些信息呢？只要很少部分人会有基因检测可以清楚识别的疾病。至于其他人，我们需要告诉他们，他们的胚胎有10个我们从未见过的突变，影响尚不清楚。我们很确定每个人都会选择堕胎。"

科幻小说中会有这样的描述：未来，性爱只是为了愉悦。想要孩子，都要通过人工授精受孕，并根据他们的遗传密码来选择胚胎。未来几十年似乎还不会出现这种情况。就算世界上最富有的国家也只对不孕夫妇提供人工授精，原因很简单，它的成本极高，而且很容易引起并发症。相比之下，通过性爱受孕则几乎没有成本，而且通常很愉悦。不过，原则上来说，需要体外受精的夫妇可以对他们的胚胎进行基因测试并加以选择，这一点跟以太·亚奈博士考虑的差不多。

这意味着，如果政府不制定相关法规和明确标准，可能会有更多夫妇选择体外受精，这样就可以根据胚胎的遗传特征加以选择。那些有幸拥有“优良”基因的胚胎会被重新植入母亲子宫。那么剩下的呢？当成一文不值的东西丢掉。长此以往，医生和父母精心挑选的试管婴儿，和那些按照传统方式出生的“普通”婴儿之间的差距会越来越大。本章末尾会详细阐述这一点。

我无意完全否定人工基因选择。有些特定类型的基因会扰乱孩子的整个未来生活。很多人会说，如果发现致病（如泰萨氏病）基因，夫妻选择流产或避免植入这样的胚胎无可厚非。最令人担忧的是，一些追求完美、吹毛求疵的父母可能会因为一些微不足道的、没有科学依据的顾虑，或者仅仅因为他们过于挑剔而决定流产。

有些父母可能会在心中随意设定一个标准，比如孩子以后最少要有170厘米高。要是发现胚胎基因可能达不到他们设定的最低标准，他们就会选择流产。很难想象，如果政府对类似事件过于宽容会怎样。很多父母会希望自己的孩子以后成为工程师、医生，或希望自己的女儿长大能有模特一样的身材。但是，国家又有责任让女性的期望不要太高，以免导致不必要的、有害健康的堕胎。因此，各国卫生部等监管机构需要在两者之间求得平衡。这些机构还必须想办法应对非法堕胎，因为会有一些孕妇通过非法途径来处理她们不想要的胚胎。

以太·亚奈博士总结道：“要知道，每个人都有至少10种不同版本的潜在致死性遗传病，但因为某些基因密码的特征，大多数都没有表现出来。我们还不能完全理解。即使你让父母们可以读取胚胎的基因代码，也没法知道这些变异会有怎样的生物学表达。这种不确定性是很吓人的。所以，其实目前我们还不知道这种服务对人类来说是福是祸。”

对青少年的影响

假设以后年轻人也可以进行全基因组测序（那时候可能很多家长会让孩子去进行这种测试），那么学校里的阶层差距会越来越大。孩子的标签可能就不只是“万人迷”“土包子”“呆子”等词语。人们可能很难想到这样一个问题：生物革命正在实实在在地改变我们周围的整个世界。在这种时候，我们真的要花大力气研究它对高中生尚未确定的社会地位的影响吗？如果你赞同这种观点，那么试着回想一下你的高中或小学时光。学校对孩子们的重要性不言而喻。他们在成长过程中的社会地位影响着他们的人格形成，进而影响着他们的未来。

那么，在未来的学校里，社会分层将如何产生呢？高中生不太可能自愿与同学们分享他们的全部基因密码。话虽如此，过去几年，私人基因组公司读取了一些客户选定的部分基因。它们一直在鼓励客户去联系那些碰巧有相同基因或突变的顾客。所以说，如果在未来的某种自动算法（类似目前脸书上新好友推荐）中输入学生的遗传密码，它可能会建议该学生与那些有类似基因（比如表明较好的创造力和活跃度等的基因，这种基因可能很普遍）或基因变异的学生友好相处。若真如此，也不必惊讶。

一些层次较高的私立学校（或自认为如此的机构）以后可能会要求学生提供他们的基因密码，方便进行仔细审查。如果政府和倡导隐私的组织不加干预，家长就只能受制于官方或非官方的限制条件。学校方面会宣称，他们正根据学生的创造力、最高智商和暴力倾向等特质来寻找最好的学生。评估这些特质的根据就是最新的研究成果。但是很多时候，这些研究既不够准确也不够全面。许多基因会无奈地被贴上不好的标签。而那些携带这类基因的孩子会遇到麻烦。政府也应该通过法律，禁止基于遗传数据的教育歧视。

对爱情的影响

在基因时代寻找真爱可能更加困难——其实原本也不是易事。如果说现在我们寻找的是端正的五官、轮廓分明的身材和成熟的品味，将来我们可能不只是关注外表，也会更注重内在的样子，关注那些他们无法控制的基因代码。那样，携带不良基因的青年男女会很难找到配偶。

其实这个问题也不像看起来那么大。痴情的年轻人就算明知道彼此之间会存在的问题，也还是会选择结婚。富人和穷人、穆斯林和基督徒之间都可以形成爱的纽带。但是这些年轻人周边可能会有反对的声音。最可能担忧的是双方父母。他们会希望确保新家庭成员没有携带任何可能传递给孩子的不良基因，也想确保女婿不会因为基因的问题而过早离世，造成孙辈缺人照顾。

在偏远农村的很多部落文化中，这种忧虑更加深重。因为在农村，人们更期待孩子长大后赡养父母。父母在接受未来的儿媳之前，会坚持审查她的早期基因测试结果。这些结果会预示她的预期寿命和质量。“有缺陷”的新娘会很难找到合格的新郎，甚至根本嫁不出去。

从杰克牵着我女儿的手走进屋的那刻起，我就知道我不喜欢他。

瑞秋说我从不正眼看她带回家的男朋友。我总是耸耸肩，不屑一顾。怎么能和父亲争论呢？即使在2025年的今天，年轻人仍不得不考虑父母的意见。但是杰克似乎比平时更烦人。瑞秋介绍了他之后，他死死握着我的手，目不斜视。脸上带着讥笑，眼神中透露着嘲讽，好像在说：“你知道我要在你的家里、在你女儿的房间里对她做什么。你知道也无所谓。”

我一点儿也不喜欢他。

他把我的宝贝女儿带到了客厅沙发坐下。她目不转睛地看着他，眨了眨眼睛。我在心里默数到了10，又数到20。

“正好，要吃晚饭了。”我使出了洪荒之力，挤出最自然的语气。瑞秋一脸担心地看着我。她知道不妙。“来吧，桌子摆好了。我一直在等你。”

他看着瑞秋，脸上有些奇怪的表情。过来坐在了桌旁。

晚餐已经准备好了：炸薯条和麦乐鸡。麦当劳的纸袋还放在角落。杰克挑起一只眉毛，让我感到血气上涌。离婚后，我只能学着用厨房里的锅碗瓢盆，对自己的厨艺实在没什么幻想。来我家做客的女性一般不会因为吃的东西不开心。还有，他算什么，有什么资格对我说三道四？想想算了。最重要的是，他仍然坐在那里，全神贯注地吃着。

晚餐的过程十分安静。他的手一碰到她的手，她就咯咯地笑起来。吃到一半的时候，我紧张极了，但还是耐心等着，直到机会终于出现。他的手放在桌子上的地方，我发现有一根黑色的短发。他注视着我，而我则盯着桌上的头发。

“桌子有点脏。”我抱歉地说着，动作非常自然地把那根头发擦掉，然后站了起来。我能感觉到我的腿在发抖。

我说：“瑞秋，把盘子放水槽里吧，然后可以接着看电视去。我要去打个电话。”

我转身背对着她，她还没来得及瞪我一眼，我就跑到地下室去了。是时候找出真相了。

我的基因测序仪一如既往地耐心等待着我。我之前在基因鉴定公司工作，直到公司的基因测序仪被收归国有，其使用要受到政府的密切监督。在漫长的法庭程序和离婚之前，这台机器还连着互联网和基因数据库，我还知道怎么用它。我双手颤抖着，小心翼翼地把头发穿过测试槽，然后点击开始按钮。我目不转睛地盯着屏幕，杰克的基因逐渐显现。感觉这个过程出奇的慢。

是我不想看到的结果。

30分钟后，我潜伏在浴室里，躲在浴帘后面。杰克一进来锁上门，我立即扯开窗帘，猛扑过去。我用手抓住他的喉咙，把他的脸撞在水槽上的大镜子上，让他动弹不得。他双眼盯着我，满是狂暴。我可以看到镜子里自己的眼睛闪着愤怒的光。

“有80%的可能会鲁莽行事？”我紧靠着他的脸吼道。“有90%的可能跟多人发生性关系？有暴力倾向？50岁时心脏病发作？你这个臭小子真的以为配得上我女儿吗？！”

他试图挣脱，但我又狠狠地把他按在镜子上。警告他说：“我要是再发现你和瑞秋在一起，你就跟我的刀说话吧。如果我再看到你们在一起，再听说你们在一起，甚至再想到你们在一起……你就去打听打听我是怎么对待她妈妈的。敢惹我，我就让你知道我到底是谁！”

他一直盯着我。我打了他一巴掌，但不太狠，不想把皮肤弄伤，让瑞秋看出来。“我让你知道我是谁。”我又重复了一次。他点点头，我松手让他倒在了地上。

“拿上你的东西滚蛋，告诉她你要跟她分手，以后再也不想见面了。”我用威胁的口吻说到。

过了十分钟，瑞秋过来狂砸我的房门。

她尖叫着：“肯定又是你！为什么？为什么你总是这样对我？每一个我带回家的男朋友，都被你赶走了。你总是对他们说同样的话！为什么？！”

我根本没有回应。我躺在床上，想喘口气。我心脏不好。医生总说我是现代医学的奇迹。按照我的基因状况，几年前我就该心脏病发作了。但凡我状态好一点儿，我也会起身告诉她，就是因为她老是跟那些有同样问题和缺陷的男孩搅和在一起：暴力、乱交、心脏病。每一次，我收集的样本都证明了这一点。就是那根黑色的，短发……

等等，我突然想到，杰克不是金发吗？

我耸了耸肩，无所谓了。

反正我也不喜欢杰克。

对就业的影响

青少年会长大成人，并且（有些还会）结婚。不过，到了找工作的年纪，可能就比较难熬了。暂不说智能革命对就业市场的影响，年轻人可能也会意识到他们找工作越来越难，因为雇主们不喜欢那些潜能较低、团队合作能力差，甚至可能有精神问题的人。用人单位总是希望员工不要在30岁就心脏病发作，或者40岁就罹患癌症。为了不盲目选人，他们会要求员工尽可能公开自己的全部基因检测结果。

立法和行政部门对新情况的不同反应会带来不同的结果。其实，目前有些国家已经出台法律禁止工作场所基因歧视，但由于只有少数人了解自己的基因状况，因此这类法律还没有严格执行。如果刚刚描述的那种未来情景成真，这些法律会真的实行吗？这完全取决于各国如何制衡。

基因测试时代的个性化医疗

关于基因测试流行的时代，还有一个很重要的方面需要探讨，这就是个性化医疗。在这个领域，可以读取遗传密码其实是件好事。如果每个人从小就能知道自己日后可能罹患的疾病，我们就有希望提早养成更健康的生活方式，避免那些可能触发不良基因的风险因素。例如，要是基因决定某人易患皮肤癌，他就要少在海滩停留。埃文斯对人们是否能控制自己的行为和冲动有所疑虑，这也不无道理，但是要知道，西方每年有超过350万人死于心脏病。要是他们大部分人提前知道大病将至，即便只有1%的人能控制自己，养成更健康的生活方式，那也有数万人可以多活几年，而且生活得更健康一些。

至于那些没有自律能力、面对健康风险无能为力，或者即便生活方式很健康但仍然生病的人，如果能读取完整的遗传密码，对他们也大有裨益。如果遗传密码发生突变导致一个人失去细胞自我调节能力，进而罹患癌症，这个人就会去看医生，去查清楚癌症究竟是怎样的基因突变导致的。然后决定用哪些药物和疗法来将这些肿瘤扼杀在摇篮里。这可能会是未来10年基因测序对医学的最大贡献：对癌症肿瘤有全新的了解。到那时，我们就可以准确识别细胞病变，也将指导如何应对。

埃文斯预测说："破译肿瘤的遗传密码可以帮我们更好地与之抗衡。10年之内，我们就可以根据遗传密码来辨别肿瘤了。这将使当前的诊断能力大幅提升。"

在这一点上，亚奈与埃文斯不谋而合。他说："未来，我们将为一部分人每两周进行一次基因密码测序。不是所有人，只是那些易患癌症的高风险人群。因为如果体内有癌变肿瘤，就会不断地有细胞脱落、分解，然后进入血液。我们可以每两周抽血一次，检测癌症基因是否过分活跃。然后推测癌症是否在体内某处开始形成。这样，就可以尽早治疗，有效且安全。"

及早发现肿瘤，再结合我们对不同肿瘤遗传密码的了解，可以帮助正确用药，并为每位患者定制最佳疗法。

如前所述，主要得益于基因测序，个性化医疗将不断向前发展。基因测序还可用来确定每个病人的正确用药剂量。其实，我们每个人体内都有可以控制外来物质处理方式及速率的基因。医学主要关注的是这些基因在分解药物和清除药物过程中的作用。这种基因的某些“过度活跃”变异可能会让病人迅速分解和清除药物，药物不会起到任何作用。其他更“懒惰”的变异就无法分解某些药物，所以药效会持续更久。有时候适合一般人的剂量也会让这类人出现过量用药的症状。

医生们抱怨说，这些基因实在不好应付，因为他们不知道开出的药丸和胶囊对病人的确切影响。正因为如此，个性化医疗——根据病人身体对不同药物和物质的反应方式，为每个病人量身定制医疗计划——正在兴起。如果知道病人的精确基因序列，就可以为其选择适当的药物和剂量（也许可以用第一章提到的3D打印机来打印胶囊，活性成分浓度精准）。如此，就可以让医学专业成为一门精确的科学。药物治疗会更有效，毒性会更小，为患者提供更高质量的卫生保健。

受访的未来学家中，有88%的人认为，最晚到2030年，由于能够快速有效地读取基因密码，发达国家任何人都可以享受个性化医疗。

应对基因测试流行的时代

如何应对基因时代的负面影响呢？首先，立法者显然必须加强相关法律建设，防止学校、工作场所和其他地方的基因歧视。需要密切监测用人单位，并彻底地调查任何可能的因雇员感到遭受基因歧视而提出的投诉。各种隐私保护团体，包括那些专门关注“基因隐私”的团体，必然会为受歧视的公民提供法律和财政支持，以便阻止未来的这种侵权行为。

其次，立法机构和私营公司必须确保包含人类基因密码的数据库安全。目前，就只要投入足够的时间和/或财力，连五角大楼的计算机网络和伊朗的离心机都可以攻破。未来要保障数据的绝对安全是否现实，尚不可知。即便我们假设这些数据库不被外部黑客攻破，内部人员也有可能泄露信息。2006年，以色列公民登记册（又称人口普查表）副本被社会事务和社会服务部的一名雇员盗取，之后信息还在网上流传开来。只要再发生类似的入侵和偷窃行为，任何公民的基因密码都可能被窥探。

医疗保险行业已经跃跃欲试，准备采取应对措施。这些公司将向各方面陈清利害，要求完全、强制性披露患者的遗传密码——或者至少是某些特定基因。这些公司会发现，某些稀有基因携带者有极大风险罹患某些疾病，继而要求这些潜在客户支付更高的保费（如果他们符合条件）。

这些保险公司的做法倒也无可厚非。未来人们可以支付私人基因检测的费用，并自己计算出患某些罕见疾病的几率。这些公司正在为此做着准备。这些公司担心的是，以后那些心脏病高危人群就去买昂贵的保险，而那些对此类疾病相对免疫的人则根本不会掏钱。这些公司想看到的场面永远是只有少数人索赔。如果大量客户能够预知自己患病的几率，保险公司又不知情，那么公司可能损失惨重。

客户可以骗过大型的保险公司，乍一看似乎很棒，但是如果继续下去，很多大型保险公司就可能倒闭。要防止这种情况发生，保险公司就需要有权核查每一位潜在客户的遗传密码，并提供互惠互利的服务。

这时候你可能要问为什么。首先，保险公司的命运和我们有什么关系？还有，他们对社会来说真的那么重要吗？答案是，虽然跟其他性质的机构一样，没了保险公司，我们也有别的选择，但是保险公司可以将人类物质财富在最关键的时刻重新分配给最需要的人；他们在这一过程中起到了重要作用。大多数人都不愿意未雨绸缪，而医疗保险公司就像储蓄罐。我们每个月存一定数量的钱，就可以在需要支付大额医疗费用或弥补长期的收入损失时，打破储蓄罐。因此，我们仍然需要医疗保险公司（或者同类机构）。如果未来这些公司倒闭，对社会或个人都未必有利。所以，至少在基因时代初期，人们对读取基因密码习以为常之前，一些政府可能会禁止医疗保险公司要求客户透露任何基因信息，并对公司的损失提供补贴，以支持个人隐私保护。

从测试基因到解读基因

我认为，在我们对遗传密码有所了解之后，便会出现一个基因时兴的时期。这一阶段，我们会对自己的基因或基因组爱恨交织，但还没有任何合理的、真正的科学依据。如果政府能够注资教育，让公众明白我们对基因密码给人类身体造成的影响还知之甚少，那么这个基因测试流行的时期或许可以避免。不过话虽如此，人类对基因的了解，以及对基因歧视的约束，似乎很难内化。因此，基因时尚的时代可能会持续很多年。这一时期，政府将不得不干预自由市场，防止对胚胎、儿童和成人的基因歧视，而对遗传密码的误解恰恰助长了这种歧视。

解读基因的时代会是一个更有趣，也更积极的时代，在基因时尚时代结束之后就会到来。这个时代，我们将真正了解基因是如何影响我们的身体、性格和心智的。在到达这个时代之前，我们会花几十年时间研究活着的人类，来找出基因组之间的深层关联及其对个体的影响。那么，谁又能从数百万例不同的研究中找到这些关联呢？你猜对了，就是沃森计算机和它的后代程序。它们会审阅每一项研究，找出基因组和各种人类特征之间的关系，包括身高、智商或易怒倾向等。

要达到深度了解，我们会需要在基因测试流行的时代就完全读取非常多的遗传密码。这些信息将作为原始数据。有了这些数据，计算机就可以得出影响深远的结论了。亚奈认为，以色列有机会成为基因解读时代的先驱。

他说："我们必须勇往直前，着手创建基因数据库。还要心中清楚，我们一开始可能无法完全理解这些数据。但只有这样做，才能在有朝一日成功解读人类基因。否则，人类基因将永远蒙着面纱。"他还说："以色列是一个小国，但经济和教育发展水平很高。如果这世界上能有一个国家，可以在几年内让所有公民掌握自己的基因数据，这个国家可能就是以色列。"

不管以色列人能否最先提出洞见，基因解读时代滚滚而来之时，公众会作何反应都是个问题。会有国家根据人们基因的相容性来为其选择特定的工作吗？可能会吧。即使在今天，各种军队和安全部队已经在进行相关的研究了，例如在精锐部队的拟召人员中检测问题基因。在非民主国家，这种基因测试会非常普遍，但是民主国家也很有可能在某些部门的管理中用到基因检测技术。受访的未来学家中有约81%的人认为，到2030年，我们会看到基因选择的开始。这些选择过程很可能在基因测试流行的时代就开始了，但是只有到了基因解读时代才会足够可靠，可以结合我们对基因的理解和对一个人的生活方式分析来预测这个人的性格。

在基因解读时代，遗传密码会显示每个人做好事或坏事的潜力。我们可以从受孕时起分析每一个人，并做出相关预测，分析使这个人日后成为做事得力、奉公守法的人所需要的最佳条件（环境、家庭、教育等），也可以预测出什么样的条件会让他长成一个惯犯（同时打破每个人都要为自己的命运负全责的观念）。届时，我们就可以预测一个人可能达到的最高智商，并提前计划其生活，助其发挥潜能。理论上说，所有这些关于一个人未来的数据都可以在怀孕的第一个月获取。如果体外受精领域也取得进展，那么几十年后，可能会有很多夫妇选择试管婴儿，而且只选择特征和外表最佳的胚胎。

我们设想的这种未来场景会对整个人类社会产生深远的影响。尤菲·蒂罗什（Yofi Tirosh）博士是特拉维夫大学法学院的高级讲师，也是反歧视法的专家。他认为，基因解读时代可能会把残疾人、弱者和“有缺陷的”个体从人类社会的结构中移除。这过程会伤害那些几十年之内都会存在的残障人士。

她说：“我们知道，当一个社会开始认为某种理想的人类模型优于其他模型时，就已经有很大的激进风险了。有些国家可能因此出现严重侵犯人权的行为。可以想象，将来基因改良基地会培育出拥有优质卵子和精子的人类，或者制定法规，禁止男女自己选择伴侣，而是强制实行完美的基因匹配。”

蒂罗什继续说道：“一旦开始根据基因选择个体，社会上的弱势群体就会受到伤害。例如，一旦你阻止新的聋人出生，你就会侵犯聋人的权利，因为他们的数量会减少，为他们提供服务的必要性也会减弱。电视上手语翻译的需求也会变少。他们的手语——这扇通往其独特文化的大门也将绝迹。坐轮椅的人，甚至同性恋者也会遭受类似的命运。在很大程度上，多样性将被否定。从平等和人权的角度来看，实在堪忧。”

蒂罗什还担心，只有富人才享用得起这项技术。她说："有人说金钱买不到健康，但我们现在知道了，金钱可以买到健康。未来，富人可以根据基因选择胚胎，让孩子拥有最强壮的身体。这件事不好在哪儿呢？我们的社会是建立在人文精神的基础之上的。这也是启蒙运动在过去300年里的结果。这种观念认为，每个人都有权享有基本的自由和平等。这种权利是固有的，不可剥夺的。然而，一旦我们开始崇拜基因优势，我们实际上就是在创建这样一个社会：那些无力生产出高质量婴儿的人将被远远甩在后面，永无迎头赶上的一天。"

蒂罗什总结道："我对人类表示怀疑。历史告诉我们，人类总是狭隘地服务自己。任何稍有不同、与这些千篇一律的模子不符的人，都将被抛弃。"

想到蒂罗什的观点，我仿佛看到了一个遥远的未来，一百年甚至更久以后的未来。那是一个既有分裂也有统一的世界。分歧的焦点在富人和穷人之间。随着世代的变迁，两个群体都将获得自己独特的遗传特征。富人会仔细挑选基因密码，而穷人将留在人类最基本的、几乎随机选择的水平。几代之后，两个群体之间的基因差异可能会非常显著，以至于穷人无法与富人共同生育后代。如果我们接受了生物学的定义，即两个群体无法生育后代，那么他们就不属于同一个物种了。这也意味着，人类将分裂为两个新的物种。

在这个遥远的（虽然也不是不可阻挡的）未来，统一的现象会主要出现在富人中。他们会一直心心念念要创造超人类。每个人都能像以色列超模芭儿·莱法利（Bar Refaeli）一样美丽，也能像好莱坞演员柯克·道格拉斯（Kirk Douglas）一样长寿，还能像爱因斯坦一样聪明。但这真的是件坏事儿吗？蒂罗什坚信："是的。"

她说："如果我们以爱因斯坦那样的标准来选择每个人的智力，也许是错的。智力有不同的类型，我们可能会在不经意间消灭那些我们误以为没用的类型。我们对智力的狭隘定义，最终可能会制造一个智力的荒原。而且，我们选取的有限的人类特性可能并不合适，导致人类多样性受损，并最终使人类无法适应不断变化的环境。”

蒂罗什的悲观预测真的会成真吗？我个人还是比较乐观的。证据表明，虽然历史告诉我们，每一项资源密集型的科学创新最初确实只对富人开放，但在很短的时间内便能惠及穷人。我倾向于相信生活在同一个民主国家的穷人和富人会以几乎同样的方式看待基因治疗和基因选择。例外的可能就是那些只在更富裕的国家才有的基因治疗技术。但是，随着技术知识和工具在哪怕最贫穷的地方普及开来，这些治疗技术最终也会得到广泛应用。

计算机将帮助我们解读基因

基因测试流行的时代正在飞速地向我们走来。所有迹象都表明，人类基因密码测试的成本正在迅速下降。目前已经在每人1000美元左右徘徊。77%的未来学家预计，到2030年，基因测试或许只要10美元甚至更便宜。其中许多人认为我们可以更早，也就是在2023年实现这一里程碑。一旦读取基因密码变得非常便宜，一些政府就会提供补贴，为新生儿做基因检测，让我们直接进入基因测试流行的时代。

这个时代将是一个名副其实的过山车。一方面，读取每个人的基因密码可以让我们更接近个性化医疗。我们可以在出生前很久就发现某些严重的遗传问题，并在妊娠早期终止妊娠。医生也可以快速有效地识别恶性肿瘤，并制定治疗方案。这些都可能在2030年之前实现。

另一方面，我们应该记住，对于一个人来说，知道得太多也未必是好事。在生物革命的最初几年和基因测试流行的时代，当学会阅读我们的基因密码并理解其意义时，公众可能会变得既兴奋，又对那些被媒体简单描述为“好”或者“坏”的基因十分警惕。真相其实要复杂得多：基因的影响几乎从来都不是直接的。我们每个人有2万多个基因，每个基因都会影响我们的大脑和身体。不过即便这样，在最初的几年，可能还是会在工作场所、私立学校中，甚至在选择伴侣时发生基因歧视。

未来，我们会进行大规模深入的研究，从而对基因相互作用的方式产生新的理解。这些研究会涉及到非常多的人。一般人类是无法交叉参照这些研究中的所有数据的。但是，智能革命将为我们提供可应用于科学研究中的类似沃森计算机的算法。这些算法将能结合细胞内存在的环境影响和其他元素，发现基因组与环境对人类身体及其个性的协同效应。这时我们将进入基因解读的时代。在这个时代，我们将能根据基因测试，稳妥地选择性格特征。

是梦吗?

未来几年，基因测序技术的进步趋势是否会戛然而止？不太可能。许多公司和学术机构已经开发了快速高效的基因密码读取技术。当然，也有可能这些努力都以失败告终，而且在未来几十年内，基因测序的成本也可能不会降至1000美元以下。这样的话，本章提到的大部分预测都不会实现。但是同样，这种情况发生的可能性微乎其微。

另一种可能性是基因时尚的时代根本不会到来。坦白说，我希望未来能证明我错了。希望决策者和政策制定者能读到这一章，提出一些倡议，向公众解释基因的本质，告诉大家，我们暂时还无法充分理解基因的影响。这是我真诚的期待，但用这种方式教育公众应该不容易。我担心的是，在世界上的很多地方，基因时尚的时代来得风风火火，而随之而来的就是我们在本章中探讨过的许多重大问题。

我还是希望我是错的，但我更希望决策者能明智地注意到警告的信号并采取预防措施。

生物革命的开始

这一章我们探讨了生物革命的场景。这场革命将帮我们掌控自己的身心，并为之负全责。在设计人体之前，我们必须先了解它。基因测序将助我们一臂之力。因此，可靠、快速地读取人类基因密码就算是后面几章的基础。后面我们将探讨生物革命的后续。

我们在探讨可能的未来场景时，假设的是每个人都可以，甚至必须知道与自己命运相关的知识。这些假设忽视了人们自己的愿望。他们会想拥有这些知识吗？预知未来到底是福还是祸？当人类面临这样的选择时，大部分人会选择快乐地生活在一无所知中吗？

希瑟·杜格代尔选择的是解开自己命运的面纱，十分坚定。医生检查了她细胞内的基因密码，并告诉她，她很快就会患上亨廷顿舞蹈症。木已成舟，她输了。23岁时，她开始发病了。

但是，基因测试是罪魁祸首吗？发病是不可避免的。基因检测结果让希瑟在发病前就做好了准备。她决定不生孩子，因为她不想让他们遭受同样的命运，自己也就不必忍受那种负罪感。对她来说，这种恶性循环也就此结束了。

虽然希瑟决定不要孩子，但她还是决心继续她的生活。她嫁给了一个有爱心、善解人意的丈夫。丈夫也很清楚她要面对的未来。他们在一起，为她以后无法走路、吃饭和独立思考的生活做了准备。对未来的了解让他们成长了许多，也更加深爱彼此。这份爱，清晰而完整，让他们在逆境中紧紧相拥。

也许，这也是你真正需要的。

第六章

重写生命

大自然在为我们作画，日复一日，

画出无限美丽……

——约翰·拉斯金

以后，我们可以根据自己的喜好设计宠物的毛色、体形和性格，甚至可以掌控周围的细菌、真菌和其他各种生物。

50年前，一只名叫约瑟芬的白色母猫被车撞了。被紧急送到附近大学的兽医院后，它接受了先进的基因工程实验。此后，它的性情变得更加平和温顺了。

反正，猫的主人安·贝克（Ann Baker）是这样说的。也许这件事永远无法证实，但20世纪60年代，基因工程还没有应用，贝克的说法大概真实性不高。话虽如此，贝克这样说也是有根据的。约瑟芬手术后产下的小猫很不同，不但体形更大，而且格外温顺。它们喜欢仰面躺着，在空中扭动小爪子。傲娇的“喵星人”通常绝不会这样做。你可以伸手抓抓它们的肚子，它们不会反击。看上去完全没有暴力倾向。

贝克马上意识到，饲养猫咪的过程中，可以去除它们所有的暴力本能。她小心翼翼地饲养这些小猫，后来还创造了一个新品种——布偶猫。这些猫咪太安静了，你抱它们起来，它们的肌肉会立即放松，活像个布娃娃。布偶猫既不咬人也不抓人，简直就是披着猫皮的小狗。正是因为这些优良的特质，现在很多人都想养布偶猫。只不过，买一只这样的小可爱要花几百甚至几千美元。

那，要是能自己在家里培育布偶猫呢？

毕竟，布偶猫就是一个有血有肉的女人创造出来的。靠的不是基因工程，而是循序渐进、精心策划的育种。过去几千年里，这种方法屡见不鲜。我们“制造”了产奶量超多的奶牛，多到小牛都吃不完，也创造了专门用于骑乘的高头大马。几代人以来，专业育种家一直在培育他们最想要的动物特性，创造对人类来说更有价值的动物。从小型吉娃娃到大丹犬，我们如今可以看到数十种犬。这可以说是最典型的案例了。

但是，能否跳过这个烦琐的过程呢？比如选择合适的宠物猫（暂不说让它们真的交配），然后把你想要的特征直接编码到猫咪胚胎的遗传密码中。我们在前一章中了解到，人们常说的DNA与编程语言非常相似。我们现在就可以在很短的时间内读取简单动物的遗传密码。那我们何不依据喜好重写它，让猫咪拥有你想要的特质呢？

这是工程领域的一个概念，叫作合成生物学。该领域的专业人士认为，生物就是机器，其操作系统和制造程序是用遗传密码编写的。如果改变遗传密码中的许多“单词”，就可能得到一个具有完全不同特征的有机体。如果改变的是大量的句子、段落，甚至整页的遗传密码，那胚胎就可能会发育成狗，不再是猫，也可能变成一只有狗脑甚至人类婴儿大脑的猫。

几十年来，生物学家一直在进行合成生物学的实验，但大多数人做的项目都比上一段描述的要保守。梵蒂冈和以色列科学家布鲁诺·卢南菲尔德（Bruno Lunenfeld）之间的合作非常特殊，甚至让人有些意外，但也许是个很好的缩影。

1954年，卢南菲尔德首次发表了他的著名研究成果，阐释了某些雌性激素（或称为促性腺激素）对排卵的影响。这一发现应该能帮助很多不孕的妇女怀上宝宝。注射的激素也应该可以“重启”排卵和卵子成熟的过程。然而，还是有个问题：怎样才能获得这些激素呢？

不管怎么说，这都是个难题。科学家们认为，或许可以从绝经妇女的尿液中找到并提取促性腺激素，但要怎样获取足够多的促性腺激素还是个问题。

卢南菲尔德近来写道：“如果采用这种方式，就需要1.2亿升尿液才够。”实在是不少。

卢南菲尔德的解决方案非常简单但有效。他开始与瑞士雪兰诺药理学研究所（Swiss Serono Pharmacological Institute）合作。梵蒂冈是该研究所的主要股东。通过梵蒂冈，公司就可以每天收集大量绝经期修女的尿液，用于提取激素。据估计，从这些尿液中提取的激素为世界带来了约300万婴儿。

从尿液中提取激素虽然可行，但效率太低了。需要大量的人力资源来寻找合适的志愿者并提取激素，但是，除了绝经后的妇女，还能否找到其他可以制造这些激素的生物体呢？

雪兰诺公司（该公司与默克公司合并后，在美国和加拿大成立了默克雪兰诺公司）的研发成果给我们带来了小型却高效的机器，可以不断制造这样的人类激素，让更多原本不孕的妇女能拥有自己的孩子。这些机器并非流水线上常见的那种机器。它们比普通机器要小得多，而且更加高效。它们能够自我复制。如果器皿中有它们，又有人类激素，后者就会大量复制。这个生产地点就在默克雪兰诺的工厂。

其实，这些机器就是细菌。

有生命的机器

默克雪兰诺公司通过基因工程改造细菌，制造人类激素，不过它并不是第一个将基因工程用于实现自身目的的公司。多年以前，科学家就已经能通过细菌编程来制造人类胰岛素了。每毫升胰岛素都可能拯救人类的生命。合成生物学工程师将一种基因植入细菌中，让它们制造胰岛素，并在大型容器中进行培育。溶液的提取和过滤足以产生大量人类胰岛素，这对糖尿病病人的意义不言而喻。这样，细菌就能按照指令制造胰岛素了。同样，人们还研发了能制造人类生长激素的细菌，用于治疗儿童侏儒症。

可见，合成生物学有望成为人类的福音使者。有了它，我们就能掌控造物的秘密和编程的能力。对于我们每一个人来说，都有无数的细菌不断为我们创造新的化合物，包括石油和钻石。它们还会帮我们处理废物，不管是无法修复的废旧塑料，还是放射性废物，都不在话下。以后我们可以按照自己的心意来设计小猫小狗，甚至蚯蚓，把想要的特质编程到它们身上。著名科学家弗里曼·戴森（Freeman Dyson）早在2007

年就预言，在不远的将来，任何人，无论男女老幼，都能买到合适的工具轻松创造新的宠物物种。

弗里曼写道："每一株兰花、玫瑰，每一只蜥蜴，每一条蛇都是精心繁育的杰作。会有无数的专业和业余人士醉心于这项事业。试想一下，如果这些人可以随意使用基因工程的工具，会是怎样的景象。园丁们会用DIY工具包培育新品玫瑰和兰花，也会有工具可用于培育新品种的鸽子、鹦鹉、蜥蜴和蛇来做宠物。当然，爱猫人士和爱狗人士也会有适合自己的工具包。"

虽然弗里曼有此预言，这一领域也确有进展，但合成生物学目前还没有普遍应用。科学家很少会设计实用的有机物并带出实验室。有个重要原因就是，我们还无法完全理解自己设计的生物。如果我们增加了某种基因或特质，然后把它们放到自然界，只能暗暗祈祷它们不会惹出什么乱子，而无法把它限定在之前设计的目标范围内。美好愿望之类的东西，也许能用来说服投资人出钱，但真正做工程设计时就不那么可靠了。所以人们始终担心，如果我们设计的细菌可以溶解泄漏的原油，那么，那些遗传密码没有改变的基因可能会让它们扩散到原来的液滴之外，一路蔓延到沙特的油井，不断繁殖，直到把油井吸干。

对基因工程的担忧在科学界并不少见。2001年，美国海军资助了一项研究，开发一种能耗尽对手燃料库的细菌，但美国海军也多次表示，这种细菌必须带有基因"安全密码"。设计的时候要让它们患上严重的临床抑郁症。它们可以在显微镜下快乐地繁殖，贪婪地消耗石油，但是，一旦它们离开其他细菌，走出油箱，基因就会发挥作用，让它们立即自我毁灭。至少计划是这样的，只是这次研究的进展和后续消息却无处可寻。那它是成功了？失败了？还是成了最高机密？我们不得而知。

近年来，我们一直在努力创造各种特性可控的生物体，慢慢地克服恐惧，不再那么担心无法控制转基因细菌。2010年，由美国生物学家和企业家克雷格·文特尔（Craig Venter）博士领导的研究小组创造了有史以来第一个拥有完全合成基因组的细菌。文特尔的团队采用商业化的DNA合成方法，创造了无生命的化学分子。这些化学分子构成了细菌所需的遗传密码。该基因组还包含一种限制性内切酶（一种可以切断DNA的酶）。他们把这个基因组植入一个普通细胞。当合成基因组的基因表达发生时，它就会把原始基因组消化掉。新的遗传密码就实实在在地重启了旧的细菌"身体"，并指示它们经过物理变形，产生新的细菌。

原则上来说，文特尔是可以完全控制这些细菌的。他为它们的遗传密码选择了特定的基因，并剔除了其余的部分。如果你觉得这些也没那么厉害，那么我要说的是，这可是世界上唯一一个拥有自己的网站的细菌，而且网址已经被编码到它的DNA中了。

目前文特尔的细菌还不算安全，因为它含有许多基因，其中一些可能会让它失控。不过这第一个版本只是要证明概念。文特尔发明的真正惊人之处在于这项技术。有了它，我们就可以从下而上对整个生物体进行编程，并且选择想要的基因。比如说我们想把它限制在特定区域，我们就可以让它不能自己移动，或者让它只能靠某种特定的合成食物才能存活。然后把它们放到有需要的区域。如果我们剔除足够数量的基因，那么改造过的细菌可能都无法进化，更别提反抗我们了。

但这样的基因工程要由谁来做呢？

大众基因工程

我第一次见到奥姆里·阿米拉夫–德罗利（Omri Amirav-Drory）博士的时候，他看起来与路人没什么差别，戴着眼镜，很瘦，黑黑的头发剪得很短，连握手的力道也不轻不重的，完全像个普通人。阿米拉夫–德罗利显然是在追随普罗米修斯的脚步。普罗米修斯是泰坦巨人的后人，他用黏土创造了人类，还违抗神的意愿给人类带来了火种，让人类文明得以生根发芽。我们要讲的故事只有一点不同，故事的关键不是火，而是基因工程。阿米拉夫–德罗利计划将基因工程的力量交到普通人手中，让他们也可以操纵和创造生命。

阿米拉夫–德罗利坚定地说："我们是可以给生物编程的，因为生物学只是技术的另一种形式。拿计算机来说，它能理解二进制代码：1和0。但是我们做电脑编程的时候用的却不是1和0。我们用的是编程语言，这样可以简化这个编程的过程。我们不会输入一个类似'101100001010101010'这样的命令，而是用'if''or'之类的单词来传递特定的指令。要是只能用1和0来编程，整个编程过程就会极其耗时，而且很少有人能做好。"

"生物也是根据某种代码运作的。"他继续说道，"它们的代码就是遗传密码，但不只包含两个字符——1和0——可能是包含四个字母：A、C、T和G。遗传密码内部的程序在生物计算机，也就是细胞上运行。但是基因程序员，也就是那些真正从事基因工程的人，仍然只使用基本的字母A、C、T和G。他们还没有工具可以简化基因编程的过程。也不具备其他现代编程语言都有的设计和校对工具。他们还没有基因'编译器'来把详细的书面指令转换成包含四个基本字母的基因代码语言。我们发明的，正是这样一个基因组'编译器'。这样，就可以像计算机编程一样轻松重写遗传密码了。”

阿米拉夫-德罗利随后做了现场演示。他打开笔记本电脑，启动了团队几年来一直在开发的应用程序，名字就是基因组编译器（Genome Compiler）。我有点儿激动，接下来就是见证奇迹的时刻了，我们要把运行指令输入生物体，然后改造它。我不禁想起我在以色列理工学院的一位生物学教授。他说过，我们做基因工程就是源于普罗米修斯一样的愿望：在自然面前成为神一样的存在。事实上，这是生物革命的表现形式之一：掌控自然，造福人类。现在，有了阿米拉夫-德罗利的帮助，我也要参与其中了。

我们现在要设计些什么呢？阿米拉夫-德罗利在屏幕上展示了几种细菌，问我想用哪些。我从芽孢杆菌属中选了一种。鼠标双击，他下载了细菌的全部遗传密码，然后点开——总共420万个字母。首先，我们用了前面的一个文本框，将细菌重命名为“泽扎纳杆菌”。奶奶要是知道了，肯定会为我骄傲的。

阿米拉夫-德罗利迅速查阅了数十万个字母和数百个基因。他工作起来很快，很有效率，显然是经验丰富。他用鼠标选中了一个基因的一部分，然后又复制了这个基因密码的另一个区域。“如果我把这部分基因整合到细菌基因组的另一个区域，我就能创造出一个功能完全不同的新基因。”他解释道。这还是复制剪切粘贴水平的基因工程。在这个初始阶段，所有工作都是在电脑上完成的。

阿米拉夫-德罗利继续研究着泽扎纳杆菌。他用“Ctrl + F”搜索了一下可能感兴趣的基因，迅速扫视了遗传密码的许多区域。其实我们对这些区域的功能还知之甚少。最后，他放大了一个基因，并在一个单独的窗口中调出了它独特的遗传密码，似乎是一个宠物的基因。他说：

“现在就可以随心操作了。有时候，改变一个字母就可以优化基因的表现，让细菌拥有新的特性，也可以完全消除它的某种特性。也可以用另一个生物体的基因替换这个基因——例如，你的基因。”

他打量着我，眼睛放光。我想了一下，决定拒绝他。有个细菌以我的名字命名已经够要命了，我这宝贵的基因可不能再给它，一点儿也不行啊。

阿米拉夫-德罗利耸了耸肩，倒也没多失望。他以后还有的是机会把人类基因植入细菌。也许，在不远的将来，他甚至就能逆转这个过程。他预测说：“再过不久，你就可以用我们的软件，通过完整而复杂的人类遗传密码给人类的细胞编程了。”

通过生物革命，人类将具有控制自然的能力，也能掌控自己和其他生物的遗传密码。但是，只要这种控制力不走出实验室，技术创新就不可能取得重大突破。在这个向我们快速走来、妙趣横生的时代，普通大众也可以控制生物的发展和设计。阿米拉夫-德罗利希望这个时代能快些到来。

他说：“现在我们的大部分用户都是与合成或分子生物学项目有关的学术研究人员。有些人也在做产业项目，努力用生物工程制造需要的材料，然后拿来解决农业、医药和化学工程等领域最棘手的问题。但是，最酷的还是那些独立创造生物的用户——就是像你我这样，把基因工程当作业余爱好的人。”

举个例子，巴加什里·辛格（Bagyashri Singh）是印度旁遮普的一位美术老师，今年39岁。她一直有个特别的爱好：用乐高积木制作精美的雕塑。有了基因组编译器，她就可以用自家的电脑设计出具有非凡特性的新细菌：可以在黑暗中发光的、能制造神经毒气的，甚至能治疗癌症的。要做到这些，她可能要先学一些生物学的基础知识，甚至要去上个夜校。

阿米拉夫-德罗利说："从前人们可以自己造电脑，现在似乎可以慢慢学会创造生命了。"

我提醒到，辛格只会在电脑里设计细菌的遗传密码，但在她编写的新基因组被植入新的细菌之前，那种细菌都将只存在于理论层面。不过听到这些，阿米拉夫-德罗利仍然很淡定。

他说："社区基因工程实验室正在走近我们的生活。实验室会向普通公众开放，任何人都可以花很少的钱，使用顶级的仪器进行基因工程试验。所创造的产品，包括细菌、真菌、藻类，甚至是改造过的人类细胞，当然都会留在实验室里，受到严密监督。纽约和旧金山已经有类似的实验室了。我们也在努力把它带到以色列。这些实验室将是未来生物技术产业创新的起点。"

人人能用的实验室

其实不难想象，再过几年，任何人都可以进入社区实验室，学习基本的基因工程知识，然后用极低的成本开始自己的项目。每月的费用不会很高，跃跃欲试的创新者们就可以专心工作，正如20世纪80年代和90年代初那样，一群充满活力的年轻程序员改变了软件行业，推动它大步向前。同样，这些实验室也有望带来类似的突破，开发具有独特、有趣而实用特征的生物，甚至改造人类细胞和其他有机体。

未来学家觉得在大城市开设这样的实验室大有希望。他们中有65%的人认为，到2030年，只要你感兴趣，就可以拥有基因工程试验所需的工具。这将给技术进步和人类发展带来重大影响。

早上六点睁开眼睛，睡得不错。

我的肠道细菌按照预设的生理节奏运转，分泌荷尔蒙，刺激大脑在预定起床时间前10分钟开始苏醒。我跳下床，去隔壁房间看看孩子。儿子还在睡觉，笑得可爱极了。这都是可以预知的。细菌正在他体内制造所需的抗体，帮他抵御病毒和有害细菌。如果不够，他还有专门设计的免疫细菌。一旦发现细菌侵入，免疫系统就会分泌专门的抗生素。

我看了看育儿室的墙壁，很满意。墙壁中有薄薄一层细菌，可以根据需要繁殖，然后释放到房间里。它们不但有怡人的气味，还能使空气含氧量一直保持最佳状态。突然，一面墙开始闪起红光。我吓了一跳，赶紧跑向厨房。细菌会监测空气中化学物质的浓度。燃气不小心泄漏了，但细菌迅速分解了丙烷，还把它变成了红色来警示危险。自从安装了这些安全设备，类似的情况就更好应对了。

我关掉炉灶，努力恢复镇定。喝杯冷饮吧。我心烦意乱地打开冰箱，酸奶玻璃杯闪闪发光，怎么回事？我琢磨了一会儿才想起来，这是前几年上市的一项发明。酸奶中有数以万亿计的细菌，它们会通过利用类似神经元的外延部分、相互发送化学信号或制造不同颜色的荧光蛋白来互相交流。当然了，这还是一杯很靠谱的酸奶，只是它同时也是电脑，可以监控整个冰箱，存储每件产品的保质期信息并跟踪附近其他的细菌水平，包括游离的细菌和冰箱自己的免疫细菌。

我倒出了些酸奶，然后把杯子放回了冰箱。不管它是不是生物计算机，它都还是特别美味、可以食用的酸奶。里面的每个细菌都是精心设计的。它一旦感知到人体温度，就会自行死亡。即便如此，我还是禁不住疑惑地闻了闻那个碗。老习惯很难改，似乎还更严重了。我用指尖蘸了蘸。用手指上的细菌检测酸奶中是否有问题物质。是绿光，可以喝了。

妻子还没有起床，我过去轻轻吻了她一下，就出门上班了。我上了火车。当然了，我完全不用担心火车失事让自己有去无回。因为那根本不可能发生。我皮肤上的细菌与大脑中的细菌正在沟通，严密监控我的神经延伸状态以及它们之间的突触。它们记录着一切。如果一升酸奶就相当于一台生物计算机，那么皮肤表面及身体内部的细菌就可以组成一台超级计算机。每一周，我的大脑都会被重新记录一次。数据会备份到家里的生物安全柜，同时备份到我体表体内的细菌中。即便火车失事，也没什么可怕的。在培养液舱里待上一周，就可以根据细菌中的信息让我的大脑（和身体）再生了。

短期影响

公众及媒体反应

城市中不断出现这样的实验室，公众会作何反应呢？假如你知道邻居在公寓楼地下室开了个实验室，而且业余研究人员正在里面研究着怎么给生物编程，你会作何反应？

这个问题还没有得到公众足够的关注，但随着基因工程的趋势深入到社会的更多角落，就会出现两股对立的力量——支持它，或者反对它。很多科学家会看到创新和进步的信号，并且努力让公众也认识到基因工程的重要意义。另一些同样专业并备受尊崇的科学家则会强烈反对，担心发生实验室事故，或者有恐怖分子利用它制造致命病毒和细菌。当然，除此之外，宗教人士和新时代的新新人类也会对此发声，极力阻止合成生物学家干扰世界的“创造”和“自然状态”。

公众将如何应对来自各方面的压力和意见？很难说。特别是一旦媒体介入，就可能将各方的反馈不断放大。假如有一些名人或其他一些德高望重的人士认为公共实验室是整个人类寻求进步的手段，那么公众的反应会更加宽容，不再那么紧张。人们会开始讨论那个正向他们走来的魅力新世界，也会有许多人鼓起勇气走进这样的实验室。不过，要是那些言之凿凿、魅力四射的发言人站到了反对者一边，各种公众安全机构及宗教组织就会协调一致进行抗议。实验室甚至会被扼杀在摇篮里。

只要公众感兴趣，媒体就会追踪报道。但是，过几年这种兴趣就会自然淡去。几年之后——希望不会超过一代人的时间——大多数人会接受这些实验室，让他们和他们的孩子置身其中，学习、研究和创造。实验室首批产品的诞生或许会带来有利的转折。这种产品就是进行了基因编程的生物体，而创造者可以是任何人，热情满满的小男孩儿或者人老心不老的退休人员。一旦有报道提到这些基因创造的产物，就必然要重新审视大众公开研究的合法性，但应该绝不至于因此关闭实验室的（前提是最终产品中没有那些可能用于生物战的病毒或细菌）。

如此一来，实验室就会继续发展了。但它们的标准操作流程是怎样的呢？

监管

实验室蕴含着巨大的能量，但用它做什么却取决于人。各国政府都必须密切监控。政府极有可能要求实验室每月或每周汇报原材料订单和内部实验。还可能要求研究人员写实验室日志，注明实验目的和必要的实验步骤。日志中涉及的条目要在工作日随时添加。负责调查这些实验室的政府团队要能够实时远程访问相关文件。

在某些国家，所有付费使用实验室的人都会惹上恐怖主义的嫌疑。这倒不会立即产生什么后果，但这些实验者要是想订张机票或以其他方式出国，比如要去美国的时候，可能就很难拿到签证了。有犯罪记录或参与恐怖活动的人，当然是被禁止使用这些实验室的。

健康

疟疾是对人类健康威胁最大的疾病之一。世界上有一半的人口面临感染这种恶性传染病的危险，症状包括频繁发烧和极度疲惫。每年超过2亿人感染，主要传播途径就是蚊子叮咬。感染者中，每年有数十万人死亡，平均每天有上千人因此丧命。残忍而讽刺的是，疟疾主要肆虐的是亚洲和非洲的发展中国家，让这些国家的经济雪上加霜，也严重影响了人们的生活质量。

疟疾是怎么感染的呢？与天花或流感等可能通过空气传播的疾病不同，疟疾寄生虫很脆弱，一旦暴露在外，就很容易死亡。它们需要借助外力才能在人与人之间传播。大自然在进化作用的助力下，为它们设计了完美的交通工具：疟蚊。

我第一次看到这种蚊子的时候，没看出什么特别的。就跟远足时看到的普通蚊子一样：一对翅膀、六条腿，还有细长的嘴巴，看起来很讨厌。但是，疟蚊的肠道和唾液腺中还隐藏着邪恶的秘密。雌蚊捕猎时，尤其青睐人类，总是急切地将口器（蚊子脸上的微型皮下注射器）插入人的皮肤，吸食血液。为了防止血液凝固，蚊子会把含有抗凝血剂的唾液注射到被刺破的伤口中——唾液中就可能有疟疾寄生虫。

怎么办呢？我们曾经反复尝试用杀虫剂解决问题，但是失败了。它们进化非常快，已经适应了一些毒素。人们也尝试过开发疫苗，还是没成功。原因还是这些寄生虫可以应对人类的免疫系统并迅速适应。

不过，要是我们动用基因工程，用自然的强大力量对付它们呢？

其实几十年前人们就想过要用基因工程对付疟疾了，但是从前科学家们关注的都是怎样改造蚊子。如果寄生虫需要借助蚊子才能在人之间传播，那我们要做的就是改造蚊子，让它们对寄生虫免疫。不过说起来容易做起来难。虽然任何生物体的基因工程都不是儿戏，但像蚊子这样复杂的情况就需要实验室研究人员付出更多辛勤了。

约翰霍普金斯大学的研究员马塞洛·雅各布斯–洛雷纳（Marcelo Jacobs–Lorena）博士决定另辟蹊径，重点研究一种更简单的有机体：一种和疟疾寄生虫一样存在于蚊子肠道中的细菌。每次雌蚊子吸完血，这种细菌就会迅速繁殖，增加几个数量级。简单来说，一旦疟原虫进入雌性蚊子的肠道，它们就会来一场迎头痛击。

雅各布斯–洛雷纳在电话里说："其实这种细菌本来就是存在的。我们只是利用基因工程给它们增加了一个基因。"

单是这种补充的基因就足以击溃蚊子肠道中的寄生虫。它会促使细菌分泌对疟原虫特别致命的蛋白质，然后直接进入蚊子的肠液。在实验室里，研究人员向蚊子投喂改造过的微小细菌。结果证明，这些细菌可以在蚊子体内生存甚至不断繁衍，相当于一种疫苗，防止寄生虫的危害。在接受了转基因细菌的蚊子中，只有14%仍然感染了疟疾寄生虫。

如果我们能想到方法把这些改造过的细菌投喂给野外的蚊子，那它们就相当于接种了疫苗。如果蚊子无法携带寄生虫，也就不会再因此危害人们的生命了。

未来，我们还会找到类似方法来对抗其他传染病，与在人类身上想办法相比，寻找其他寄主更容易些。雅各布斯-洛雷纳正怀有这样的希望，只是他也很清楚，遇到些困难是在所难免的。

“我觉得要获得正式许可可能是个大问题，”他说，“这涉及到在野外搞基因工程，所以短期内应该没办法开始实地测试，但我们在努力。”

我和雅各布斯-洛雷纳都很清楚，一旦这种方法可以在野外应用，环保组织就会马上反对。它们总是为环境变化忧心忡忡。其实有些时候，这种担忧是对的。假如一只携带转基因细菌的蚊子被放到野外，它就可能把细菌传染给别的蚊子。如果研究人员没有仔细测试这种细菌的能力，很难说它会给环境、其他昆虫以及人类带来什么影响。

雅各布斯-洛雷纳表示：“我们发现了一种细菌，不仅可以在蚊子之间传播，还可以传播给它们的后代。细菌进入雌蚊子体内后，会转移到卵巢，并附着在卵上，所以孵出的幼虫也会感染。我们发现，蚊子多在水中产卵，而细菌可以在水中移动，附着到未感染的卵上。”

正因为如此，编程中的任何小错都不止会影响一代蚊子，还将影响其他蚊子甚至它们的后代。更有甚者，细菌会从水中的蚊子卵传播到其他昆虫的卵上，这很危险。那么，那些以蚊子为食的鸟类呢？它们也会感染转基因细菌吗？我们无法预知所有的后果。而冒着这样的风险去解救每年100万人的生命，确实值得吗？其实，随着类似的解决方案走进人们的视线，我们未来10年要面临的困境还有很多。

制药

我们不断猜测着未来的社区实验室会带来什么影响，思考这个问题，就必然要想到默克雪兰诺公司的巨型起泡桶。桶中的转基因细菌正在帮人类制造分子和药物。开发这些细菌需要顶尖科学家多年的艰苦工作，不过，他们所用的还是上个世纪的原始技术和工具。目前可供我们使用的工具——包括未来的工具——会让我们创造和使用遗传密码的效率大幅提升。

这意味着，社区实验室即使在发展的最初几年，也可以用于生物的基因工程，这些生物就可以制造各种药用材料。它们会分泌注射药物或人体激素，以及能直接影响大脑和神经系统功能的物质。这种简单易行的制造方式会让一些药品的价格降下来，供应量上升，在第三世界国家尤甚。那里的人会把细菌作为便携式实验室，无论在哪个村镇，都可以合成药物。

食物

基因工程并不局限于细菌。同样的理念和工具还可以用于植物，包括农作物。“黄金大米”就是现代基因工程的一个完美案例。早在2000年，就出现了这种独特的水稻品种，它经过基因改造，维生素A浓度很高。在发展中国家，每年有50多万儿童因缺乏维生素A而生病死亡，这一创新对人类的重要意义不言而喻。类似的含有高浓度维生素A或任何其他维生素的转基因植物也可以帮助预防世界各地的不同疾病。不久的将来，人们就可以自己生产这种植物，甚至部分“开源”，与农民共享。

政府必须严格管控这些作物，确保符合所有安全准则：要设计保护措施，防止转基因植物中的新基因进入农田里的自然植物。理想情况下，这些植物还应该是无法自己繁殖的。这样，即使它们含有对人类或环境有害的基因，也不会在繁殖过程中危害当地植被。

尽管采取了种种必要的安全措施加以限制，基因工程还是会带我们进入一个新的时代。届时，农民可以根据心中所想来设计农作物，改善其特性，带来奇妙的产品：蛋白质丰富的小麦、牛肉味儿的大豆，或者能在极度干旱的沙漠中生长的西红柿，等等。

工业

工业部门将是生物基因改造最大的受益者。纵观历史，每每公众参与开发新应用的时候，往往会出现突飞猛进的发展。亚历山大·格雷厄姆·贝尔和托马斯·爱迪生是19世纪末享有盛名的发明家，电话和白炽灯泡正是他们在私人实验室研究发明的成果，在学术界之外（最初）也没有任何大公司的资助。同样，也是在自由职业的程序员有了个人电脑之后，新软件的开发速度才像今天这样呈现了指数级增长的。现在每天都有数百万人把他们的作品上传到个人电脑和软件市场。

这些例子说明，一个领域中能够从事研发实验的人越多，该领域就越容易产出非凡的新技术。那么，一旦各行各业的人都能参与基因工程，生物技术发明的数量就会迅速增加。许多发明可能还只是现有课题的变体，比如说，创造一种基因，与细菌结合，然后用它们造出影响力更大的人类激素。另外一些发明可能会更有创新性，会带来更多惊喜，不过那就很难预测了。我们可以试着讨论一下可能出现的最炫酷的发明，顺便研究一下它们的长期影响。

另外，未来10到20年会有许多年轻有为的企业家努力寻求生物技术领域的新发明，开创相关企业。基因工程就会是最热门的领域之一。这类公司可能会研发并制造一些具有奇妙特性的生物，开发可以植入人体的基因，或者制造一种细菌，从阳光、空气污染物和被污染的土壤中获取能量。其实，早在2013年就出现了第一株可以在黑暗中发光的植物，让你可以在黑暗中读书。这一成果已经可以商业化了。

“之前没能做这些就是因为没有实验室。”雅各布斯-洛雷纳解释道。他所从事的新植物开发就是在一个社区的基因工程实验室做的。“无论你身在工业领域还是学术界，你的老板或教授都不会同意你那么做。但是现在做基因工程的成本已经下降了很多，融资做项目也很容易了。我们觉得这是一场革命。就像从前，两个人加一台笔记本电脑就可以改变高科技领域，现在也同样可以改变生物技术世界。”

很多人可能会认为，一旦孟山都这样的大型基因工程公司发现年轻创业者和企业家的巨大潜力，就会开始收购各种小型创业公司，拿到它们的伟大创意和优秀人才。对于需要临床（“人类”）试验的医学发明来说更是这样。因为这类实验会像今天一样耗费大量资金。小公司是力所不能及的。不过，还是会诞生更多的生物初创企业。这会为具有年轻创业精神的国家（例如以色列）提供重要机遇，让它们可以努力在生物初创企业领域占据领先地位，但前提是它们要投资于公共实验室并为运营提供补贴。

教育

政府的科教部门一定要知道，想抓住这种机会，要么得在高中课程中增加生物技术，要么直接取代现在的生物学课程。课程的重点应该放在工程方面，而不是纯粹的理论科学。大学也应该开设这类课程，让学生们掌握基本的知识，以备未来从事生物科技相关工作。

生物技术和基因工程竞赛会面向大众选拔优秀的学生。比赛所设置的奖项不用很昂贵。这种别出心裁的点子可以让商业公司挑选出最有才华的大学生和高中生——他们的劳动成果的价值将远大于组织竞赛的成本。

从前的岁月至今难忘。当时生物学掌握在了普通人的手中。我经历了一段奇怪、疯狂的岁月，亲眼见证了一切。我们中很多人都已经不在了。21世纪初，当生物黑客抛出他们的发明，很多人都被消灭了。

我不由自主地握紧拳头。那是一段艰难的岁月。

当生物学掌握在了业余研究人员的手中时，一切就开始了。从前，这样的发明家是备受尊崇的，是精英中的精英。比如，发明白炽灯的爱迪生、发明电话的贝尔，甚至是在宿舍里开发了谷歌的谢尔盖·布林和拉里·佩奇。这些人都为人类的进步做出了贡献，但是有些人却做了相反的事。电脑普及以后，突然之间，一个16岁的孩子就能做出复杂的病毒、邪恶的特洛伊木马和能摧毁核反应堆的蠕虫病毒。虽然这些东西都在电脑上，但是，对依赖电脑的人们来说，影响实在不能小觑。

21世纪初，合成生物学时代来临了。有机生物编程工具变得更加普遍，使用起来也更简单方便了。制造可生成胰岛素的细菌曾耗费大批研究人员大量的时间，但到了21世纪20年代，几乎随便一个生物学专业的本科生都能在家里制造细菌和病毒，而且成本非常低。其实还有个叫iGEM的基因工程竞赛，给高中生一些简单的细菌，要求他们把细菌编程成对人类有效用的有机体。一个参赛团队用这些细菌造出了人类的血红蛋白，或可用于人造血液。有才华的独立发明家就是这么强大。

起初，一切似乎都没什么问题。大量在家办公的企业家让市场上复杂的转基因细菌越来越多，但随后，生物黑客们伸出了魔爪。第一个恶意生物病毒出现在2023年。虽然它只是在遇到的每个细菌的DNA上留下了一个无害的、骄傲的标记，但由于编程错误，病毒过度淹没了细菌的DNA，破坏了它们脆弱的程序。于是大量细菌失控，开始在人体内疯狂繁殖。第三世界国家大约10%的人口死亡，因为那里的人们必须要摄入细菌来分泌药物，抑制食欲，这样才能在饥荒中坚持工作。当西方发现这场灾难的真正危害时，为时已晚。

此后不久，精心策划的流感疫情浮出了水面。有人根据科学家们不小心发表出来的观点（可追溯到2012年）对细菌进行了编程。制造这种病原体的生物黑客还复制了天花病毒的一些特征。这种致命的微生物就这样在空气中传播开来。我活了下来，却有太多人在后来的几年中相继死去了。

政府决定雇用生物黑客开发新的细菌，让人类对这种流感病毒以及那段时间出现的其他一些病毒产生免疫力。人体成了战场，有害和有益的细菌，恶意病毒和那些能增强人类免疫系统能力的转基因病毒，进行着殊死搏斗。如今尽管硝烟散去了许多，战斗却没有终结。今天的生物黑客更聪明，也更成熟了。他们不再试图改变世界，而是在用最好的保护措施，确保细菌不会失控。他们创造细菌是为了好玩儿：有些细菌可以分泌血清素，有些可以自己在墙上形成五颜六色的图案，拼出发明者的名字。但是最糟糕的时期已经结束了。大概吧。

长期影响

再过几十年甚至几百年，合成生物学革命还会如何影响世界呢？我们会尽力勾勒出几种可能的未来。这些未来延续了一些现有技术的逻辑。如果这样的未来几十年之后还没出现，那要么就是实施过程中遇到了困难，要么就是大众（出于道德和伦理的约束，或者是对技术的恐惧）有意规避。不管怎么说，在技术上是可行的。

建筑与能源

转基因微生物将被整合到各种建筑材料中，如混凝土、碎石和石灰。它们将填补自然形成的小裂缝，帮助"修复"建筑物。细菌可以分泌石灰石来填补这些裂缝，去除多余的水分，提升绝缘性能，或者用我们现在难以想象的方法来保持建筑物的完整结构。起初，建筑成本可能不会降多少，但真正的效用10年之后会显现：细菌不断分泌化学物质来修补建筑材料，新房子的维护会做得更好。有时候，房子自己还会编程一种独立的生命体，因为细菌也可以进行光合作用，为居民提供能量和氧气。这些将是会呼吸的"绿色家园"。

即便我们说的是最高水平的合成生物学，而且在最乐观的情况下，我们也要再等几十年才能提前设计出植物种子并大概知道它们的生长模式。一颗饱含水、空气和光的种子就可以在短短一年之内长成一座壮观的树屋，或者至少一个房间。可能有人会表示怀疑，但小小的受精卵都能在短短9个月内长成一个婴儿，这可是比树屋复杂得多的有机体。那让种子长出个树屋有何不可呢？如果能了解引导植物或胚胎发育的生物学程序，并让它为人类服务，意义重大。或许未来，你花不到一美元买一颗种子，就可以长成一个家。

基因工程也许还能用于交通领域。可以把能进行光合作用的细菌和其他微生物放进道路沥青中。它们会吸收阳光并将其转化成能量，然后再转化成……其实，我们也不知道会是什么。再过50年，汽车会长什么样子？用什么能源？现在这些问题都还没有答案。不管怎么说，能源总是需要的，而今天的道路却一味地产生过剩的热量，还浪费了巨大的空间。未来，这样的奢侈将不复存在。有了那些会呼吸的、隐形而又无处不在的微型机器，每平方厘米空间都将发挥最大价值。

“我们的文明完全建立在不可再生能源之上：煤、石油和天然气。我们把它们燃烧掉，从炼油厂和化工厂输出来，然后几乎生产什么都要用到它们。”阿米拉夫-德罗利说着，眉头紧锁。“这种情况根本无法持续下去，也是极度危险的。我们必须动用生物学的力量，因为它们可以使用可再生资源，如糖、阳光和二氧化碳等。我们今天用化石燃料生产的一切，几乎都可以用这些生物来生产。最重要的是，它们可以生长繁殖，应对未来的全球挑战。”

不过，也不是人人都同意这种观点。一些基因工程师可能会选择完全不同的方法，转而将基因工程作为对抗他人的武器。

活杀手

军方和恐怖组织可能会大范围使用转基因产品。支持国际恐怖主义的国家会发展自己的基因工程力量，甚至利用西方取得的研究突破，扭曲基因工程力量，制造极具破坏性的微生物。

恐怖分子会拿这些活细菌做什么呢？也许可以制造致命的疾病和瘟疫，或者用来防御其他组织开发的病毒和细菌。最穷凶极恶的恐怖分子可能会制造细菌和病毒，并定向打击某些种族中带有特定基因标记的人，比如黎巴嫩人、犹太人等的后代。当然，这不可能奏效，毕竟民族和宗教的分类标准不是基因密码。不过，一些恐怖分子可能还是会尝试种族攻击。

有些细菌可以在石油或其他易燃物质中存活，并且分泌能够阻碍其正常工作的介质，这也会构成严重威胁。恐怖分子只需携带少量冻干的这种细菌就可能摧毁整个油井。有些激进的绿色组织认为开发自然资源会危害整个星球。有些人会认为，选择性地取缔一部分油井才是简单又人道的解决方法。这种“解决方法”可能会让伤亡人数降到最低，让它在短期内的危害不会比瘟疫更严重，但是长期来看则会消耗大量资源，给全球能源市场带来巨大浪费。

在某些国家，这些细菌可能用来推动人口结构变化，但不一定就是种族清洗。比如说，有些国家老年人数量持续上升，这时候如果有一种精心设计的基因疾病“突然”暴发，而且主要危害的正是老年人，那么政府也许会觉得它来得正是时候。其他国家的政府会不会也故意制造这种疾病呢？其实不太可能，因为要把这种流行病局限在一个单一的地理区域是非常困难的，一旦疾病扩散到别的国家，就可能出现法律争端。此外，在这个信息时代， 要掩盖疾病细菌的制造和传播很难，而通过追踪地理发展轨迹来找出源头则相对容易。

未来，要想利用合成生物学，武装部队和恐怖组织可用的手段不计其数，以上这些只是冰山一角，完全不是最可怕的。我们目前的认知还极为有限。

第一场人造的瘟疫……以及科学的终结

纵观历史，传染病一直是人类死亡的主要原因之一。霍乱、黑死病、天花、梅毒、流感等疾病曾夺去数亿人的生命。甚至在20世纪之前最大的军事冲突中，因感染这些疾病而死亡的士兵也远远多于实际战斗中丧生的人。直到发现青霉素，人类才开始逐渐占据上风，战胜那些致命的微生物。这算是让全人类引以为傲的事了。

所有这些流行病都是细菌、病毒或寄生虫繁殖并在人之间传播造成的。由于这些微小生物每小时都能翻倍增加（有时甚至更快），所以只需一个细菌就能引发一场导致数百万人死亡的流行病。细菌需要的只是适当的营养，或许人体就能大量分泌这种营养。因此，一个细菌可以在6小时内繁殖成100万个细菌，然后可能不到一天就超过人体的细胞数量。有些细菌可以通过空气、体液甚至身体接触就轻而易举地传播给另一个人。一个病人就能感染成千上万的健康人，而这些人又会去感染更多人，恶性循环不断扩大。

其实，要把一个细菌转化为一个能在人与人之间传播的杀手也并非易事。要把多种特性集中到一个有机体中，它才能迅速地从一个宿主转移到另一个，同时使产生的伤害最大。虽然说不容易，但也不是绝无可能的。一旦世界各地有成千上万的人走进实验室，开始争先恐后地炮制这种细菌，那么，刚才提到的“非易事”也将变成“易事”了。

可是人们为什么要这么做呢？但凡神智正常，谁又有什么理由去创造一个专门伤害全人类的有机体呢？不过，这里说的是“神智正常”的人。只要有一个因为陷入绝境而想这样做，并最终成功制出一种致命细菌的人，结果就相当可怕了。这种细菌就会在一个人体内繁殖，然后在人群中传播开来，甚至可能带来全球性的灾难。最好的结果大概是殃及的人越少越好，自然，其中要包括那个创造这种细菌的人。不过更可能出现的情况是，细菌会逃出社区实验室，像野火燎原一般，感染数以百万计的健康人。最糟的情况大概就是，疾病感染大部分的人类，还顺路殃及其他动物。即使我们假设转基因细菌的杀伤力不太强，导致的死亡率只有10%，它也仍将夺取数亿无辜生命。

要创造一个极其成功的病原体，有个非常简单的方法，那就是模仿自然。虽说有些禽流感病毒株会在人类中造成很高的死亡率，但是它们却很难在人与人之间传播，所以这种疾病的潜在危害并不大。然而，在

2012年发表的一项研究中，科学家们用这种病毒的“升级版”感染了雪貂。由于雪貂和人类在流感易感性方面相似，因此我们认为，能在雪貂之间传播的流感病毒同样也能感染人类。科学家研制的升级版病毒能够通过空气传播，并杀死所有感染的雪貂。而这，在那些有意炮制流行病的人眼里，或许正是一个漂亮的开端。

科学家们希望公开这种病毒的全部遗传密码。他们认为，科学界可以研究它，弄清楚这种病毒是如何损害人体的。政府则要不遗余力地打击它们。理由也很充分：当基因工程对个人开放，只要有一个人制造这种病毒，就能引发一场毁灭性的瘟疫。

时至今日，这种病毒的遗传密码仍未公开，但科学家们似乎终究会得偿所愿的。怎么会不可能呢？其实现在你就可以在网上找到埃博拉病毒、脊髓灰质炎（小儿麻痹症）病毒和许多其他病毒的遗传密码。未来的科学家可以轻而易举地复制其中一个病毒的基因组，将其合并到一个新旧混合的病毒中，再把病毒投放在毫无防备的人群中。

即使我们有能力保护自己不受这些病毒的侵害，但要真的做到也并非易事。可能空气里出现病原体不久我们就研制出了疫苗，可是等疫苗送到需要的人手中时，疾病可能已经夺去了数百万人的生命。任何个人造成的伤害都可能成为不能承受之重，甚至可能导致整个人类的灭绝。

当人类的科技发展到这个阶段时，我们可能别无选择，只能采纳耶赫兹克尔·德罗尔（Yehezkel Dror）的建议了。他曾是以色列耶路撒冷希伯来大学政治学教授，也是犹太民族政策规划研究所的创始人。德罗尔认为，21世纪人类可能必须得修正科学方法以防止科学技术继续发展。否则，科学继续进步，普通人也许都有能力让生灵涂炭了。要是这样的未来成了现实，那单独一个人也许就能用小型战略武器来炸毁地球，或者设计一种病毒来消灭所有哺乳动物。我们不能冒险。这种理念或者会让决策者们意识到，所有基因工程培训都需要特殊许可、性格证明和各种心理评估。或者，他们会干脆动用法律来禁止生命科学相关的研究活动。虽然这样的未来听起来有点儿索然无味，不过至少人类可以活下来。

把人类升级

基因工程并不仅仅局限于细菌的重新编程。其实现在我们就可以用它来重新编制人类的遗传密码来帮助治疗某些疾病。比如说，近些年来，基因工程就被用于帮助遗传性视网膜变性患者恢复视力，也用于治疗患有严重联合免疫缺陷（又称“泡泡男孩病”）的孩子。由于基因缺陷，这些孩子天生就没有正常的免疫系统。通过特殊的医疗方法将他们的细胞重新编程之后，许多孩子已经完全康复。但是，许多劫后余生的孩子又患上了癌症，这是这种医疗方式不幸的副产品。

这个例子提醒我们，要想安全有效地改造人类的基因，我们还有很长的路要走。尽管如此，世界似乎正准备继续推进这场生物革命。有朝一日，人们可以根据自己的意愿来改造基因。而且，研究员李·斯威尼（Lee Sweeney）多年之前就发现，很多人都在渴望着那样的未来。斯威尼利用一种转基因病毒，成功将一种独特的基因植入成年小鼠的后腿肌肉中，肌肉量于是增加了20%，肌肉力量也增强了30%。斯威尼其实是想研究一种治疗人类肌肉萎缩症的新疗法。他也收到了很多对这项新研究感兴趣的病人的来信。这在他的意料之中。不过另一部分来信就让他有点儿无言以对了，因为也有运动员和教练来信，说想试试这种病毒会给身体带来哪些改变。

不消说，用基因工程来改善身体机能的行为肯定会遭到全面禁止，就像类固醇被禁止一样。不过，如果有运动员采用了这种基因治疗，能检测出来吗？斯威尼开始这项研究之后的8年中，这个问题一直没有解决。可能大家都觉得基因工程技术还没有先进到可以为普通运动员服务的程度吧。很多人会觉得那种想法更像是科幻小说的情节。但在2012年，世界反兴奋剂机构宣称，基因工程有可能已经或者即将可以影响到一些运动员和教练员了。为了防止“转基因”运动员和“天然”运动员之间的不公平竞争，该机构委托进行了研究，力图能够根据血液和尿样来识别前者。

当人类开始为了完善自我而玩弄自己的遗传密码时，生物革命就将达到高潮。随着合成生物学时代的到来，社区基因实验室将引领我们走向一个新的未来，在那里，人类将用不同的理念来看待自己及周围的世界。现如今，我们还可以轻松准确地说出人与狗、猫与狗之间的区别，但是如果有一天，我们可以改变并重组各种生物的基因碎片，就像拼乐高一样，去重塑它们的外形时，我们还会继续用那些过时的、保守的理念来定义人类吗？我们还会用那些陈旧的艺术（和宗教）理念来塑造和雕琢崭新的人类躯体吗？

我们有些人会觉得是时候进入下一阶段了，用基因工程作为主要工具，来创造更合适的身体。这里说的“更合适的身体”指的并不是机能升级的人体，而是指任何一种能够容纳人脑容量的生命体。要设计出这样的“容器”，需要全世界数百万人自由从事基因工程研究时所获取的知识和创新，但它们也会反映出在社区实验室桌上锻造的时代精神：要知道，人类只不过是陶艺家手中的黏土。

在这个遥远的时代，人类有可能不再纠结于如何定义人类，反正这种事做起来也是徒劳。如果一个人手部截肢之后换上假肢，我们承认他还是人类，那一个人通过基因改造用彩色翅膀替换双手，他就不是人类了吗？如果我们也接受他是人类，那即使我们用不同形状的肢体来代替双足，这个生物也还是人类，只要他能继续像人类一样思考、感觉和交流就行。

这样说的话，人类到底是什么呢？答案很有可能是这样的：任何能够智能地论证自己是人类的实体，都是人类。不然还会是什么呢？

这将是生物革命的一个顶峰：在这个时代，人类超越了自然和进化之类的怪念头。这些怪念头世世代代主宰着我们的模样。到时候，人类就可以为自己选择生物容器，决定自己的样子了。

有效的监控至关重要

这一章我们描绘了另一种遥远的未来，不过它可能比前几章中勾勒的图景更让人恐惧，也让人兴奋。不过，也几乎不可能预测那些有趣的未来到底什么时候能变成现实。我们最多能画出一幅“路线图”，大致讲述未来到来之前我们还要经历哪些阶段。

那么，要实现这样一个未来，需要做些什么呢？首先，基因工程研究的成本要不断降低，直到每一位非科学家也都能负担得起才行。很大一部分成本要用于获取实验室设备。有了必要的设备，才能制造和复制DNA，孵化并持续培养细胞和微生物，将新的基因片段引入细胞和细菌。当然，还要支付技术人员的工资。即便有部分补贴，运营成本也要再减少几个数量级才能真的向大众开放。其实，我们正在向这个转折点飞速前进，因为读写DNA的价格都在以惊人的速度下降，远超计算机处理器更新的速度。

其次，基因工程要普及到大众，就必须转变成一个相对简单的工程任务，要让不是科学家的普通人也能在上完几周甚至几天的课程后就能试着重新设计一个活的有机体。理想的情况是，一个熟练的基因工程师只需要一天就能将单个基因插入细菌。科技要发展到这个程度，显然还需要更多的科学和工程领域的进展。同时，用户界面的设计也需要突破，要让它足够直观，用户只需拖拽界面上的基因到细菌就可以进行设计。

细心的读者可能会发现，这跟基因组编译器神似。我们之前提到的那个公司还是个初创企业，但如果发展得好，它就可能跟同类公司一起推动基因工程走向大众。

一旦这个领域大范围开放，基因发明就会像雨后春笋一样涌现。我们会改造细菌、藻类、真菌和很多其他的单细胞生物，让它们为我们生产资源，比如聚合物（塑料）、碳水化合物和碳氢化合物（糖和油），以及任何能用碳、氢、氮、氧和自然界中的常见元素合成的材料。

对各类生物——包括人类——进行基因改造，会推动生物革命继续向前，带我们走向一个前所未有的未来世界。我们会把整个世界打造成一个鲜活的实体。为我们服务的活机器——细菌，将生活在我们的家里、我们的身体里，甚至我们头顶上的云层里。它们将融入我们的墙壁、食物和公路，为我们服务，生产能源，提供高价值的营养，甚至信息，唯独不会生产那些对人的生命有害的东西。

这个未来世界可能是一个乌托邦，那里没有疾病，而且能源和食物用之不竭，也可能呈现在我们面前的是一片贫瘠的荒原，那里只有高度复杂的（怎么可能不复杂呢？毕竟是我们一手打造的）细菌才能在杀死其他更复杂的生物之后活下来。我真诚希望这项技术的发展能得到有效监控，这样才能借其东风一步步走进乌托邦。否则，人类将会灭亡。

是梦吗?

本章提到的最重要的转折点指的是基因工程完全走近企业家及大众。这一转折将催化无数以基因工程工具为基础的独创性发明。

可惜的是，政府很有可能会设法限制公众在社区实验室进行基因工程研究；可能会关闭现有的实验室，并阻止新实验室的开放；或者实施严格管控，只对少数人开放（比如说向实验室征收重税，倒逼用户缴纳高昂的使用费）。

其实，政府的严格监管也无可厚非。一旦你修改了细菌或者病毒的基因，就有可能造出一种新的致命的流行病，当然也有可能“仅仅”是放出了可以完全适应新环境的细菌和植物菌株，并取代了本地原有的生物形式。不过我们也要知道，如果监管过严，人们就很难利用基因工程这种强大的工具，该领域未来的发明数量也将锐减。

最终，问题的关键还是公众如何使用它，政府如何监管它。我有一个小小的忧虑，希望严格限制这项技术的使用，但另一方面又（乐观地）期待着基因工程工具能走进社会，让人类可以重造自然。

第七章

人体中的纳米技术

一沙一世界，一花一天堂，

双手握无限，刹那是永恒。

——威廉 · 布莱克，《天真的预言》

微小的纳米机器会照顾我们的身体，不停地呵护它，使其远离心脏病、癌症和其他损伤。

在我们生活的世界中，有生命和无生命的东西是有明显区别的。我们用来钉钉子的锤子不像狗，不像猫，也不像蜗牛。钉子是静止的、结实的，自己不会动。同样，即便是目前最先进的机器人，它对人类的模仿看起来也十分拙劣。很多科幻电影的主题都是展现笨拙的机器人与人类之间的巨大差别。

有些电影甚至把机器人和人类结合到同一个身体里，造出了电子人：它们其实就是人工智能生物，简单点说，就是体内整合了机械的生物。这些电子人往往怪异又可怕。它们用大型摄像机代替人眼，用冰冷的机械腿支撑着笨拙前行。有些人曾预测这些生物有朝一日会取代人类，但它们的能力实在有限，很难相信能真的派上用场。当然，技术的发展也带来了一些惊喜，只是未来机器与生物的结合似乎更有趣。

以后真正的电子人和我们想象中人与机械的笨拙结合会有巨大区

别。其实它们很可能跟你我长得很像，而且更健康，因为我们要打造的新机器不会像现在的大型机械和电子设备那样。它们将会具备几乎全面的生物属性，并与人体无缝结合。它们就是纳米机器，有一些甚至会比人类细胞或者细菌还小。最精密的那些或许就是所谓的活机器了。

要想清晰地勾勒出未来图景，我们必须先了解纳米技术。

造物引擎

1986年，埃里克·德雷克斯勒（Eric Drexler）刚完成了一本书的初稿，身在麻省理工学院的他靠在椅背上，终于松了口气。刚完成的这本书将给成千上万的科学家带来灵感，激励众多的年轻人到科技的世界里探险。不久之后，他的著作《造物引擎》（*Engines of Creation*）出版了，在纳米技术领域翻起了千层浪。

什么是纳米技术？“纳米”这个词其实是用来描述长度的。举个例子来说，如果4岁孩子的平均身高是1米。如果用1米除以1000，就是1毫米（1米的千分之一），这大约就是孩子头上（假设有）一个虱子的长度。如果1毫米再除以10，就会得到100微米，也就是1米的一万分之一，差不多就是人类头发丝的直径。把头发的直径再除以10，就是10微米，一个普通的人类细胞的直径，非常小，人眼是看不见的。细胞的直径再除以10，就是1微米了，这是大部分细菌的长度。

现在取一个细菌，把它的长度除以1000，结果就是1纳米，相当于十亿分之一米。这就是分子大小的度量单位。分子是原子相互结合而成的。

德雷克斯勒在《造物引擎》中提出了惊人的主张。他认为，有朝一日，我们可以造出分子大小的汽车甚至是机器人，也就是纳米机械和纳米机器人。这些机械可以将其他分子分解成单个原子，然后通过各种方式进行重组。这就是纳米技术。纳米技术的产品可以是任何我们想要的分子。到时候，我们就可以用纳米机器来制造药物、食物、燃料，以及我们现在，尤其是未来，能想到的任何材料。

如果你细心读过上一章，就会发现德雷克斯勒的愿景就快实现了。细菌不就是最好的例子吗？不过，德雷克斯勒所预见的未来并不止于更有效的材料制造方式，因为纳米机器还能够在人体中活动，抵御疾病，还能不遗余力地延缓衰老。

这一章，我们会看到德雷克斯勒对未来的展望将在几十年内变成现实。我们已经在制造这样一种微型机器。它能够在血液中浮动，在细胞间穿梭，修复我们的身体，并与身体相连。这些纳米机器是生物革命的重要组成部分。在遥远的将来，它们可能成为人类健康长寿，甚至长生不老的关键。

DNA机器人

第一次走进伊多·巴切莱特（Ido Bachelet）博士的实验室时，我不由自主地停下了脚步，满脸疑惑地盯着他看。实验室位于以色列拉马特甘的巴伊兰大学（Bar-Ilan University），和我想象中整洁的科学实验室实在不大沾边儿。左边的入口处有个玻璃箱，里面的蟑螂正在疯跑，还有个小摄像机在记录着它们的行动。隔壁房间还有摆满乐高积木的架子，有一台大型的3D打印机、一个焊接台和各种各样的工具。

这绝对不是个普通的生物实验室。

巴切莱特美滋滋地看着我震惊的表情，跟我握了握手，然后彬彬有礼地带我到了蟑螂箱旁边。他让我挑一个，我指了指最瘦的那只。巴切莱特把手伸进去，毫不犹豫地把这只惊恐的昆虫拿起来放进了一个玻璃容器，然后把容器搁进冰柜，放了几分钟。

他半带歉意地说："这是最好的镇静方法。"几分钟后，他打开冰柜，取出了睡着的蟑螂。这个时候，一个学生取来了一个小注射器。我一脸好奇地看着。注射器中有五百万分之一升（5立方毫米）的透明液体，比一滴水的体积还小。

"这个量就足够容纳我们在实验室开发的几百万个机器人了。每个机器人都能在昆虫体内发挥特定的作用。"他回答了我没有说出口的问题。"但是首先，必须得把机器人放进昆虫体内。"

他轻轻地把针插进蟑螂的甲壳鳞片之间，然后把全部溶液都注射到这个小东西里面。"我们去吃点儿东西吧，"他说道，"机器人也需要时间在蟑螂的细胞里动一动，找出程序指定的细胞，释放药物。"

我们出了实验室去了他的办公室。巴切莱特看起来忧心忡忡的。也难怪，他一直在研发纳米机器人。有了这种机器人，未来这个世界就可能出现人类与蟑螂电子人并存的局面。他仰面沉思，眉头紧锁。

"咖啡还是茶？"他问道。

我选择了茶。

DNA折纸术

德雷克斯勒当时面临的一个大难题就是如何制造纳米机器人。它们太小了，很难采用机械操作。如果没有最先进的显微镜，甚至都看不见它们。那怎么办呢？

巴切莱特利用2006年发明的一种叫作“DNA折纸术”的方法，想出了一个不错的主意。这种方法是根据遗传密码的DNA特性来发明的。这是一种又长又复杂的分子，各部分可以相互吸引并附着在一起，同时折叠DNA链，就像把一张纸折成3D形状一样。

巴切莱特在实验室中给相对容易制造的DNA链进行了预编程（如我们在前两章中看到的）。他精准确定了粘连部分的位置，使分子以预设的方式折叠，从而造出一台纳米级的机器。这个机器就可以在体内发挥特定的作用了。他把这种机器叫作纳米机器人。

“它们进入体内之后，会立即导航到准确位置，执行预定功能。”他说，“不管怎么看，它们都是机器人。就像你现在把机器人送到人类禁止进入的区域一样，纳米机器人能以可控的方式渗入人体并释放药物，在极微小的范围进行手术，甚至重建组织。”

让身体计算机化

巴切莱特从小就想成为一名医生，不过后来他放弃了这个梦想，转而拿到了以色列希伯来大学的药理学和实验药剂学博士学位。在职业生涯的下一个阶段，他专注于研究白蚁和昆虫的社会行为，之后又转到哈佛大学，开始研究“DNA折纸术”。奇妙的是，他的研究融合了所有这些学科。他还创造了纳米机器人。这些机器人的行为跟白蚁很像，可以控制体内药物的释放。以后，它们还会有更大作用。

他说：“我们现在几乎可以把一切都计算机化，并用电脑控制方方面面。其实这也是我们面临的挑战。我们正在努力将分子以及人体计算机化，也就是要让体内的每个分子实现自动化。”

人体的每一种疾病都是自分子始，以分子终的。有些疾病会导致分子在某一区域过度集中。例如，如果胆固醇和斑块淤积，动脉就会变得狭窄（最终可能导致心脏病发作）；或者分子在神经中集聚（造成克拉伯病），影响神经系统内的信号传输，就会出现代谢紊乱。如果我们能进入所有的细胞，或者到达动脉内部，提取这些有害分子，就可以治愈很多疾病。可是要达到这个目的，就需要数十亿个微型镊子，穿透人体细胞去清理数万亿个有害分子。对人类医生来说，这是不可能完成的任务，但纳米机器人以后有望胜任。

巴切莱特表示赞同：“目前来说，如果你要修改人体内的某个地方，比如去除动脉内的动脉粥样硬化斑块，就需要开刀，侵入人体去清除阻塞。但是，如果能控制分子，你就不必这样了。你可以溶解斑块，再把它移到不那么危险的地方就行了。计算机可以控制我们周围的很多东西，但暂时还不能控制体内的分子。为了实现突破，我们正在打造一种机器，让它与生物体内分子相互作用。这些机器要能进入人体，与人体共处，还要充当人体与这些分子间的接口。其实我们已经知道如何给这些机器编程来指挥它们的行动了。”

近年来，巴切莱特和他在哈佛的同事们一直在利用“DNA折纸术”研制纳米机器人，这种机器人能够在血液中携带分子，而且只有在靠近特定类型的细胞时才会释放分子。对纳米机器人性能的重要研究描述了这些生物机器是如何锁定癌细胞，然后附着上去并释放出分子能量，摧毁癌细胞的。这是喜人的一步。癌性肿瘤无非就是一群疯狂分裂扩散的细胞。杀死这些细胞，也就战胜了肿瘤。

巴切莱特正努力将实验室培养皿中的纳米机器人移到活体中，特别是蟑螂的体内。

即便巴切莱特本人没能成功，世界上还有许多科学家在用类似的方法解决各种问题。用“DNA折纸术”制造的大量纳米机器人会帮我们在体内进行微小手术：切断和分解有害分子，清除坏死组织，或者将某种药物输送到有需要的特定细胞中。巴切莱特认为，经过适当编程的纳米机器人还可以交流，并沿着切口和伤口构建起架状结构。这些支架会帮助生物细胞正确重组，重建受损组织。这样一来，纳米机器人就能帮助身体迅速有效地恢复。甚至，以后即使纳米机器人已经植入人体，也可以对其进行编程。

“纳米机器人可以做一些基础的计算。”巴切莱特说，“说到底，计算机不过就是一堆以某种方式连接起来的晶体管，它们相互反应，形成有序的逻辑门，从而支持某些计算。目前，有些纳米机器人的计算能力已经可以与上世纪80年代的计算机比肩了。以后，这些机器人就可以在我们的体内穿行，时时评估我们的身体状况，并计算出需在何时释放特定的药物。”

在巴切莱特所见的未来，他设想了这样的场景：每天早晨，我们会服用一个装有纳米机器人的胶囊，它可以识别体内感染、组织损伤、机体伤病、激素失衡等情况。这些机器人还能够执行我们设定的程序，去除体内过量的有害分子。

“它们会给我们带来更好的生活，改善我们与周围世界交互的方式。”巴切莱特热情地说，“有了这些机器人，我们就可以在计算机的帮助下，控制自己的身体。到时候，我们就可以在电脑屏幕上查看自己身体的内部状况，并对它们进行编程。这是我的愿景。”

巴切莱特的纳米机器人无疑是机器，但这些机器是由我们常见的生物材料构成的：DNA和蛋白质，所以很好吸收。种种原因说明，未来要在人体内使用生物机器，大有希望。

但是为什么要选用由DNA制成的纳米机器人呢？

体内传感器

利奥·马诺（Lior Manor）一直以来都是以色列最负盛名的魔术师之一。他在以色列的第一频道上还有自己的节目，经常表演一些让观众惊掉下巴的原创魔术。可是后来他病了。

他说：“视力突然模糊起来，特别想吃甜食。虚弱、口干……这些都是一型糖尿病（又名青少年型糖尿病）的症状。”

糖尿病有三种主要类型（一型糖尿病、二型糖尿病和妊娠糖尿病），现在几乎已经成了全球性流行病。仅在美国，糖尿病患者估计就有2600万，其中700万尚未确诊。“这种病很难对付，”马诺说，“因为一开始感觉可能不太严重，但是慢慢地，就会明显感觉肾脏和眼睛不太好了。”

马诺开始接受胰岛素治疗。糖尿病患者的生活并不简单。一般病人每天都要抽取一滴血液，用电子设备测好几次血糖。如果血糖太高，就得注射胰岛素。“吃饭之前要测血糖，然后注射胰岛素。两小时以后还要再检查一下，确保血糖降下来了。要是没降下来，就还得再注射胰岛素。然后再吃口东西，之后再检查……”

这个过程真的太难熬了，但是马诺知道自己已经非常幸运。要是生活在其他很多国家，他连每周做检查也做不到。那样，他的健康水平就会急转直下，甚至可能发展到四肢坏疽的程度。其实，糖尿病现在仍然是导致手术截肢的头号原因。

那么，要是我们能把检测设备放到人体内部呢？

多年来，我们一直梦想有一天能在血液中放一个测量装置。这个装置可以测量血糖水平，并利用红外线把信息传输到皮肤上的专用传感器。这并不是白日梦。有些分子可以对一些化学刺激物（比如糖的存在）做出反应，发出亮光，我们对此完全不陌生。原则上，我们应该能将这些分子注射到血液中，让它们分析血糖水平。这种看法的前景还是比较乐观的，只是有两个问题：身体会不会迅速清除这些测量分子？是否有毒？

而最近提出的将生物机器融入人体的理念也许能解决这两个问题。2012年，哥伦比亚市密苏里大学的化学家邵晓乐（音译）和她的同事们提出了一种方法，可以把测量分子和红细胞结合在一起。

红细胞的作用主要是像卡车一样输送血液中的血红蛋白和氧气。邵晓乐决定试试在这个生物“卡车”上放进“偷渡者”，以此来做科学和医学研究。为此，她在一些血细胞中加入了能测量周围环境酸度的分子，然后又重新密封了血细胞。这种升级版的红细胞看起来没什么特别，但实际上，它们已经变成了微型传感器，可以通过注射进入血液，测量酸碱度，然后通过发射红外光来进行反馈。

红细胞不仅可以阻止有毒的测量分子溜进血液，也能预防免疫系统或者肾脏清除这些分子。以后，我们还可以用同样的方法来检测其他健康指标，比如血糖水平，以及某些激素的存在和浓度等。邵晓乐认为，她的活体传感器会完好无损地在血液中留存三个月，每天测试血液酸度。对于患者来说，只需要从身体里提取红细胞，然后再重新注射回去就行，已经大大简化了。

马诺事业的成功并没有受到什么影响。他现在差不多每周都有一场演出，足迹遍布世界。“生活还要继续。”他说。虽然他已经习惯了频繁的检查，也接受了糖尿病这个事实，但他觉得生活还是可以改善的。“目前的治疗方法能让糖尿病患者享受与健康人相同的生活质量，但要付出不少努力才行。这项发明一旦成功了，可是大大的好消息。因为很多人其实都很难时时监测自己的血糖水平。连开会的时候都可能要进进出出，深受影响。况且，还是有点儿痛苦的。这样的解决方案简直太棒了。我觉得一定会有很多人会来接受这种治疗的！要是有一种方法能让我们不用再每天往自己身上扎针，我们当然翘首盼望。”

要注意的是，跟巴切莱特的纳米机器人一样，我们还有很长的路要走。这些活体传感器还未被注射到实验鼠中，更不用说人类了，所以也无法预测会有什么效果，携带了这种传感器的红细胞会完好无损，还是会向血液中释放有毒物质。此外，细胞目前还没办法执行更复杂的任务，仅限于在体内循环时顺便携带一些珍贵的“货物”。

前面的路还很长。

智能生物“潜艇”

以色列特拉维夫大学的丹·皮埃尔（Dan Peer）教授也赞同当今许

多年轻生物技术专家对生物机器的看法。他说："我觉得这些生物机器会在医学和诊断领域越来越普遍，以后还会走进更多细分领域。"皮埃尔是纳米机器人领域公认的国际专家，他的预言当然更让人信服。近些年来，他制造了许多这类机器，还在活体生物上做了测试。

皮埃尔的机器的工作原理和邵晓乐的升级版血细胞类似。他采用的是微小的空心脂质体，跟红细胞的结构类似，但体积更小，也更简单。脂质体有个非常好的特性，皮埃尔正好充分利用了这一特性：它们能够附着在现有的细胞上（可以把它们引导到指定的细胞类型），并把所含物质注入其中。如果邵晓乐研究的红细胞是卡车，那么皮埃尔的脂质体就是锁定目标的、有效甚至致命的"潜艇"。

"我们努力的方向有很多，包括治疗各类癌症。"皮埃尔解释道。与巴切莱特的纳米机器人类似，皮埃尔的"潜艇"应该也能识别坏细胞并附着在它们上面。剩下要做的就是在里面装满有毒物质，做成神风突击"潜艇"，它大约比真的潜艇小1000万倍。这对皮埃尔来说已经是旧闻了。他已经和莫纳·马加利特教授开发了能直接向肿瘤注射抗癌化合物的脂质体，效果比简单将药物注入血液好33倍。

这些都是医学治疗，但是近年来，皮埃尔也一直在努力钻研更好的方法，就是将人体转化为一个充满计算元素的系统。在皮埃尔看来，每个身体细胞都是一台装有小型计算机的机器。肌肉细胞、神经细胞和肝细胞等都接受细胞核DNA的指令，而细胞核DNA就像一台微型生物计算机。皮埃尔想试着用基因工程来改造人类细胞，但他很清楚其中的危险。早期的人类基因工程实验已经取得了令人瞩目的成果，甚至还治愈了一些疾病，但是有些改造过的细胞出现了失控的情况，还在此过程中生成了癌性肿瘤。还没完全了解人体所有的参数就盲目行动，往往就会造成这样的后果。

皮埃尔的想法不太一样。他不想改变细胞已经做好的基础计算，只想改变结果，也就是DNA传输到细胞去执行的最后一组指令。结果呢，就跟基因工程差不多，但影响只持续几天，降低了癌症患病的风险。

皮埃尔已经能够打造能附着在细胞上的目标“潜艇”，并且干扰DNA试图在细胞内交流的指令。“潜艇”携带的代码只会干扰细胞的特定功能。皮埃尔可以精确地选择要破坏或者强化的细胞活动。

皮埃尔的干预性“潜艇”于2007年首次亮相，当时就可以改变小鼠的白细胞功能模式。就治疗自身免疫性疾病（白细胞会疯狂攻击其类细胞）而言，这本身就是一种进步。2008年的一项研究展现了这些技术最重要的成就。研究显示，“潜艇”可以找到与炎症性肠病（如克罗恩病和溃疡性结肠炎）有关的免疫细胞，然后重新编程，避免炎症继续。这意味着，影响细胞的决策过程还是有可能的。

最近，皮埃尔还在努力开发类似的“潜艇”来解决更多问题。“它的应用范围会非常广泛，”他强调，“可以是癌症炎症性疾病、病毒性疾病，甚至是像帕金森病那种神经损伤疾病。”

毫无疑问，皮埃尔的纳米“潜艇”的治疗潜力是巨大的。细胞就像构成我们身体的乐高积木。如果我们能控制细胞内的计算过程，或者至少能控制执行的指令，那人类的身体对我们而言，就会像陶艺家手中的黏土。我们就能指导肌肉细胞的生长和繁殖而不消耗体力，让骨骼组织以同样的速度持续产生新细胞来避免骨质疏松症（骨质流失），或者让头皮上的毛囊再长出头发。这些都将是生物纳米机器的杰作。

皮埃尔的纳米“潜艇”主要是用来修改人体细胞的，但最近还有另一种“潜艇”正在研发中。它有可能对抗病毒。病毒可是我们的重要敌人，而且目前我们对防范它似乎还无能为力。

纳米医疗初创公司微柯伊纳米医药（Vecoy Nanomedicines）的创始人兼首席执行官埃雷兹·利夫尼（Erez Livneh）说：“病毒是自然界最简单的生命形式。它们比细菌简单得多，有时比细菌还小100多倍。也许你觉得对付这么简单的东西应该易如反掌，但事实证明，它们是人类最顽固的宿敌，而且到目前为止它们还保持着不败。这是医学界最大的未解难题之一。目前，有效的抗病毒疗法非常少。抗生素，或者其他任何疗法，对病毒的影响都是微乎其微的。”

我的脑海中快速浮现了一连串由病毒引起的疾病名称，然后遗憾地发现，利夫尼是对的。我们似乎连流感病毒都对付不了，只能等病人的身体自己来对付侵略者。可是除了流感，这样的疾病还有很多。许多危险甚至致命的疾病都是由病毒入侵引起的：艾滋病、疱疹、病毒性肝炎、骨髓灰质炎，甚至埃博拉病毒。目前来说，我们根本无法采取有效措施防御病毒，并在它对人体造成破坏前将其清除。

利夫尼说：“很多人还不知道致命的病毒性传染病简直就是一场噩梦，让政府官员不能安寝。这种传染病是随时可能爆发的。这种情况对人类的威胁比全球变暖或向地球飞来的小行星更大。如果1918年的大流感（又名西班牙流感）现在暴发，西方文明有可能陷入一片混乱，甚至覆灭。至少会有数亿人死亡。尽管医学取得了巨大进步，但面对病毒，我们依然十分迷茫。在病毒面前，我们并没比一个世纪前强大。”

看到问题的严重性之后，利夫尼发明了一种名为“Vecoy”（英文单词“病毒”和“诱饵”的结合）的创新纳米技术方法。最近，他和他的团队正在公司的实验室研制捕获病毒的陷阱。这些陷阱正是利用了病毒的简单性。一旦病毒入侵人体，就会立即寻找细胞来充当庇护所，以便安全地繁殖。利夫尼制造出来的细胞会伪装成活细胞。这些假细胞在自己的表面展示分子和其他元素来诱使病毒攻击。“病毒的简单性决定了它们无法做出复杂的决定。它一遇到假细胞，就会攻击。这正是它的致命弱点。因为病毒就像蜜蜂，它只能蜇你一次。病毒一旦掉进陷阱，就会被中和并消灭。”他解释道。

原则上来说，一个陷阱就可以分解掉患者血液中肆虐的成千上万个病毒。但人体常常同时感染数十亿个病毒。因此，利夫尼打算给病人注射数百万个病毒陷阱。这些陷阱肉眼是看不到的。每一个陷阱都是一台智能机器，它一方面能够吸引病毒，另一方面又能对人体的自然免疫系统保持隐身，否则人体的自然免疫系统就会把它摧毁并清除。

回到本章的主题：巴切莱特的纳米机器人、邵晓乐的“卡车”、皮埃尔的“潜艇”，以及利夫尼的陷阱都是机器。它们虽然没有齿轮（或者类似的部件），也没有旋钮或螺旋桨，但不管怎样，它们就是机器。跟所有的机器一样，它们是为了特定的目的而制造的，然后放置在适当的环境中（这里的环境就是人体）。唯一的区别是，它们的基础是化学和生物概念，而不是机械和电子理念。在不远的将来，这些机器将成为人体不可或缺的一部分。其实，在先进的研究实验室里，这已然成真了。

那么，会不会有朝一日，我们也能把电子设备整合到身体中呢？

有生命的电子设备

2011年的一天，塔尔·德维尔（Tal Dvir）博士走进了他在以色列特拉维夫大学的新实验室，他同时也带来了从麻省理工学到的知识和经验。他一直在那里培育“电子人”组织（结合了电子设备和活体细胞的组织）。这些组织一直很鲜活，甚至洋溢出了勃勃生机。

德维尔说：“我们结合了两种不同的技术。一种是纳米电子学，另一种是能够感应附近电场的小型纳米纤维。”

德维尔可以在三维支架上培育出多种不同类型的细胞，这些支架能使组织保持合适的形状，并具备足够的强度。“起初，我们在支架上培育了几种不同类型的细胞，并用一系列纳米纤维串联起来。目的是从神经或心肌细胞中获取电子读数，以及人造组织的酸碱值。”

“现在，我们要在特拉维夫大学的实验室里把这个项目继续向前推进。我们正在制造一系列类似的电极，并在支架上造一个改造的大鼠心肌组织。我们正在把这些组织（内含电子设备）植入到有心脏病的动物体内。植入后，我们就能研究心脏受损后的状态了。更神奇的是，还能刺激细胞在疤痕区域形成生物起搏器。”

我们要想为患者定制人体组织，植入其体内而不产生任何有害的副作用，可能还要很久的努力才行。不过单是这种可能性就足以让人振奋。内含电子元件的组织可以监测和调节老年人的心脏活动，帮助冲锋陷阵的士兵加强心脏活动，或在需要休息时减少心脏活动。导电的纳米纤维可以在睡眠或办公时刺激骨骼肌，模拟适度体力活动的效果，改善健康状况。同样的纳米纤维还能影响某些腺体，刺激它们分泌激素，包括睾丸激素和雌激素等性激素，以及决定身体大部分变化过程（包括成长和衰老）的生长激素。

其实，德维尔对遥远未来的愿景是将纳米电子设备整合进人类大脑。与此相比，这些创新都显得黯淡无光。他预测：“未来，也许可以利用三维神经元网络来制造大脑修复体，而我们也可以控制和刺激这些神经元。这项技术的应用极具前瞻性，意义深远。”

王者DNA

未来似乎有一条清晰的大路摆在我们面前，就是制造备用的和补充的身体部件，让人类直接升级。

以色列特拉维夫大学技术与社会前瞻部门的阿哈龙·豪普特曼（Aharon Hauptman）预测：“只要他们愿意，未来的人类可以和现在的人类大不相同。他们的外貌很可能与你我相似，但他们的身体中会含有人造的组件。这些组件可以提升人类的身体机能和心理机能。”豪普特曼对之前的预测项目很熟悉。他还一直关注着学术发展的趋势（我和豪普特曼目前正在特拉维夫大学技术与社会前瞻部门合作几个项目）。

一旦这些元素进入人体，我们要如何控制它们呢？计算机在这里似乎也帮不上什么忙。标准的硅基处理器无法在水环境中工作。我们来回顾一下巴切莱特的纳米机器人。大家可能还记得，它是由DNA构成的。将来，纳米机器人就能像真正的微型计算机一样工作，成为DNA计算机。

以色列魏茨曼科学研究所的埃胡德·夏皮罗（Ehud Shapiro）教授回忆道：“1998年我提出这个概念时，把它叫作‘2020年的医学’，但有人说我太乐观了。”夏皮罗的同事对此有所疑虑，不过也是有原因的。要把DNA当作一种编程语言和计算元素来使用，夏皮罗的这一想法似乎很滑稽，但他没有放弃。

夏皮罗说：“我提出这一设想时，还介绍了一种假想的机械图灵机（一种能够进行计算的机器）。在此基础上，可以创建分子图灵机。”从提出这一想法开始，他就指引了一代以色列研究人员。他们一直以来都在最负盛名的高等学府推广着他的创新想法，取得了令人瞩目的成果。“研究进展已经走出实验室，呈现在世界各地的人们面前。事实证明，用DNA制造分子计算机并非不可能。这种计算机可以判断一个细胞是否有癌变特性。如果有，就将其杀死。我们可能还要很久才能造出一台万能的DNA计算机，但我们已经知道，即使DNA计算机还不是万能的，也有可能取得不俗的成果。”

多年来的众多研究证明，夏皮罗是对的。直到最近，哈佛大学的研究人员才证明了一种能将大量信息压缩到生物介质中的新方法，在1克DNA中压缩700太字节的信息。这么多的信息相当于100万张CD，或者233个容量为3000千兆字节的硬盘，总重约150公斤（330磅）。一项研究表明，如果改变基因代码某些区域的状态来代表1和0，模拟计算机比特，就有可能把DNA变成真正的计算机。

有生命的机器

邵晓乐的红细胞传感器、皮埃尔的有针对性的“潜艇”、德维尔的电子组织、夏皮罗和巴切莱特的DNA计算机和机器人，这些都映射着一个大趋势，就是用最小的组件（分子和原子）来制造机器。其他例子还有很多，比如能在人体内制造药物的如细胞大小的合成机。这些无疑都是机器，但同时也是用生命最基本的成分构成的：脂肪分子、糖、蛋白质和遗传物质。那么，它们是有生命的吗？

夏皮罗概括道："显然，如果你想让一些元素在生物环境中发挥作用，就得把它们做成生物机器才行。"他说的没错。其实我们知道，这些新机器跟锤子、汽车或者制造汽车的机械臂也差不多，没有什么生命力。它们只是更小，而且要组装它们，我们就不得不取用自然的生物组件。这样的组件在每一个细胞中都能找到数十亿个。本质上说，我们要把活的细胞分解成最基本的成分，弄清楚它们是如何工作的，然后动用我们的知识和我们找到的组件来建造我们自己的新机器。

未来的人类

什么时候，我们才能把这些生物机器用到我们自己的身体中，抵御疾病，让我们更强大呢？我们真的愿意引入外来元素来打乱人体机能吗？我们会在第九章末尾探讨这些重要问题，以及一些人类在21世纪必须解答的关键问题。我们还会在第九章审视未来改善大脑和人类意识的方法。就目前而言，只能说，即使是世界上最伟大的专家，也不会觉得这种"强化医学"会给未来的人类带来什么好处。

巴切莱特比较乐观。他说："这绝对是个好消息，可以让人体更强大。"夏皮罗表示同意，甚至还推算了这个想法成真的时间。

他说："我觉得采用这种方法的医学应用很可能在2050年出现。可能10年之内就会在小鼠身上取得不错的实验结果。我觉得这个可能性很大。但监管审核会花很长时间。”

想到以后人类可以完全自主地控制自己的身体时，夏皮罗有些忧虑。在万不得已的时候，他宁可干预其中。他澄清道：“不针对这个特定场景的话，其实我个人肯定是倾向于创伤更小的方法。这不是科学见解，也不是我用科学权威的身份去提出的观点。只不过，我们真正掌握的知识还十分有限。所以只要你改变身体固有的东西，就有可能会引发副作用或者不可预见的风险。所以还是干预得越少越好。”

这种干预什么时候是医学性质的？什么时候又仅仅是为了个人的方便？邵晓乐为糖尿病患者设计的传感器乍一看可能就是为了方便。可是，很多患者正是因为不方便及时测量血糖而失去了生命。这样看来，这种传感器可以挽救许多生命。将来，糖尿病患者的红细胞会携带由微型DNA计算机操控的测量设备吗？也许电子纳米纤维可以安装到甲状腺内，让它加速分泌生长激素，从而促进代谢紊乱的儿童正常发育？那皮埃尔的“潜艇”和巴切莱特的DNA机器人呢？它们能在人体中永久停留，每天跟癌症战斗吗？增强人体机能、赋予人类新的能力和拯救生命，我们要如何区分呢？

关于纳米机器的三个警告

我的朋友伯纳德·埃佩尔（Bernard Epel）教授正好可以解决这种干预的伦理问题。埃佩尔是以色列特拉维夫大学植物分子生物学和生态学系的研究员，同时还讲授生物伦理学。他在讲座中对年轻学生和经验丰富的研究人员提出了同样的疑问，要求他们认真思考他们的研究可能会对经济、环境和政治带来什么影响。

我和埃佩尔交谈的时候发现，他十分关注纳米机器人，也对它们拯救生命充满期待。甚至也热烈期盼它们能提升人类的核心机能。不过，针对此类技术的应用，他提到了三个警告：渗透、掌控以及对人类的保护。

首先是渗透。我们曾经讨论过，由于纳米技术跟所有的技术革命都有关联，所以它必然要覆盖所有社会阶层，而不会仅仅掌握在富人手中。埃佩尔说："如果纳米机器能够治愈身体损伤，那政府就必然要让它通过公共诊所和卫生组织进行推广。而且，如果这类技术能提高健康人的身体状况，那么政府就要确保每个人都能用上这种技术，而且价格要合理，防止形成那种绝对富有、健康、漂亮且聪明的高层阶级。"

这种技术必须迅速从富人渗透到穷人，因为在现代社会，阶级差异（即便很小）很可能带来社会动荡。埃佩尔认为："如果技术推广太慢，很多人就会觉得自己在吃亏。这会导致社会动荡，最终引起政变。"

如果技术快速渗透，各国政府就会大力投资那些能提升人类本身的技术。这类技术首次投放市场时成本会非常高，但随着研发不断推进，价格就会降下来，效果也会更好。各行各业的人们都会争先恐后地提升自己。这样，政府就只能顺从他们的意志，继续完善纳米机器，让机器的价格更亲民，让所有的公民都能用上。

第二个警告是要控制纳米机器。埃佩尔说："这种发明必须有一个紧急按钮，可以关闭，并把它从我们身体上移走。"因为要能够控制这些机器，所以纳米机器在体内能发挥的作用也会受限。"要确保这些机器不能复制，也不能在人与人之间传播。这点很重要。如果它们可以复制，我们必须能时时控制它们。"

对我们来说，要掌控那些能自我复制的机器真的很不容易。如果失控，这些机器就可能会被释放到环境中，而我们却无法把它们都关闭。所以科学家们现在正在研究各种开关，植入细菌或其他生物机器中，以便这些机器在跑进外界环境一定时间后自毁。我们必须能控制自己制造的纳米机器，否则一个小事故就会让它们变成我们的敌人。

第三个警告是要保护人类。这不是说一定要保留人类的形态——两条胳膊、两条腿和一个脑袋——而是要保持我们的思考、分析和推理能力。这才是人类的关键组成部分。在遥远的将来，纳米机器也会影响我们大脑内的思维过程（我会在第九章详细阐述这一主题。第九章是关于增强人类大脑的）。我大胆地猜想，这项技术将来会不会重新设计我们的大脑，控制一些丑恶的本能，鼓励利他主义，让人类更适合21世纪的生活呢？

埃佩尔直截了当地表示了反对。

他说："我觉得让人们因为处理新信息而丧失独立决策的能力，是有悖伦理道德的。人类必须能够保有自主决策的能力。别人无权擅自决定改变别人的大脑，控制别人。"

这就是埃佩尔提出的三个警告。我最想看到的，就是大家都能认真遵守每一项原则，但难以忽视的事实是，我们根本没法保证能让技术迅速渗透到所有的社会阶层。如果未来连孩子都能做转基因细菌，甚至自己的纳米机器，我们很难保证可以完全控制我们的发明创造。而且，一旦有了足够的技术手段，某些独裁统治者可能会忍不住要重新设计公民的大脑。埃佩尔对此心知肚明。

"某些独裁政府总是有人想用某种社会手段和教育手段来塑造人民。但这种政权下的公民信任政府，也相信统治者都是为了他们好。如果可以，这样的政权会采用纳米机器。那些意图控制成员思想的邪教也会抱有相同的目的。这种纳米机器还有可能影响更多的人，产生一些没法善后的问题。如果采用现在普通的实验，我在田里种一株新植物，后来觉得不太满意，可以直接把它烧了，然后用拖拉机来翻翻土，实验就结束了。但是，你用火或者拖拉机没办法消灭已经感染人类的纳米机器。”

未来学家豪普特曼则比较乐观。他认为：“科技力量最终一定会发展到那样的程度，而且会变得越来越强大。但是究竟要怎么用它，要看社会和个人的意愿。当然，并不是每个人都会对这些改变夹道欢迎，但这仍是一种选择。你总是可以选的。”

这都是些不错的想法，但是身患糖尿病的马诺就无福思考埃佩尔的三个警告或豪普特曼的乐观主义了。他需要这些未来的纳米机器，现在就需要。他说：“告诉他们我已经在等了。希望他们能加快脚步。”

前途是光明的

毫无疑问，生物机器将在未来几十年帮助人类应对各种各样的疾病。它们会比目前任何一种药物都有效，而且副作用更小。它们可能会让数十亿人的生命延长许多年，还能拯救很多人的生命。

但这还只是一个小小的预言。

当纳米机器无缝融入人体，生物革命就将达到高潮。纳米机器的目的不是恢复，而是改善人体，增强机能。人们可以用这种可以编程的机器来改变自己最基本的生物功能。这些机器可以分解血液中的酒精，防止中毒，同时也能根据需要制造酒精。也许有些机器还能储存氧气，等缺氧的时候释放出来，为身体和大脑多争取几分钟宝贵的时间。还有些机器可能会跟肌肉结合，增强肌肉力量，根据需要来制造激素，或者在身体的任何地方发挥或阻止基因的作用。

因此，未来的人类将是升级版的人类。他们能控制自己的身体。虽然科学家已经有所预测，但目前这种情景还仅存在于科幻小说中。以后的人类会对疾病免疫，能够应对恶劣的环境条件，包括极端高温、低温，甚至短期缺氧。他们还会更强壮，运动能力更强，也更健康。

关于这点，我们要回顾一下第五章中尤菲·蒂罗什的问题，这个问题也是埃佩尔的三个警告所强调的：我们其实就是在把人类分成两个亚种，让有钱人享受科技带来的好处，又让穷人继续保持“自然”、病态和虚弱，不是吗？其实并没有这样。即便是当今最先进的纳米机器，制造成本也没有高到离谱。大部分成本都是用在研发上的。然后就会有一些想先使用这些技术的人们来买单。可是不管什么专利，几十年也就到期了。然后，基础版的纳米机器就不会再那么贵，这样也就能覆盖社会的各个阶层了。

富人还是会享受更好的医疗服务吗？当然。他们可以负担最新的、疗效最好、价格也最贵的疗法。但是，技术越先进，先进疗法与早期更基本疗法间的差异就越小。这反过来也会缩小贫富差距。

当然，这只是认识未来的一种方式。尤瓦尔·诺亚·赫拉利是一位历史学家，著有《人类简史：从动物到上帝》。有一次与他交谈时，他提到了人类可能走上的另一条道路。诺亚·赫拉利认为，到目前为止，我们的时代还是一个“大众政治”的时代。在这里，政府负责照顾大众，并以此来强化国家，维护统治阶级。这就是我们资助穷人接受教育的原因，因为教育可以让他们自食其力，促进整个社会的进步。同样，我们为所有人接种疫苗，也是为了保护富人和权贵。如果不这么做，瘟疫和儿童疾病就会在未接种疫苗的穷人中肆虐，甚至危及那些已经接种了疫苗，但还没有足够抵抗力的有钱人。

在这种大众政治模式之下，只要政府有自保的本能，那即使是最先进的医疗手段，也终究会走近穷人。但是，这个民众拥有实权的时代会不会很快就结束了呢？如果纳米机器足够先进，它们或许能让民众对穷人中仍在流行的疾病完全免疫。当智能革命达到顶峰时，维持国家运转既不需要那么多草根阶层，也不需要大量从事体力劳动的白领。那时，某些国家可能会集中精力提升和强化一小部分人口，而把数亿贫民抛在一边。

这种看法可能有点儿悲观，但也不能否认确实有可能。虽然未来究竟如何还很难判断，但诺亚·赫拉利描绘的未来也说明了，要摆脱当前的束缚来思考未来，这点非常重要。我们还要记住，集体的时代精神可能会在未来几十年内发生深刻转变。

请允许我保持乐观。虽然完全是出于一种信念，也没有什么确凿的证据，但我还是更愿意相信，人类会善用纳米机器，同时完全违背埃佩尔的警告。在我看来，最先进的纳米机器必然会有自我复制的能力。与细菌类似，它们可以在人体内复制，甚至可以穿过胎盘屏障，在胚胎还在母体子宫中生长的时候就进入其体内。人类将获得守护天使，准确来说，是数十亿个微小的、肉眼看不到的守护天使。它们还会陪伴我们的子孙后代。当这种技术像风中的微小尘埃一样常见的时候，我们还怎么能给它贴上价签，或者限制它在穷人或者有钱人中的普及呢？在我所设想的遥远未来，大约一个多世纪之后，纳米机器会成为人类不可分割的一部分。即使我们在灾难中失去了全部的文化和科学财富，我们还有纳米机器。

自然了，人类要对这些机器进行严格管控。纳米机器的任何缺陷都可能毁掉它们所寄居的人体，甚至殃及后人。不过尽管存在种种危险，我还是觉得这些发展成果让人振奋和着迷。它们所代表的是一个没有疾病的新时代。在那样一个时代，人类能够充分发挥自己的潜力，而不必为所谓的命运而忧愁。我们将重新掌控自己的命运，利用纳米技术的力量重建我们周围的世界，同时也重新塑造我们的身体。

那么问题来了，这些预言何时能实现呢？这些技术的基础已经有了，但前面的路还很长。要让人类接纳它们，还需要时间。话虽如此，鉴于眼下科技进步的神速，我们有望在下个世纪来临之前就把它们应用到人身上。我自己可能没法把这些小帮手请进自己的身体，但我的儿孙们一定可以的。有了纳米机器，我可以自豪地说，他们会成为比我更好的人。

是梦吗?

毫无疑问，医学的未来在于纳米技术。现在市场上许多先进的新药，就是根据分子工程纳米技术的原理研发出来的，可以在人体内发挥预设作用。我们要问的是：再过几十年，这些机器会先进到什么程度呢？我们什么时候才能像给计算机编程一样给这些机器编程呢？

这些问题还没有明确的答案，但很明显，我们至少还要用几十年的时间，才能让可编程的分子机器进入人体。它们目前还处于实验室研发阶段，要通过所有必要的临床试验（也就是人体试验），还需要很多年（现在还不清楚具体是多久）。

接纳纳米机器或任何外来物体最大的困难就是要绕过人体内部的防御机制。免疫系统已经进化到可以抵抗和阻止几乎任何细菌、病毒或人工植入物的入侵。为了防止这种自动攻击，生物医学工程师必须在未来的纳米机器中植入特定机制，告诉身体这些机器是身体本身的一部分。时至今日，我们还没能开发出这样一种简单有效的机制。要想让纳米机器（或者任何类型的机器）融入人体，这就是我们面临的主要障碍。

即使这种纳米机器能用，也适合医学植入，我们还需要区分临时使用（比如用来治疗流感）和长期留存并进行补充和强化。可能用不上10年，你就能在诊所里见到第一批简单的机器。更先进的第二类机器则完全不同，要把它们整合进人体可能需要几十年的时间。因为这类机器必须要应对生物机制，否则就会被分解清除掉。从定义的角度来说，纳米机器需要能够保护自己，避开免疫细胞，而且很可能还要学会自我修复（产生新的副本，来替换丢失的或者损坏的机器）。

这些观点表明，要想造出一台能在人体内存活，甚至有朝一日发挥其作用的纳米机器，我们还必须先取得许多额外的科学和技术突破。但从长远来看，我坚信这一天终会到来。

附录A：个人的终结

19世纪中叶，美国学者亨利·戴维·梭罗搬进了森林里一间自建的小木屋。之后的两年，他竭尽全力远离人类文明（虽然偶尔也有访客）。

不过，梭罗为什么自愿将自己放逐呢？他自己的话或许更能解释其中的缘故：

> 我到林中去，因为我希望谨慎地生活，只面对生活的基本事实，看看我是否学得到生活要教育我的东西，免得到了临死的时候

才发现我根本就没有生活过。我不希望度过非生活的生活，生活是这样的可爱；我也不愿意去过隐逸的生活，除非是万不得已。我要在生活中深深地把生命的精髓都吸到，要过稳稳当当的生活，斯巴达式的生活，以便根除一切非生活的东西……把生活压缩到一个角隅里去，把它缩小到最低的条件中。如果它被证明是卑微的，那么就把那真正的卑微全部认识到，并把它的卑微之处公布于世界；或者，如果它是崇高的，就用切身的经历来体会它，也可以做出一个真实的报道……

——亨利·戴维·梭罗，《瓦尔登湖》

在野外，在孤独中，梭罗能够找到他所需要的宁静、渴望和自由，从而形成他对经济、社会和道德的思想。他在他的著作《瓦尔登湖》中写下了自己的经历、印象和想法，这本书后来成了美国文学的一部奠基之作。

梭罗的故事告诉我们，人是需要离开家庭、朋友和整个人类社会，去开始一段内省之旅的。这段旅程中收获的见解将最终惠及我们所有人。然而，未来我们可能会发现，个人脱离社会、自给自足的能力会越来越弱，甚至完全丧失。

如果我们的体内满是与外界环境不断交流的纳米机器，我们就永远不会真的孤单了。当我们周围充满来自外国的隐形纳米技术的威胁，而我们又只有自己的纳米机器能保护自己，我们也永远不会真的感到安全。当我们体内的纳米机器人能接收到无线更新，从而与不断演变的威胁并驾齐驱，我们也就无法长时间断开通信网络了。个人可能会失去脱离人类社会，独立生活的能力。更糟的是，如果某些国家和公司使用特定类型的纳米机器，人们可能会感到被所在的社会束缚，无法融入外国社会，也没办法把那些非凡的新想法带回来，推动本国社会发展。

这样一看，这样的未来好像有点儿让人开心不起来。因为就我个人而言，作为科学家、工程师，作为人类，我们的目标显然是让人们有更多选择。这不仅是为了个人，也是为了整个社会。但是，如果我们仔细观察就会发现：从人类社会形成的那一刻起，我们就一直在失去某些能力，同时又获得新的能力。即便我们失去了独立于社会生活的能力，纳米科技也会帮我们探索新的感知方式，与周围的人进行更复杂的交流，并更加详尽地了解我们的身体。这些会带我们进入新的、奇妙的领域，深入研究自我，大大扩展我们的意识范围。

附录B：打印世界

现在我们已经掌握了纳米技术的概念，也拥有了工具，就可以检验第一章中讨论的3D打印机的重要意义了。如今，3D打印机可以制造出大约百万分之一米厚的材料层。这个厚度是1纳米（十亿分之一米）的1000倍。但埃里克·德雷克斯勒认为，以后可以用类似的装置连接原子，也可以制造并组装分子，来制造铅笔或者木桩等更大的物体。由于我们日常接触的绝大多数东西都是由不同的原子组合而成的，这类打印机应该能够制造任何材料、物体，甚至是生物（因为活的细胞也是由原子组成的）。

如果说德雷克斯勒在全球科技界被广泛认为是纳米技术的伟大先知，那么来自特拉维夫大学技术与社会前瞻部门的高级研究员豪普特曼就是以色列的先知。豪普特曼在20世纪80年代中期第一次接触德雷克斯勒的思想，并通过为以色列政府高级官员做的一系列评估推广了他的思想。

豪普特曼和同事们在特拉维夫大学技术分析和预测跨学科中心的工作取得了不错的成果。国家为纳米技术领域的研究和工业发展提供了些财政支持。例如，由于豪普特曼在特拉维夫大学技术分析和预测跨学科中心工作期间提出了全面的评估和预测，国际防务电子公司埃尔比特系统（Elbit Systems）便成立了“纳米比特”（NanoBit）项目。该项目致力于与学术研究人员合作开发纳米技术产品。同样，以色列还在开发和销售大量的纳米技术产品，包括嵌入智能手机的微型电子产品和耐磨油漆分子。事实上，以色列的每一所大学都已经建立了纳米技术机构或单位。但豪普特曼认为，我们才刚刚开始利用纳米技术推动制造业革命。等我们把第一个“纳米工厂”建起来，直接用基本构件（分子和原子）来生产有用的商品时，制造业革命的顶峰也就到来了。

豪普特曼说：“德雷克斯勒谈到了纳米组装机的概念。这种机器可以从环境中提取材料，然后将其分解成原子或分子，再以完全不同的方式重新进行组装。根据他的设想，以后我们的家中会有一个类似家用微波炉的盒子。我们可以把垃圾放进去，输入代码，然后就可能拿到我们想要的任何东西，可能是手机，也可能是牛排。”

这个想法还有点遥远。虽然3D打印机确实和德雷克斯勒的纳米组装机有点儿相似，但是它还不能处理分子或单原子。它们所铺设的每一层塑料或金属都含有大量随意排列的原子。这说明3D打印机还无法在特定体积内以不同的方式排列原子，创造新材料。不过豪普特曼认为，以后这种打印机不仅会具备纳米级的分辨率，科学家还能开发出“纳米操纵器”。这不仅符合德雷克斯勒的想法，更早期的诺奖得主、物理学家理查德·费曼（Richard Feynman）也而提出过类似设想。早在1959

年，费曼就预言，我们可以，也终将开发出一种技术来用分子和单原子组装物体。

豪普特曼说：“有人预言，纳米技术专家会通过不同的图形来让机器越来越小，直到在2040年到2050年之间开发出‘通用纳米组装器’？”（请注意这里是问号。）我还没看到有人能提出有力的论点进行反驳。甚至那些反对德雷克斯勒的人也承认，可能还有别的方法可以处理纳米结构的碎片：原子和分子。我们有理由假设，再过几十年，纳米组装器就可能出现。问题是，它会具有通用性（能构建所有东西，或者说大部分物品），还是仅适用于特定类型的产品。”

如果技术真能发展到这种程度：打印机能通过对分子和单个原子的生化激活，制造出纳米级的物体，那世界上的大多数问题就都能解决。我们就能组装出不含任何残余物的产品。因为残余物本身也是原子组成的，还是能分解再利用。这会是最先进的制造和回收技术，会带人类进入一个新的时代——物资极大丰富的时代。到那个时候，我们可以用土块打印出牛排，也能用人类的排泄物打印出电子设备。空气污染分子会被分解成最基本的硫、氧、碳、氢、氮原子。这些元素都可以用来打印家用物品、食品，甚至是可以整合进我们身体的活体组织。

试想这样一个世界：没有污染，也没有嘈杂的工厂，所有东西都是由精密的纳米打印机按需制造的。我们不仅可以分享和下载音乐和视频文件，还能获取轮胎、智能手机、人造肾脏或美味的无肉汉堡的分子结构，进行分享和下载，或者用最近的打印机在几分钟内生产出来。

德雷克斯勒和豪普特曼认为，这就是我们将走进的未来。这当然是一个乌托邦式的理想，但我觉得也是极有可能的，大不了再等上几十年，哪怕几百年。这项技术的潜力会给人类和世界带来巨大福祉，我们应该努力把它变成现实。

第八章
终结衰老

他知道自己老了很多；他能看得到，能感觉到。

但他觉得年轻的时光好像就在昨天，

就在倏忽之间，一切都如此短暂。

——C.P.卡瓦菲，《诗选》

在遥远的将来，我们会告别衰老，

让年龄的增长与衰老再无关联。

前一章中我们提到了马诺。他是以色列魔术师，患有一型糖尿病。马诺每天都要多次注射胰岛素。他很清楚，以后几十年，这种药物也无法维持他的健康。如果能用纳米机器改善健康状况，他自然会接受。不过，他当然也别无选择。

其实我也一样，因为最近，我发现自己正在走向死亡。

最近，我拜访了以色列学术界最年长、最德高望重的一位教授。他没什么头发，满是皱纹的脸上还布满了老年斑。他目光呆滞，连用助行器都十分困难。他知道自己得了阿尔茨海默病；他连自己的名字也快记不住了，却时不时地还知道自己跟从前不同了。他身体的一部分已经死亡，另一部分也在通向死亡的路上。

我坐在破旧的沙发上，眼前一派迟暮的景象，衰败的气味冲击着我的感官。最可怕的是：我对面的墙上挂着一张照片，是几十年前一对年轻人的结婚照。照片让我不寒而栗，因为照片上年轻的新郎比我还小10岁。我突然意识到，我也在走向衰弱、痴呆和死亡。这个过程似乎很慢，但也无可逆转。

你，也是一样的。

与老教授见面之后，我久久不能平静。我开始寻找科学的答案。有科学家在尝试对抗衰老吗？自然是有的，所以才有了研究老年病学的专家。

纽约叶史瓦大学阿尔伯特·爱因斯坦医学院衰老研究所主任尼尔·巴尔齐莱（Nir Barzilai）教授说："我们查阅了数据，发现造成癌症、糖尿病、心血管疾病和阿尔茨海默病的最大风险因素其实是老龄化本身。如果不能预防衰老，我们对这些疾病根本没办法。假设你心脏病发，来到我们这里，我们设法救了你，让你康复，这也只意味着心脏病没能让你丧命。以后也可能是癌症、糖尿病或者阿尔茨海默病，因为我们没有改变你衰老的过程。"

那还有办法吗？如果有，效果如何呢？这些问题我们会在这一章着重探讨。

提升人类

很多人都很熟悉发明电话的贝尔，但其实贝尔的故事远不止于此。他的发明成果很多，让他名利双收。他的一生都不断有新发明问世，年纪稍大些的时候，他还开始了关于衰老的统计科学研究。

贝尔研究了很多美国家庭，得出了这样的结论：长寿实际上是一种遗传特征。也就是说，它是由父母遗传给孩子的。虽然他一开始的数据并不是天衣无缝的，但之后很多更大规模的研究证实了他的想法。许多长寿的人确实得益于遗传。不管怎样，贝尔没想等待当时科学界的批准，只想尽快着手，努力让人类更强。

与纳粹的种族灭绝思路不同，贝尔选了一条相对和平的道路。他计划去学校询问学生他们的父母和祖父母的年纪。他想把这些数据，连同孩子们的地址和详细情况，以配对的形式发表。他的想法是，让有长寿基因的人结婚生子，那么孩子的寿命就会比父母更长，然后代代相传。那么那些没有长寿基因的人呢？他们就不结婚了，或者他们和同类人结婚，这样子女的寿命可能也不长，也是代代相传，直到消亡。

这想法是不是疯了？不尽然。极端正统的犹太人也开发了类似的配对方法，他们会了解单身青年的状况，避免携带有害突变的人通婚生下易患遗传病的孩子。他们就是用这种方法在很大程度上避免了有遗传性疾病的孩子。同样，如果贝尔的大规模试验成功了，那么成果必然是显著的。挑选拥有长寿基因的人，让他们结合，无疑就很可能会产生新的“长寿人”。有一个例子或许也能佐证这一点：20世纪80年代有一个实验，研究人员就试图创造一种长寿的苍蝇。

他们的想法很简单：他们会选择长寿的果蝇相互交配。为此，他们选择了10周或更大的雌性果蝇（相当于人类的大约90岁），但它们还能产卵。这些卵孵化出的后代就会带有（至少对果蝇来说的）长寿基因。然后，这些后代继续相互交配，选出其中最长寿的，再孵化它们的卵，直到生出比父母更长寿的小果蝇。

这个过程重复了几十代，果蝇的寿命以惊人的速度增长。仅仅50代之后，这些昆虫的寿命就增加了一倍。如果人类的寿命也能延长一倍，就差不多到160岁了。

这项研究得出一项简单，但十分重要的结论：贝尔的想法还是有些道理的。衰老的过程确实会受到基因的影响。携带正确基因的人也许能更好地应对衰老，寿命更长，身体也更健康。

那么，我们该试试贝尔的主意吗？不一定。仔细观察这些长寿的果蝇就会发现，虽然它们异常强壮，对癌症的抵抗力更强，甚至在食物和水短缺的情况下也比同类活得更好，但是，延长寿命却让它们付出了高昂的代价。预期寿命越长，他们年轻时的生育能力就越差。雌性产卵较少，雄性也对交配不感兴趣。这些果蝇俨然变得健康，却也越发冷淡了。

这一结果表明，预期寿命与决定生物体整体代谢的基因有关。换句话说，如果贝尔的设想实现了，那他创造的那些人就会生育能力低下，性欲减退，且新陈代谢十分缓慢。他们的内在早就老了。

当然，这些只是基于果蝇实验的推测，但这些推测跟我们对自然界的了解是一致的。新陈代谢异常旺盛的动物，比如小鼠和鼩鼱，只能活短短几年。相比之下，大象可以悠闲地在地球上行走大约70年。基因选择似乎倾向于较为缓慢的新陈代谢。

这些实验表明，衰老的过程会受到多种复杂的代谢机制影响。对像人类这样的长寿生物来说，通过选择和一代代遗传来改变这些机制是极其困难的，甚至根本不切实际。但是，如果我们能通过施加外部影响来左右新陈代谢呢？我们能否利用某种工具来减缓甚至逆转老化的过程？

对生命的渴求

1550年，威尼斯贵族阿尔维斯·科尔纳罗（Alvise Cornaro）发表了一本名为《清醒的生活》（*Discorsi della Vita Sobria*）的专著，讨论了他发明的一种特殊的低热量饮食疗法，据说可以延长寿命。

与今天的某些饮食疗法不同，科尔纳罗的食谱不仅包含了碳水化合物和蛋白质，还保留了其他所有的食物。其实，他不排除任何一种特定的食物，只是少吃，吃自己喜欢的。他在书中写道，他常吃面包、粥、鸡蛋、小牛肉、猪肉、家禽和鱼。简而言之，至少在质量方面，他没有妥协太多，主要是限制食量，逐渐减少，直到每天摄入的热量不超过1000卡路里。

研究当时世界各地的数据（英国、新西兰、弗吉尼亚），富人的平均寿命大约是35岁，穷人是25岁。这一统计数字意义不大，因为其中还包括了早夭的儿童——约占总人口的40%。不过即使是安然长到成年的人，平均寿命也就47岁。

那么，科尔纳罗去世时多大年纪？

科尔纳罗写这本书的时候83岁，去世时93岁。他那个少吃的主意显然有道理。

许多研究已经证明，要延长一只普通实验室小鼠的寿命，给它的食物就要比正常小鼠的食量少30%。接受这种饮食疗法的小鼠更警觉，也更健康。当然，它们最终也会死亡，但它们会在年纪更大的时候才表现出糖尿病、自身免疫系统疾病和心血管疾病等。最让人吃惊的是，癌症似乎也在一定程度上被遏制住了。

所以，我们是发现了一种灵丹妙药了吗？健康长寿的秘诀就这么简单吗？少吃就行？显然不是。进行这种饥饿节食的人每天只能摄入不超过1000卡路里的热量——这是维持身体所需的最低限度。其实这就是饥饿，会带来很多严重的负面影响。很少有人能自愿地长期忍受这样的养生法。虽然这种饮食也能（勉强）维持一个人的身体运转，但绝不适合从事剧烈体育活动的人，甚至中等强度的运动也不行。更有甚者，目前的研究表明，这种饥饿饮食对比小鼠更高级的生命体并没有什么效果，不能延长它们的寿命。

巴尔齐莱说：“他们在恒河猴身上进行了这种热量饥饿实验，但没有成功。没办法。虽然猴子较少死于衰老引起的疾病，但其他一些疾病更加致命。毕竟死亡率和年龄并没有太大关联。”

由于猴子是人类的近亲，对它们无效的治疗对人类恐怕也没有助益。巴尔齐莱的研究也涉及卡路里限制，他觉得靠这个延长寿命就是个神话。巴尔齐莱对全球300万人进行了研究之后认为，稍微超重的人往往会活得更久。原因呢？脂肪组织有助于免疫系统发挥作用，也许这就可以解释为什么超重的人抵抗力更强。在高度无菌的环境中生长的实验动物不像人类那样经常接触疾病，所以比较瘦的动物存活时间更长。可能就因为这样，卡路里控制疗法才显得特别有说服力。但前提是需要相对简单的动物，还需要控制良好的实验室条件。

很遗憾，我们只能放弃通过控制卡路里来延长寿命了，因为这种不必要的食物缺乏显然会导致其他健康问题，反过来还会缩短人的寿命。另一方面，传统观点认为饥饿饮食也会激活各种有益基因。我们能否在不挨饿的情况下启动这些基因呢？我们能否跳过饥饿疗法而进入细胞的最深层机制，直接激活这些有益基因呢？

考虑到前一章关于基因工程发展的结论，我们有理由相信迟早有一天能够开启那些减缓衰老的基因。

我们要选择哪些基因呢？要在一章的篇幅里梳理成千上万个可能影响或阻止衰老的基因及其负面影响，显然不现实。就算用整本书来探讨也不够。既然这样，我们就选取两个可能性比较大的案例进行探讨。

基因和药物

大卫·辛克莱（David Sinclair）30多岁时，发现一种叫白藜芦醇的化合物能够延长酵母的生命。其实这些酵母是他在实验室的培养皿中培养的微小真菌。这一发现虽然听起来没什么了不起的，毕竟真菌和人类能有什么关系呢？但是，酵母的基因代码与人类的基因代码惊人相似，酵母中的基因修改版本也常在人体中发现。辛克莱想要看到的是，在酵母中与特定基因发生反应的化合物也能与更高级的生物体中的类似基因反应。

辛克莱现在是哈佛医学院的终身教授。他说："我们在寻找一种能延长生命的基因。SIRT-2基因延长了酵母细胞的寿命，而我们体内有七种这样的基因，分别是SIRT-1到SIRT-7。这些基因应该就控制着哺乳动物的衰老速度。"

人们认为，白藜芦醇能激活一种细胞机制，而这种机制与"长寿基因"（sirtuin）家族中的一种基因——SIRT-1相关。几十年来，人们一直认为这种机制可以抑制与衰老相关的疾病。但是，如果不了解白藜芦醇是怎么发挥作用的，我们就无法妥当地、人为地激活人体内的这种机制。其实，辛克莱在与多人合作的一项研究中证明，白藜芦醇激活了SIRT-1的相关机制。

许多科学界人士都对白藜芦醇十分着迷。过去10年的各种研究似乎都印证了辛克莱的乐观态度。人们还证明了这种化合物能够延长苍蝇、蠕虫和鱼的寿命。接受白藜芦醇治疗的小鼠随着年龄的增长变得更加健康了。这种化合物甚至能抵消高脂肪饮食的影响，让肥胖和糖尿病、心脏病等老年病的致死率有所下降。

辛克莱说："激活的过程会燃烧大量脂肪，还会迫使线粒体（细胞内为其提供能量的微小细胞器）更有效地运转。要做到这一点，细胞需要大量的能量。从前，这些基因没什么用处，因为在大部分历史时期，食物都是有限的。所以，比如在1000年前，燃烧人体脂肪并不是什么好事。即使是今天，持续激活这些基因也不见得健康。"

白藜芦醇能延长每一个人的寿命吗？辛克莱认为，生命的意义不仅在于寿命的长短。他的科学和医学活动还尤其重视我们余生的生命质量，努力抑制与衰老有关的疾病。如果消灭与衰老相关的疾病能延长我们的寿命，这也是不错的，但这不是他的最终目标。

为了探索白藜芦醇和类似化合物对人类健康的影响，也为了抑制与衰老相关的疾病，辛克莱于2005年成立了斯尔特里斯（Sirtris）制药公司，致力于研究和进行与白藜芦醇相关的实验，最终目标是生产安全有效的专利化合物。该公司于2008年被制药巨头葛兰素史克公司以7.2亿美元收购。

辛克莱说："他们（葛兰素史克公司）在寻找比白藜芦醇更有效的激活SIRT-1通路的合成分子。他们还在临床试验阶段。我希望他们能尽快成功。如果临床试验成功，那这种化合物应该能在差不多10年内问世。"

端粒和端粒酶

"长寿基因"家族只是一类因控制性饥饿而被激活的基因。尽管有证据表明，虽然人们又找到了人体衰老这一巨大谜团的一个碎片，但未解之谜还有很多。也许我们不该简单地研究单个的基因，而是要找到那个能激活所有抑制衰老基因的开关。

幸运的是，许多研究人员认为他们已经找到了这个“开关”——一种叫作端粒酶的物质。研究人员认为端粒酶控制着细胞的衰老过程。如果是真的，未来它就可能是我们抗衰老治疗的最强大助力。

细胞越老化，它们的分裂能力就越弱。从90岁的老人身上提取细胞并尝试在实验室中培养，会发现它们的分裂次数十分有限。而婴儿细胞的分裂次数则会翻一番。因此我们可以推断，细胞有一种分子钟。分子钟会告诉它们已经分裂的次数以及剩余的分裂次数。老人细胞的分子钟已经快到午夜了。时间一到，细胞就会死亡或停止工作，开始衰老。细胞很难进行分裂来修复身体的日常磨损，维持和再生骨骼，或对抗感染。它们的实际功能已经走到了尽头。它们所在的身体也会这样老去。

这些都是衰老的症状。

那么端粒酶是如何工作的呢？它的作用与端粒紧密相关。端粒也可以保护一部分DNA。DNA，也就是我们的遗传密码，在细胞内以卷曲长螺旋的染色体形式存在。每个细胞内有46条染色体，每条染色体的顶端就是端粒。有点类似于我们鞋带末端的塑料帽。如果你的宠物把塑料帽咬坏了，或者塑料帽自己磨损了，鞋带的末端就会开始松动。同样，端粒能防止染色体分裂，保护整个细胞，因为没有染色体的话，细胞也就无法生存。

问题是，只要一个细胞分裂成两个新的细胞，端粒就会变短。端粒就像火药桶的引线，它慢慢燃烧，火苗最终就会到达火药桶。端粒也会变得越来越短，直到无法保护染色体。这个时候，一个端粒周围序列（端粒附近的基因）就会激活，来关闭细胞的一些功能。之后，细胞会停止复制，最终被破坏。达到分裂极限（又称海弗利克极限）和自我毁灭的细胞数量越多，身体就越容易受到心脏病、大脑疾病、细菌感染等的影响。我们称之为“生命”的细胞分裂和复制行为最终导致了我们的死亡。

这至少是关于衰老的一种理论。

但端粒真的是衰老的驱动力吗？我们来回顾一下亨丽埃塔·拉克斯（Henrietta Lacks）的奇特案例。她在31岁时被诊断出宫颈癌。医生发现了一个从未见过的恶性肿瘤。于是他做了一次活检，在实验室里培养了样本。细胞成熟，分裂，然后一次又一次地分裂。其实，到现在，亨丽埃塔·拉克斯已经去世60多年了，这些细胞还在分裂。如果60年前我们给它们提供了适当的条件，让它们不断地分裂，那它们现在的重量应该已经超过了整个地球。

亨丽埃塔·拉克斯的案例到底有什么重要意义呢？你一定已经猜到了：拉克斯的细胞端粒一直很长。一次后天的突变导致了端粒再生，这些细胞因而能长生不老。

这是否意味着端粒也会影响整个身体的衰老过程呢？尽管还不确定，但似乎有一些有趣的证据支持这种说法。例如，人们常说患有早衰症的儿童往往“过早变老”。其实更准确的说法是，这些儿童在很小的时候就开始出现老年的典型症状，有的12岁就没了头发，眼睛凹陷，皮肤布满皱纹，甚至患上了心血管疾病。早衰症有很多种类型，但我们至少可以确定其中一些患儿的端粒天生就非常短。患有类似早衰症的小鼠或许可以通过基因工程将端粒恢复到原来的长度，从而达到一定的治疗效果，恢复活力。

我们大多数人现在还不能享受基因工程带来的好处，它还蕴藏着很多风险。但如果你真的想让端粒恢复到以前的长度，倒是可以试试TA-65。这是美国T.A.科学公司（T.A. Sciences）生产的膳食补充剂。这种补充剂来自一种名为黄芪的中药材。据说黄芪能激活延长人类端粒的机制。不过要得到完全的实证之前还需要做很多很多研究。目前，这种补充剂每月要花200到800美元。公司CEO甚至说自己每天都服用这种补充剂。

你愿意服用吗？

这里有一个要点：端粒在保护人体免受癌症侵害方面起着重要作用。只要是在人体内，几乎所有的癌细胞都是因为突变而导致端粒再生，进而实现永生。如果一个人所有的细胞都能不间断地分裂，我们对他进行基因改造的话，他就非常容易患上癌症。现在世界各地很多实验室的小鼠都发生了这种情况。科学界也没有免费的午餐。

最近，T.A.科学公司的员工布莱恩·伊根（Brian Egan）把公司高管告上了法庭，更清楚地说明科学界没有免费的午餐。为了能够全心全意地告诉顾客，他自己也在使用这种产品，据说每天都被迫服用这种补充剂。服用4四个月后，伊根发现自己患了前列腺癌，于是起诉公司，要求赔偿损失。这项诉讼其实支持了今天大多数生物学家都会同意的一点：端粒缩短可以有效保护人体免受癌症侵害。如果这种补充剂确实延长了伊根的细胞端粒，那它或许真的催生了癌症。

那么，该怎么办呢？

著名科幻小说作家本·博瓦（Ben Bova）博士在他的著作《不朽的生命》（*Immortality: How Science Is Extending Your Life Span – and Changing the World*）中提到了“重启”恢复端粒长度的机制。我们很容易想象出这样一种疗法：利用强大的基因工程激活我们细胞中的端粒酶。这种酶能使端粒恢复原来的长度，更好地保护染色体。如果能使用最新的基因工程手段进行治疗，就有可能将端粒酶的激活状态限制在短短几天内，从而将癌症风险降至最低。

换句话说，这种疗法的风险是最小的，因为端粒酶一次只能激活几天。有什么好处呢？如果治疗成功，也假设端粒衰老理论是靠得住的，那么接受治疗的人的寿命会显著延长，对抗身体持续老化的能力也会明显加强。

有些小鼠接受了类似的治疗，激活了端粒酶，并恢复了端粒长度。这些小鼠有恢复活力的明显迹象。它们的身体组织停止萎缩。衰老也没在它们的睾丸和肠道造成更多的损害，有些组织甚至开始再生，恢复到原来的机能水平。脑细胞开始分裂来补偿因衰老而失去的神经元。这些新的、年轻的细胞立即开始帮忙恢复大脑的神经活动，其中至少有一些细胞能够“重启”大脑的嗅觉系统，让年迈的小鼠又能闻到周围的气味。

现在，先别急着跑去做类似的治疗。首先要知道的是，这项特殊研究所用到的啮齿动物提前接受了治疗，让它们的端粒缩短。换句话说，它们的衰老过程是通过人工缩短端粒模拟出来的。类似的治疗方法对“自然”衰老的小鼠或人类有帮助吗？只有时间才能给出答案。

巴尔齐莱和他的研究伙伴吉尔·阿兹蒙（Gil Atzmon）教授（纽约阿尔伯特·爱因斯坦医学院衰老研究所成员、海法大学教授）进行了一项研究，检测了德系犹太人中的百岁老人（活到100岁或更长寿的人）的端粒长度。他们发现，这些幸运儿的端粒比相同族群中其他只活到85岁的人要长。尽管如此，巴尔齐莱还是不认为端粒是衰老的原因，认为它们只是与健康有些关系而已。

“我觉得端粒不会导致衰老。”他说，“当人们变老或生病时，端粒会缩短，但当这些人恢复健康时，一些端粒又会恢复到原来的长度。”

科学界可能有许多人对此不能苟同，围绕端粒的主要争议让人越发看到了衰老起因的不确定性。我们知道衰老的过程从不停息，它的迹象随处可见，但是，我们还不确定它背后的推手究竟是什么。

2050年发达国家新生儿的预期寿命是多少？世界各地的未来学家都

对这个简单的问题给出了答案，而答案的分布也显示了种种困惑和争议。他们的答案五花八门，不过让人高兴的是，1/3的未来学家预测的是150岁。但也要看到，其余的未来学家几乎都认为低于150岁，其他选项（85岁、90岁、100岁等）获得的票数差不多。

巴尔齐莱不得不承认："这是一个极具争议的话题，但我还是很乐观的。现在有很多实验室、基因研究机构和制药公司都在不断进行着研究和实验，会告诉我们如何对抗衰老。"

纳米机器人会终止人类衰老吗?

在遥远的未来，当纳米机器人在人体中司空见惯，我们也许能够完全停止衰老。如果纳米机器人能用新鲜的、年轻的细胞替换衰老的细胞，或者在细胞之外修复组织，我们就会有无限的可能来对抗衰老。可惜，这个未来还比较遥远。关于这个，就连纳米机器人专家伊多·巴切莱特也不得不承认无能为力。

"我觉得衰老是无法避免的。"他悲观地说，"它就是我们的生物基础。我们的身体会慢慢损耗，因为身体从内部燃烧。我们呼吸氧气。每一次呼吸都会锈蚀身体。你总不能让人不吸入氧气，靠硫活着。也许20年后情况会大不一样，但就目前而言，预防衰老就像预防癌症一样。这是我们的细胞与生俱来的特性。在我看来，我们对细胞生物学的了解还远远不够。"

其他科学家也有同样的看法。巴尔齐莱同意，在遥远的未来，我们有可能通过再生细胞和组织来延长人类的寿命，超过目前人类

122岁——世界上最长寿女性珍妮·路易斯·卡尔门特（Jeanne Louise Calment）的实际死亡年龄——的记录，但他认为，这要到很远的未来才会发生，我们有生之年应该无缘一见。

阿兹蒙则认为，我们的平均寿命在不断延长，未来岁月将是悠长而快乐的。

他说："到2050年，我们的平均寿命会延长至少10年。也就是说，2050年新生儿的预期寿命会是90岁。西方人的平均预期寿命会是大约90岁。其实一些国家女性平均寿命已经接近这一里程碑了，比如摩纳哥（89岁）、日本（87岁）和新加坡（87岁）。"

阿兹蒙对纳米技术的信心多于巴切莱特。他说："药物一直在进步。将来，你可以去医生那儿做定期检查。医生会给你注射粒子，找到有问题的部位、受损的细胞以及任何机能失常的身体系统或器官。纳米机器人会轻松取代或治愈这些部位，人的预期寿命也会有巨大飞跃。也许要再过四五十年，这些才能变成现实，但我们现在就已经有这种技术了。至于当地的诊所什么时候才能提供这种服务，我们得先进行大量的基础研究，弄清楚人体衰老的原因。一旦掌握了这一点，我们就可以对纳米粒子进行编程，让它们按照预设的方式工作。我相信，未来几十年到100年内，这项技术可以投入使用。那时，我们的身体就能处于一种平衡状态，永远不会生病，因为我们会不断重启我们的生物系统。"

老龄化的未来

那么，未来我们能完全阻止衰老吗？或者能"仅仅"预防与衰老有关的疾病，如糖尿病、心血管疾病、癌症和阿尔茨海默病吗？

真实的答案是，短期内我们根本无从知晓。就目前而言，这还是灰色地带。我们无法预测未来的老龄化状况，我们现在对老龄化的真正本质都还知之甚少。市场上可能会出现模拟白藜芦醇的简单化学药物，也许能延长端粒或者起到一些其他的修正作用，但我们尚不确定意义有多大。不过，由于影响寿命的因素不计其数，很难相信单一治疗会带来任何实质性改变。

从长远来看，对抗生物老化的唯一方法就是将纳米技术融入人体。纳米机器人将用新的细胞替换受损的细胞，刺激某些生物系统发挥作用，或者在必要时关闭它们。它们还能有效对抗机体“故障”和感染。我们需要几十年，甚至一个世纪，才能达到这种技术水平。

尽管如此，这个话题却实在很有吸引力，而且还有实现的可能（虽然很小），未来几十年应该就会显现出重要的意义。我们不妨大胆设想这样的未来图景：一种突破性的疗法将终结所有与衰老相关的疾病，防止人体机能随着年龄增长而自然衰退。这种疗法可能来自白藜芦醇衍生物、端粒延长、激素替代疗法、纳米机器人或任何其他的未来疗法。

这种疗法的出现方式不太可能跟下文描述的完全一样，但是真的去思考这种疗法及其影响的话，我们也许就能预见到未来的社会将如何面对这些能让人返老还童、青春永驻的疗法。也许很有趣，也很有意义。

未来的图景

让我们假设，某种基因工程疗法的问世带来了科学上的飞跃。这种基因工程疗法需要能让实验老鼠的健康寿命延长一倍。这种疗法也能同样延长大鼠、仓鼠和兔子的寿命。对猴子和类人猿的影响还没法拿到直接的结果，因为科学家们还得等上几十年才能知道这种疗法是否真的能延长动物的寿命。但是，这种疗法会成功提升猿类的相关指标，改善它们的健康状况，让机体保持年轻。它还会平衡它们的血压，降低心率，阻止肌肉和骨骼萎缩，然后加以恢复，重建大脑中死亡的神经元，消除皱纹，恢复性欲和体力，大大降低老年病的发病率，同时带来一系列其他现象，模拟青春再现。

探究完该疗法对猴子和类人猿的短期影响后不久，科学界就会开始临床试验，研究其对人类的影响。会有数十名患者参与试验，他们的生理参数也会得到相应改善，对老年病的抵抗力有所增强。我们假设老年人的改善程度最明显：老年症状的逐渐缓解，直到患者的平均生理年龄达到40岁。媒体会报道临床试验的新闻，然后全世界的人们就会发现，一个合成的青春之源出现了。

然后呢？

短期影响

婴儿潮

在研究结果公布那天，许多媒体都会发表特别报道：永生之门已经叩响。当然，这有点夸张，但公众一定异常兴奋。科学家、知名医生和各界名人会探讨这种新疗法对个人、社会、核心家庭和整个国家的影响。9个月后，出生率将急剧上升。

大家为什么会忙着要孩子呢？因为很多媒体会预测，政府会为了防止人口过剩而限制每对夫妻可生育的子女数。如果人类不再因为年老而离世，甚至能健康地活到120岁以上，那么就要想办法预防粮食供不应求的悲剧。而最好的办法就是限制每个家庭的子女数量。

政府可能会觉得很难通过限制生育的法律，但限制出生率的想法乍一看似乎还是很合理的。只不过公众对现实和未来的看法比客观现实更重要。很多公民会相信这种限制政策会很快奏效。那么公民们会如何应对呢？很简单：在媒体头条报道永生的消息之后的第一个月，夫妻们就会开始准备要孩子。这些孩子大概会有个自己的昵称，比如“永生儿”之类的。这段出生率上升的时期甚至可能持续10年（类似于二战后美国所经历的婴儿潮时期）。

这个影响会很持久，还可能会重塑21世纪以及未来几个世纪。“永生儿”会扭转欧洲和日本的人口下降趋势，弥补它们生育率低于更替生育率造成的后果（在发达国家，每个妇女平均生育不到2.1个孩子）。

疗法的限制

我们怎么知道这种疗法会在很长时间内都是安全的呢？在研究该疗法短期效果的首批临床试验之后的几年中，科学界还将进行更多的长期临床试验。假设没发现疗法有什么问题，并确认它确实没有任何严重的副作用，那么，从媒体首次为这种疗法欢呼，到它获得医学界认可这段时间，公众会有何反应？

唯一可以肯定的是，各国政府（至少在最初的几年）会极力阻止疗法的实施，直到能证明它没有任何副作用。政府计划的效果取决于生产所需的成分有多困难。如果这种治疗与其他基因工程疗法类似，那么它在世界各地的实验室（包括上一章提到的社区基因工程实验室）都可能出现。不难想象，在正式批准之前肯定要秘密进行，而且只有出大价钱的人才能享用。

从最初的媒体狂热到首个医疗许可证颁发这段时间，疗法不会对公众开放。而且法律也不会允许公众拥有其中任何一种成分。即便如此，许多人还是会想方设法去社区实验室开发这种疗法，或者类似的衍生疗法。连未经认证的基因工程师都会把这种半吊子疗法卖给那些感觉自己行将就木的老人。这些疗法中有一些肯定是极其有害的。一旦发现哪位去世的老人接受过这种简易治疗，媒体就会大做文章。随着死亡人数的增加，政府的压力会越来越大，最后不得不建立法律机制来规范抗衰老治疗的质量和供应。负责任的政治人物会克制自己，不搞民粹主义，随意迎合大众，而是要向民众澄清，这种疗法在证明安全之前，不会广泛应用。当然，也有些人会更关注自己的利益。

在这段等待期内，极端组织会开始大力反对这种潜在的治疗方法。这些组织会受到生态或宗教领域的驱动。极端的环境组织会声称，生命大幅延长会导致全球人口过剩和地球资源的灾难性枯竭。他们的行为可能是出于对大自然母亲纯粹的爱，或者是想保障人类的生存。不管怎样，他们都会破坏临床试验，甚至在某些极端情况下杀害与这种疗法相关的科学家或病人。他们虽然不太可能停止所有的临床试验，但可能重创至少一个正在进行的研究项目。首次攻击之后，武装部队就会做好准备，对付日后可能再发生的此类情况。原教旨主义者领导的宗教团体也可能会反对这些临床试验。他们会自己承担起履行上帝的话语的责任（他们似乎还负责解读上帝的话语），并迫使信徒不要活过120年。

就这样经过许多年，期间全人类都在屏息以待，希望能骗过死神。然后我们可能会发现，这种疗法不仅无害，而且还很有效用。我们已经找到了一种真正万无一失的青春之泉。它能延长人类寿命，让老年人在生理上、认知上和情感上都恢复到大约40岁的状态。

但政府对这场即将到来的青春海啸会作何反应呢?

新疗法的规范管理：丧钟为谁鸣?

从公开确定了疗法的安全性和有效性那刻起，政府就不可能再阻挡这股洪流了。政府组织应该只能给出疗法实施的指导建议。至于建议的具体内容，我们还只能猜测。

以色列特拉维夫大学社会学和社会人类学教授哈伊姆·哈桑曾致力于老龄化的社会学研究长达数十年。他说：“要建立各种制度和政府机制来决定哪些人有机会获得永生。不过，还需要一个极权的独裁政体来牢牢掌控公民生活的方方面面，就像一个监督和管理所有人类利益的大哥。”

“问题很简单，”他继续说道，“这种疗法会成为有限资源吗？如果会，就会有冲突，因为会有一部分公民无法享用。如果不是，那么几乎每个人都可以用。全球市场上一定会有些科学家把这种商品卖给出价最高的人，或者把这些延年益寿的秘方提供给那些买得起的人。我个人一直生活在民主文化之中，所以觉得如果资源并不稀缺，政府应该不会只让一部分人接受治疗。”

哈桑所说的当然是治疗的成本。成本越高，疗法就越难普及。这与上一章提及的第一个警告类似：这项技术需要迅速渗透到各个阶层，而关键就在于要降低相关成本。若非如此，就会容易出现内乱和社会动荡，即使在最专制的独裁政权统治下恐怕也不能幸免。当然，在这种极端情况出现之前，这些国家的暴君还可以重塑臣民的思想。

为了方便起见，我们就假设场景是在富裕国家，这些国家有能力也愿意为有需要的公民提供补贴。即便这样，国家也很可能只推荐超过一定年龄的公民来接受治疗。甚至可能只为60岁以上的老人提供补贴，因为这种补贴要远低于他们治疗老年病的医疗费用。到时候，会有大批花甲老人甚至更年长的公民重获40岁的活力和精力。

这场青春革命可能会迫使立法和行政部门改革养老金制度。设立养老金的初衷是为了帮助那些年老，不能再工作的人。在大多数西方国家，男性和女性的退休年龄都在65岁至67岁之间。因为人一过了70岁，老年病患病率就会上升，所以这算是个合理的退休年龄。有了能恢复人类活力的疗法之后，立法部门可能就要制定法律来提高退休年龄，因为再为数百万人提供几十年的养老金有点儿不切实际。

这一立法过程会比较缓慢而慎重，因为要知道这种治疗方法能否真的延长人的寿命，可能还需要几十年的时间来验证。我们最多能知道这种疗法能否让老年人保持健康和活力。

提高退休年龄的法案提交给议会后会怎么样呢？我们猜公众可能会有两种情绪。接近退休年龄的人大概会非常愤怒。毕竟，他们几十年来一直在交社保，年复一年地工作，就盼着退休了可以过上自己的生活，去环游世界，或者照顾孙子孙女，享受天伦之乐。如果一直期待的东西没了，自然高兴不起来。

另一种情绪应该是解脱感。很多老年人并不太期待退休。他们觉得退休其实就是一种缓慢又无聊的死刑。多年的独立工作之后要成天在家无所事事，还要时时刻刻跟老伴儿打交道，难免要沮丧失落，甚至可能危及身体健康。此外，很多年纪较大的员工正是在60多岁时才最终获得梦寐以求的高管职位。那他们为什么要现在退休呢？尤其是这个时候他们得知自己可以重获青春，继续像35岁那样工作。如果能够重返职场，与年轻人竞争职位，谁还愿意靠那点儿养老金去过枯燥乏味的生活呢？

这两种情绪可能会出现在截然不同阶层中。期盼退休的人应该主要来自弱势阶层，也就是较贫穷的阶层，包括那些从事繁重体力工作的人，搬运工、环卫工人或装配线工人等。他们多年来一直在辛勤工作，却没有什么成就感；有些人可能根本就没有找到工作。对他们来说，退休就是隧道尽头的光亮，是他们一直在争夺的宝藏。委婉地说，如果退休年龄提高了，他们不会高兴的。他们可能会在工会或议会成员的领导下走上街头抗议。媒体也会发声支持，因为这正是一个不错的素材：政府食言，推迟养老金发放。

支持推迟退休的应该会是来自中产阶级和更富裕的群体，主要是那些在高科技公司、政府办公室和其他高薪职位工作的人。这些职位要求他们要不断学习新技能。而且，他们大多数人都没有从事体力劳动。

不过话虽如此，这些人倒也可能宁愿退休回家，像其他祖父母一样，在孩子们工作或外出度假时帮忙照顾孙子孙女。

有没有可能预先知道这两部分人的动态呢？有人对提高退休年龄感到愤慨，而另一些可能比较欢迎。要考察人们对退休的反应，可以做的研究有很多种。当然，这些研究肯定没有考虑这样一种场景，就是老年人还可以恢复身心活力。人们的第一反应很可能是愤怒。一些经济学家可能更倾向于在一个较长的时期内，逐步地提高退休年龄。这样，不仅公众能够逐渐接受这个坏消息，而且如果有新的数据显示这种疗法在长期看来有负面影响，也能及时止损。

老年人的回击

如果需要重新考虑如何对待年长的员工，公司和组织决策者自己也会有点恐慌。就业市场会出现大量相对高龄却精力充沛的求职者。过去只能由年轻人担任的职位，他们现在也可以争取了。如果老年人能够恢复灵活的思维，那么那些科技含量高或者需要技能和现代技术知识的职位，他们也可以胜任。其结果将是年轻人失业率升高。他们为了保住自己的工作，就要跟那些经验丰富的老将不断竞争。这些经验丰富的老将所创造的价值与年轻人不相上下。必然会有很多年轻人认为不公平，然后用多种方式表达不满，也许还会试图通过政治途径修改现行的劳动法。

人寿保险的终结

我在一家商场遇见了艾萨克（化名）。从他考究的衣着来看，他显然不常来这种拥挤的地方。我们走进一家比较大的餐馆，找到了最僻静的休息区，离其他用餐者很远。

他解释道："我没法跟任何人说我是为这本书来接受采访的。我一跟同事谈论延长寿命的话题，他们就觉得我好像是疯了一样。我的'股票'马上就会开始暴跌。"

艾萨克的"股票"价值不菲。他是金融、银行和保险系统的高管，还是银行和保险业内的一位CEO，足迹遍布以色列和国际市场。他一直都负责着数十亿美元的资金。尽管这样，他还是不敢用真名，最多同意匿名帮我充实场景，聊聊他认为预期寿命显著上升后会发生什么。

"当前的金融模式恐怕没法持续，会崩溃的。"他冷冷地总结道，"在养老金这个领域，保险政策是建立在相互保险的概念上的。也就是说，客户之间是相互付费的。其实，是整个人群在为自己这个整体投保。保险公司靠投保人的保费为生，而养老金是根据预期寿命计算的。如果你寿命比较短，你投的钱就会留在池子里；如果你碰巧活得长，其他寿命较短的人就相当于为你出了钱养老。如果投保人群体非常庞大，那么这个机制就有效，但是，要是人们的预期寿命突然变成无限长了呢？那现在的养老金制度就没用了。结果就是，一旦那些要领退休金的人到了一定年纪，保险公司和养老基金就没法像现在这样给他们提供固定收入。保险金必须专款专用。我们可能会变成一群年轻、健康、快乐的人，但就是没有任何收入。”

他犹豫了一会儿，然后决定聊聊另一个复杂的谜题：衰老和寿命的延长。

“2013年，以色列保险和资本市场专员开始禁止保险公司出售保证终身付款的保单，无论保单中累积了多少金额。这是由于预期寿命的显著增加，也因为他认为保险公司承担的风险太大。专员显然认为这些保单蕴含了巨大的风险，而我们暂时还没法评估这些风险。他认为，预期寿命哪怕只增加10年，保险公司也会关门大吉。到时候，老年人就根本拿不到养老金了，只能自食其力。”

那么未来几十年的场景会不会更温和一点儿呢？我们只能怀揣希望，拭目以待了。

旧信仰，旧信徒

那些有组织的宗教会对这种疗法作何反应呢？哈桑认为，衰老的话题总是跟宗教息息相关，不可分割的。

“起初我主要研究宗教，”他谈到自己早年在学术界的经历时说，“我研究了所在农区的宗教活动，发现从事这些活动的人大多是老年人。后来我意识到，要想理解这些宗教活动，我必须先研究一下衰老是怎么回事。”

可以肯定地说，大多数宗教都会给出怀疑的态度，并禁止这种疗法的应用。这也是有情可原的，因为众所周知，宗教曾经反对创新和全面的社会和技术变革。但是这种简单化的论点完全忽略了一个更大的问题：由于西方对时间的认知，生命的延长，具体地说，是生命的无限延长，会推翻大多数有组织的宗教信仰。

哈桑解释说："在西方社会，整个时间概念都集中在朝着一个特定的目标前进。这个目标可能是某种意义、自我实现，也可能是其他东西。在宗教概念中，人的目标是迈向天堂。但如果你能永生，你就不需要天堂了。天堂只是一种手段，让你的意识在你死后可以到一个新环境中继续生存。但如果你能永生，也就不需要天堂也不需要地狱了。"

从宗教的角度来看，这是一个实实在在的威胁。这也是许多宗教官员不愿接受这种疗法的最重要原因。今天的宗教是建立在天赐奖赏的承诺之上的；正如古老的犹太格言所说："这个世界就像一条通往未来世界的走廊，你要在走廊里让自己变得更好，这样你就可以进入主大厅。"

我们正在目睹一种典型的人类模式：你离死亡越近（年纪越大），就越害怕自己的灵魂。但是，如果这个世界上的人都不再害怕衰老了，宗教还能诱使或恐吓人们留在教众之中吗？宗教领袖能阻止信徒使用这种疗法吗？

哈桑回答说："这完全取决于宗教能给出什么回报。"几千年来，人们愿意为了比自己更伟大的思想或者整个社会而牺牲自己的生命。所以年轻人愿意参军参战，甚至不惜牺牲自己的生命。这是一种涉及物质生活和社会纪念的易货交易。如果是这样，宗教和邪教领袖倒确实有可能阻止信徒接受这种治疗。有些信徒会继续为了他们的信仰而生、而死。

这些听起来似乎不太美好，但是也有很多不确定性。年轻人可能急于为更伟大的事业而牺牲自己，但随着他们年龄增长、成家立业、生儿育女，他们就不会那么愿意放弃生命了。所以我觉得很多信徒会选择他们所履行的宗教"职责"，而另一些则会不顾拉比、伊玛目或牧师的意愿，决定延长自己的生命。我觉得大部分的宗教信徒可能会愿意拿他们永恒的灵魂去冒险，换取在地球上多几十年、几百年甚至几千年的青春岁月。

如果他们真的摆脱了对天堂或死亡的恐惧，之后又会发生什么呢？

如果一些宗教团体感觉到科学已经“战胜了宗教”，还在没有神的帮助下就实现了人类最大的愿望，他们一定会很崩溃。信徒们会放弃信仰。

现在还很难说到时会发生什么事。宗教会加速消失吗？没有人能给出确切答案，但我个人的猜测是，这种趋势只会持续到“永生儿”长大成人。在这些孩子的世界中，永恒的青春会成为人们习以为常的概念，而不再是什么奇迹。他们不会觉得周围那些年轻的老人有什么特别，也不会过多地崇拜科学思想。他们会很容易成为那些给他们精神“答案”的原教旨主义宗教的猎物。

许多科学研究表明，宗教——或者至少是信仰——是由人类大脑的基本结构自然产生的。如果真是这样，宗教和信仰很可能会继续控制人类的大脑。当然，要是我们能改变大脑本身，就另当别论了。这一点我们会在下一章讨论。

长期影响

著名的生物老年病学家奥布里·德格雷过去几年一直希望，科学界到21世纪末可以找到解决老年病的方法。他说，参加他讲座的人主要担忧的是，世界将很快陷入灾难性的人口过剩。如果没人会死于衰老或与之相关的疾病，如心血管疾病、中风和癌症，那么人口就会持续激增，消耗地球资源。老一辈不会像之前的人那样自然变老，然后让年轻一辈享有这个世界。相反，他们就算到了50岁、80岁、100岁，也还会继续生孩子！

其实，“老年人过剩”的出现，需要所在的社会满足两个基本要求：社会相对富裕和来自同龄人的压力。毕竟，孩子是一个很大的负担，如果没有明显的同龄人压力，生育率通常是会下降的。比如，欧洲和美国的生育率分别下降到了1.58和1.9个。由于社会和政府的限制相反，中国人平均只有1.55个孩子。这说明，只要一个社会足够富裕，能够负担初期的抗衰老治疗，出生率自然会受到控制的，因为父母们还是想维持较高的生活水平。

那么，那些鼓励特定阶层提高生育率的富裕国家呢？其实这样的国家，经济分层往往是严重失衡的。普通妇女可能过着相对贫困的生活，还可能有5个以上的孩子。这样的妇女很可能会享受医疗保险福利。这个医疗保险会用来支付她未来的抗衰老治疗费用，让她在几十年的时间里能生育更多孩子。但她可能很难精心地照顾和教育这些孩子。对于任何一个依赖于大众政治政策的国家来说，这都是一种灾难性的模式。

当然，问题的关键是，我们坚持用我们现在的工具、世界观和见解来分析未来。然而，如果医疗革命导致了人类寿命的疯狂增加，一些时代精神和世界观就必然会改变，可我们还不知道会如何改变。这种“盲点”限制了我们，也阻碍了我们对未来的预知。

谁愿永生?

我去一家俱乐部看演出。一位风光不再的女歌手穿着一条30年前流行的裙子，走上了舞台。她把麦克风拉近，看着观众，用嘶哑的声音演唱了《谁愿永生？》，跟朗诵似的。

我的朋友坐我旁边的一桌，看着台上的歌手。从她的表情我就可以看出，她应该也同意我在本章开头提出的结论：逝者如斯夫，不舍昼夜。时光流逝的后果是毁灭性的。

“我不愿意，”她小声说，“我不愿意。”

这正是我想在这一部分驳斥的误解。许多朋友都激烈地争辩说，他们不想长生不老。他们害怕无聊，害怕由于年龄上的巨大差异而产生的孤立感，害怕活得太久，把所有目标都实现了，到时候连个奔头都没了。他们担心自己会像那些过了气的歌手一样，在充满激情的年轻时代，乏味地演唱他们曾经写过的歌。

他们错了，因为他们的思考被局限在了线性时间的框架里。

在西方，线性世界观是一种常态。你出生，长大，然后追随梦想和事业，然后组建家庭。年复一年，你磨炼技能，积累知识，以便成为所在领域的权威。你沿着一条路走下去，抵达一个又一个里程碑，也不断攀登专业领域的阶梯，直至顶峰。最终老去，死亡。

是不是因为有了这种世界观，才会有那么多人害怕永生呢？因为我们发现到了某个时候，我们就没有任何职业目标了，或者是我们已经成功攀登了所有的高峰。那么，除了被存在主义的忧郁症蹂躏到想死之外，我们还剩下什么？

我们还能做什么？我们可以以循环而不是线性的方式重新思考时间。

哈桑说："在简单的社会（原始社会——没有任何分工的社会）中，文化和自然是同步的。人们适应着自然的生命周期，比如随着季节的变化而迁移。即使是我们这些来自线性文化的人，也已经适应了这些周期性的小飞地，例如每年重复的假期。"

时间的周期性结构似乎解决了关于目标的问题。未来的人们可以选择并尝试实现不同的目标，可以每10年左右，觉得自己在某个领域的潜力用尽了，就换一个职业和身份，继续向前。哈桑说："每一个时间周期都可以实现不同的目标，生活也将以不同的方式继续下去。人们也会不断有新的目标。"

我们可以看到这个趋势已经开始了。如今的人们可以轻易地换掉工作，或者离婚，开启新的人生篇章。一个人开始了新工作，就有了一个新的身份。离开原来的家庭更是如此。人的寿命越长，周期性时间的概念就越有吸引力，人们也就更愿意让自己多样化。

这种周期性观念如今在工作场所和我们管理个人生活的方式中都越来越流行了。我觉得它以后的吸引力还会更强。人类寿命延长之后，会发现更多可以涉足的职业和新鲜领域。他们可以在一生中不断地学习、发展和充实自己。

谁想永生?

我想，你也一样。

是梦吗?

我们对衰老的起因尚没有基本的了解，所以极难准确地估计出人类何时能够“永生”。目前，我们还没能建立起一个必要的理论基础。有了这个理论基础，我们才能实现关于人类寿命的科学突破。白藜芦醇衍生的药物或端粒延长疗法希望很大，但我们还没有任何证据（甚至是不可靠的数据）表明这些治疗方法在人类身上也安全有效。如果我们能弄清楚衰老的原因，我们就终会研究出阻止它的方法。在遥远的将来，纳米技术疗法无疑会消除衰老相关的过程。当然，这项技术要发展到足够先进才行。到现在为止，这些都还没有实现。

所以说，未来学家在回应这个话题时谨慎一些也是无可厚非的。相关的不确定性实在令人沮丧。而且，确实有可能在我们阻断无情的时光之箭之前，就（以下一章末尾描述的方式）把人类意识录入计算机了。

听起来沮丧吗？当然会了。但是我们也要知道，各种研究正在如火如荼地进行着。每年都有成千上万新的生物学研究成果。我坚信，这些知识积累会带给我们有效的抗衰老疗法。当生物革命达到顶峰，基因工程和纳米机器在我们周围和我们体内辛勤工作时，我们没有理由不赢得这场战斗。总有一天我们会战胜衰老。

只是对我来说，重要的是，我们还要等多久？

第九章
更强人脑

头脑不是一个被填满的容器，

而是一个需要被点燃的火把。

——普罗塔戈，《听讲座》

几年以后，你就可以在头上戴个增强记忆的装置，然后在智力测验中拿到更高的分数。

开始这章之前，我们先做个小游戏：首先，请先花两分钟看一下下面20个词条，试着把每一个物体记下来。然后，把书合起来（或者把电子书关上），看看自己是否记住了所有词条和对应的编码。

1	老鼠	11	门
2	书	12	猫
3	大象	13	电话
4	书架	14	报纸
5	钥匙	15	水槽
6	墙壁	16	钢笔
7	裤子	17	推车
8	卫生纸	18	玉米片

9	电视	19	图片
10	冰川	20	玩偶

如果你都能记住，太厉害了！大部分玩这个游戏的人都是做不到的。即使把词条记下来了，也常常会混淆顺序（一个编号错了，后面的可能就都错了）。很多人觉得，是自己的记忆力不太好或者受损了。其实这是误解，差不多每个人都能有效地建立长期记忆，但大多数人就是不知道该怎么做。

现在，就来教你如何记忆。可能你也曾经在不经意间脱口而出“这让我想起了……”，你的朋友们则会好奇地看着你，然后你不禁会想，明明在聊茄子，怎么会突然想到宝宝的尿布呢？其实这并不奇怪，因为我们的脑细胞在工作的时候是紧密相连的。如果一个脑细胞被一个特定的想法“点亮”，那么负责其他想法的细胞也有可能被“点亮”。

所以，问题的关键就在于建立联系，让相互连接的神经元更容易激活。现在我们就通过实践测试一下这种观点，看看如果正确使用大脑，我们是怎样记住所有词条的。

我们从第一个词开始：老鼠。想象一下，一只又大又黑又吓人的老鼠，就是你在迪士尼电影里看到的那种（这种内容真的不该被划为PG-13级），红色的眼睛在黑色皮毛衬托下闪闪发光，还有长长的黄色尖齿，略带粉色的尾巴在后面紧张地摇晃着。好了吗？闭上眼睛，想象它就在你眼前。

接下来，往画面中添加另一个元素。想象一下，这只邪恶的啮齿动物被《哈利·波特》系列第二本书（第二个词条）击中，打得粉碎。不要仅仅停留在视觉上，想象一下这只毛茸茸的小东西被击中头部时发出的惊恐的吱吱声。这样，这个画面就成了一个小视频。你添加到视频中的每一个描述性细节以后都会帮你更轻松地回忆起它。

可以想象出来吗？很好。现在，忘掉老鼠。现在不需要它了，因为画面中进来了一只大象（我们要记的第三个词）。这头大象是来救它的老鼠朋友的，但由于它的腿又大又没有脚趾，根本无法抬起这本书，反而只能踩到上面去。反复几次，老鼠不高兴了。

现在，忘掉那本书，把它从图像中删除，只留下大象。它爬上一个书架（第四个词），试着用鼻子去抓书。唉，书太重了，大象从架子上掉下来，把老鼠压扁了。

现在想象一下书架上的一把钥匙（第五个词）……猜到了吧，我们就是要在脑海中创造一个荒谬、奇特和不同寻常的形象。你可以把这把钥匙放大或者缩小。比如说，想象这把钥匙特别大，一放到书架上，就把木头砸成碎片了。你也可以让目标物件增多，想象一群疯狂的钥匙向书架冲过去。你可以决定自己脑海中的形象，仔细观察……然后不再想它。你在不知不觉间，就已经把它记住了。

现在，用列表中的所有词条来重复刚才的假想过程。你还可以把两个词组合到一起，让它尽可能有趣和怪诞。

花几分钟来把这个练习做完，再继续看下面的内容吧。

做完了吗？如果你遵照上面的指导，依次想象每个场景，那你应该能回忆起所有词条的正确顺序了。不相信？试试看！第一个词是“老鼠”。想想老鼠发生了什么事，你马上就会想到掉在它身上的那本书。回忆一下是谁去救老鼠……这样下去，就会接连回忆起第三、第四、第五个词条，一直到最后一个。

那么这是一个什么样的过程呢？看起来似乎是不可能完成的任务，因为乍一看似乎需要短期记忆。这种记忆是感官和大脑长期记忆之间的中介。我们感知到的每一个图像、每一种气味、每一次触摸，甚至是随意的想法，都会形成短期记忆，而是否保存它们则取决于大脑。留给大脑的时间其实并不多，因为短期记忆只能维持大约30秒，也会因为分心而消失。短期记忆还无法同时处理多件事。我们最多只能有效地回忆起9件事，但是一旦我们分心，这些事也会很快忘记。所以，对于比较长的电话号码，我们常常过几十秒就忘了。

然而，我们之所以能够记住20个词条，是因为我们成功地欺骗了大脑，把这些词条重新定位到长期记忆中了。长期记忆就是这样：可以固定很长时间，甚至一辈子。很多老年人都还记得第一只宠物猫的毛色，也能回忆起他们新婚之夜的诸多细节，即便办婚礼的地方已经被拆除几十年了，也不会忘记。

人的大脑中有一个结构可以帮助决定短期记忆是否会变成长期记忆。这个结构区域形似海马，叫作海马体。海马体工作的依据就是是否存在关联。如果大脑的神经系统中先前已经有相关的想法，那么它就更容易记住一个新东西。有了这种关联，我们就可以记住100个词条，甚至更多，只要用上我们上面说的小技巧就能做到。

不过，事情真的这么简单吗？其实，这绝不是一个简单的把戏，因为其中还涉及大脑中许多未开发的资源。如果你一直遵循指令，你就会发现，你的大脑对自己重新进行了编程，还影响了原有的功能。我们还不知道如何激活大脑的各个区域，但事实上，我们可以试着进行有意识的思考。我们可以打开世界上最精密的电脑，调整它的开关来更好地保留某些记忆。

那么问题来了：如果我们通过一种特定的思维方式就能实现这种看似奇迹般的记忆能力，那么，要是我们能根据需要随心打开或关闭大脑的特定区域，又会怎么样呢？那会像开灯关灯一样容易吗？

我们能否诱使大脑更容易地形成长期记忆呢？这么一来，也许学生听一次课就能马上记住内容了呢？我们能否给消防员、警察和士兵找一个“大脑开关”，帮助他们更快地思考，从而更好地处理危急情况？是否有可能通过这种方式影响大脑，让那些有暴力倾向的人自愿抑制恶意的冲动，从而显著减少家庭暴力呢？或许，只是或许，我们还能用这种技术控制别人的思想？

拉斐尔·马拉克（Rafael Malach）教授是一位神经生物学专家（研究大脑和神经系统内部运作的生物学家）。他不太看好我们对大脑研究领域未来的预测。他说：“我们可以描述当前的情况，并指出现有的技术。但我认为，这个领域十分复杂，充满了意想不到的转折，确实很难预测大脑研究领域会出现什么样的意外状况。”

马拉克并不是随口说说。他是以色列魏茨曼科学研究所神经生物学系的负责人，在那里主持着一家国际知名的实验室。我和他都很清楚，人类对大脑的内部运作机制还知之甚少。要预测与之相关的未来科技，难度可想而知。尤其是，这一领域还受到道德准则的种种限制。人们自己也不见得多愿意用技术来改变自己的性格和思想。

因此，本章将重点回顾目前大脑研究中使用的技术，以及它们对未来的影响。在本章的第二部分中，我们将研究一个可能的场景（场景不止一个），探讨未来几十年中脑机接口融入社会的情况。最后，我们还将讨论这些技术的长期影响。

认识大脑

虽然马拉克不太愿意预测未来，但谈到功能性磁共振成像技术

（fMRI）时，他还是难掩兴奋。这是有原因的：尽管这项技术还有很多局限性，但它已然可以帮我们读取甚至操纵人类大脑了。

很多读者可能熟悉fMRI的前身MRI，也就是磁共振成像技术。医院里通常就有磁共振扫描仪，可以绘制出整个人体，包括内部和外部的图像。fMRI技术则在此基础上，重点关注病人的大脑，绘制神经元集群的“功能”（因此fMRI技术才比MRI多了个f，也就是“功能”的意思）。这种机器可以在大脑周围产生强大的磁场，检测出流向不同大脑区域的血液变化。呈现这些变化可以让我们实时（近距离）地检测细胞活动模式。

fMRI技术在绘制大脑图谱方面非常有效。此外，我们还发现，如果将扫描仪聚焦于大脑的视觉皮层，我们还可以“收获”眼睛所感知的图像，甚至是我们做梦时所“看到”的图像。目前的阅读分辨率还很低，而且还伴有白噪音，但是，人类终于有希望阅读梦境了。2009年，美国军事委员会对该问题进行了深入研究，并得出结论：fMRI衍生技术将在10年内（到2019年）进入军事领域。

虽然这项技术本身就已经是个奇迹，但受试者看到自己大脑活动实时数据时的情况就更让人惊叹不已。当受试者看到了自己大脑的不同区域随着有意识的思考而激活或关闭，他们就知道自己可以控制自己的大脑，还能有意识地打开或关闭大脑内的特定区域。许多受试者在经过几次训练后就具备了这种能力。

这个结果有什么重要意义呢？我们把大脑想象成一个时钟，你能看到它的指针在以恒定不变的规律移动，你也知道钟表里面有很多齿轮，在记录着时间的流逝，但你无法透过钟表的外壳看到它内部的工作原理。你很清楚，要是把手表猛摔在桌子上，它就可能坏掉，停止工作，或者指针的移动速度会变。你还知道，如果在手表旁边放一块强力磁铁，它的金属齿轮就可能失灵。这些操作显然很粗暴。如果有工具，你大可以轻轻地撬开手表，用镊子来操纵齿轮。

我们只通过有意识的思考来训练大脑相关区域的开启或关闭，从而赋予人类控制思想的能力。这和我们在本章开头学习的有意形成的联想一样。没错，我们还可以借助一些别的技术，比如侵入性手术。但是，如果我们能意识到自己是一块能控制自己齿轮和指针速度的手表，或者一台能随意进行自我编程的电脑，那该多好啊！其实，这样一种技术是存在的。它叫作“神经反馈”，因为它会提供有关神经系统神经元活动的反馈。只是直到现在，我们还没有掌握这项技术。

“我们在魏茨曼研究所的研究小组，和世界上其他几个研究小组一样，利用fMRI来研究神经反馈，效果非常好，”马拉克证实说，“用这个研究工具，可以成功地、持续地打开大脑的各个区域。”

虽然神经反馈技术仍处于起步阶段，但我们已经看到了很多不错的测试结果。在一个实验中，受试者能够调节他们的疼痛处理中心，平均减少64%的感知疼痛。其他实验还证明，受试者能够影响大脑中参与情绪形成的区域，包括与抑郁症相关的部分。仅通过对这些区域的思考来影响它们，就会让受试者的认知和行为参数发生显著变化，包括语言处理和改善语言相关任务的表现，改善中风患者的运动反应，增强精神分裂症患者识别面部表情的能力，减少耳鸣甚至能帮助受试者控制情绪，增强自我约束能力。马拉克和他的同事们还发现，神经反馈可能会导致大脑活动的长期变化，从而巩固已经增强的表现。

以后我们是不是还能通过神经反馈来控制更复杂的功能呢？我们现在知道的是，很多时候，癫痫的发作都是特定大脑区域功能失调引起的。很多癫痫病人在发病之前，会从大脑中接收到“警告”的信号，比如一种奇怪的气味、特定的声音，或者头痛的感觉。也许有一天，我们能够利用神经反馈来训练他们将“信息流”从失灵的大脑区域转移开，从而阻止癫痫发作?

马拉克说：“这些技术的力量可能比预想的更强大。我们随时随地都可能遇到神经反馈，甚至在骑自行车的时候也不例外。仔细想想，如果说神经反馈能发挥异常巨大的作用，也不是没道理的。神经反馈研究是一个动态的、活跃的领域。我相信它绝对会有所帮助。”

大脑的电磁场

深入研究大脑可以给我们提供重要的线索，帮助研究我们理解和思考世界的方式。虽然fMRI扫描仪目前为我们提供了最准确的读数，但它体积庞大，价格也很昂贵。其实还有更简单的技术，可以带我们简单了解人类大脑内部的活动。这类技术的基础就是检测大脑的电磁场。

当中枢神经系统，或者更具体地说，大脑活跃的时候，它的周围就会产生电磁场。事实上，每一个神经元或者神经元集群都会产生一个电场。我们可以在头皮上放置电极，以此来感知这个电场。这个就叫作脑电图，可以记录大脑的电场活动。

EPOC是一种知名的脑电图消费产品，外形很像皇冠。它会在头皮上放置14个电极。这些电极会感应大脑的电磁场，也就是由于大脑电场活动而释放的那些看不见的波。

电磁场结构的变化取决于我们是在睡觉、做梦、专注于一项任务，还是处于极度兴奋状态。EPOC的出产商意模提公司（Emotiv）声称，该设备还能够进行校准，然后识别使用者预先确定的“方向”。我可以教EPOC，让它在我想到“向上”，而且我大脑周围的电场也随之改变的时候，把这个新的结构解释为“向上”，然后同理解释“向下”“向左”“向前”，以及更复杂的思想。

类似面向公众的设备还有很多，而且价格也在不断下降。最近的一款叫作“缪斯”的设备仅售300美元。

因特拉克森公司（InteraXon）首席执行官阿里尔·加藤表示：“我们的目标是创造有吸引力的优秀脑机技术，以及能在一定程度上改变人类生活的应用。” 因特拉克森公司是缪斯系统的开发者，目前也正在利用智能手机应用程序来营销这款设备。使用者可以用应用程序来监控自己的脑电波，以保持适合的思维状态。

“缪斯系统整合了神经反馈、应用程序和游戏，可以帮助用户提升注意力范围，让他们能够更好地集中注意力，减少压力。”她说。

所以说，神经反馈技术已经走进了大众，只是还不够成熟准确，而且它们依赖的设备效率还非常低。不过，所有开发脑机设备和相关应用的公司都很清楚，这项技术正在突飞猛进地发展。加藤预测：“10年后，大脑接口的数量会大幅增加，体积则会明显缩小。而到了25年甚至30年之后，我的手机就能判断我是不是睡着了。当我的认知负荷达到峰值时，电脑可加以识别，并将数据包拆分为更小的块。”

几十年内，这样的大脑技术也许就能把我们周围无生命的世界变成一个对我们的欲望、需求和想法都更敏感的世界。只是，我们对电磁场（上述进展的基础）的理解最终也许也会用来直接影响大脑。

重启大脑

罗杰·海菲尔德（Roger Highfield）是科普杂志《新科学家》（*New Scientist*）的编辑。他坐在实验室正中间，眼睛随着技术人员的动作快速移动着。技术人员在他的头皮上找到一个特定的点，就在左边的眉毛上面的位置，然后安了一个奇怪的、像轮子一样的小玩意儿。海菲尔德清了清嗓子，开始背诵。

"蛋头先生坐墙头，"他清晰地念道，"蛋头先生摔……"

突然，技术员拨动了一个开关，海菲尔德一个句子还没说完就停了下来。要说的词卡在了喉咙口，从他的脑子里消失了。他忘记要怎么说话了。

海菲尔德头皮上的装置在他大脑中控制语言的区域产生了电磁场。由于神经是通过电流来传递信息的，而这种新产生的电磁场干扰了大脑传递信息的能力。海菲尔德大脑的整个区域几乎完全关闭了。虽然它在几秒钟内又重新启动，但无可否认的是，这一概念得到了证明。

吓人吗？确实很可怕。但是，如果我们能够操纵磁场，让大脑区域更有效地工作呢？

记者莎莉·阿黛（Sally Adee）接受了相反的治疗，因为她想向读者介绍这项技术。她所置身的环境模拟了美军陆军士兵学习识别和消灭敌方战斗人员的场景。实验人员把电极贴在记者的头皮上，然后打开。电流通过了大脑中与物体识别相关的区域。在类似实验中，这种激活操作将狙击手识别威胁的速度提高了2.3倍。结果，阿黛的表现也得到了显著的提高。正如她在《新科学家》杂志上所述：

"……我让魏森德（研究人员）打开了电流。起初，有轻微的刺痛感，突然间我嘴里的味道就像刚舔过铝罐内部一样。我没有注意到其他的反应。我只是把攻击者一个接一个地处理掉了。当20个人挥舞着枪向我冲过来时，我平静地排列好我的步枪，深呼吸片刻，打掉了离我最近的一个，然后平静地对付我的下一个目标。”

阿黛说，这种电磁感应让她进入了一种“流动”的状态。她感觉自己更加专注、更敏锐，也更平静，没有恐惧和疑虑。她对《周刊报道》（*The Week*）杂志说：“他们切断电流之后，我才知道刚刚发生了什么。摆脱了我人格固有的自我怀疑，真是棒极了。我突然发现内心的嘈杂声一直在死死拖拽着我驾驭生活和完成基本任务的能力，那种感觉真的特别震撼。”

阿黛用近乎宗教用语的表达方式描述了自己的经历。她学会了用不同的方式看待自己：欲望、恐惧和怀疑都在争夺着她的注意力和思维。只有当其中一项被电磁增强到超过了其他几项的时候，她才得到了片刻解脱。此时的她能够快速、有效、冷静地完成任务。

以后我们每个人都可能拥有这样的设备，说不定就是明天早上。

罗伊·科恩·卡多什（Roi Cohen Kadosh）博士正在牛津大学研究这些设备对学习和思维的影响。他说：“目前，这个领域还完全没有监管，因为这个设备不算是医疗器械。原则上来说，任何公司都可以向公众出售此类设备，无须通过针对医疗设备的监管程序和质量检查。事实上，他们只要证明设备组件是安全的，不会让用户触电，就能通过测试了。”

科恩·卡多什多年来一直在用类似的设备，就是想感应受试者大脑中的电磁场。他精确定位他们大脑中的各个区域，并以极高的精度打开或关闭这些区域。这是脑外科医生的操作精度。只有这样，才能避免开颅。至少可以说，到目前为止，结果十分喜人。

“去年做了一项研究，我们刺激了正常人的大脑。”他说，“我们让他们练数学题，并在此过程中刺激他们的大脑。模拟结果表明，受试者比未经治疗的人反应更快。我们发现，与那些只接受了训练但没有进行大脑刺激的人相比，接受大脑刺激的人做数学题要快30%。所以，如果前者做出一道简单数学题需要3秒，那后者应该只需要2秒。”

科恩·卡多什用的技术与阿黛描述的那种技术，以及让《新科学家》的编辑哑口无言的那种技术非常相似。一个微妙的电磁场刺激正确的大脑区域可以增强我们的注意力和做数学题的能力。美国空军2007年的一份综合报告指出，这项技术可以增强记忆力、学习能力和信息处理能力；改善睡眠不足后的表现；增强睡眠的有益作用；减少对欺诈的恐惧；治疗创伤后应激障碍；改善视力；还能提高士兵站岗的能力。不难理解，世界各地的军队都渴望着这项新技术。

科恩·卡多什透露：“我有一个同事在国防部工作，希望我们能合作。情报机构也想用这项技术来提高士兵发现问题和做出推论的能力。但目前我还没有和他们中的任何一家达成合作。”

听他说话的时候，一种阴郁的挫败感笼罩着我。写这最后一段需要颇费些功夫来思考，输入一个单词，再删除两个。收集和研究这些材料也需要长时间的阅读。如果我有这样一个能增强大脑的装置，我的效率能提高多少呢？想想看，把它拿去帮学生们做作业或者准备考试，简直指日可待。

“有些学生已经在尝试使用这种增强大脑的技术了。”科恩·卡多什微笑着说。我突然想起2013年初去英国时看到的一个学生，他的前额上就挂着一个小型硬盘似的设备。这个装置有让他的表现更好吗？科恩·卡多什表示怀疑。“他们很盲目。他们用的是电场发生器，而据我所知，效果并不好，其实还很危险，甚至可能造成一些伤害。不过，他们如果操作得当，也可能会改善自己的表现。”

除了那些愿意用自己的大脑进行实验的神经学和电气工程专业的学生，其他人也对这项技术表现了兴趣。2013年年中，一家名为“Foc.us”的公司开始销售第一款类似头饰的设备，它有四个前额电极。公司称，该设备能通过用户的大脑感应出微小的电流，从而使神经元能更快地传输信号。虽然目前还不清楚它是否真的能提高使用者的认知能力，但该公司已经在尝试用“更快的处理器、更快的绘图、更快的大脑”这一广告语来吸引体验者。这种观点认为大脑和很多其他的元素一样，可以进行加速，也可以增强其性能。

这项技术会在社会上广泛应用吗？科恩·卡多什认为，我们很快就会感受到它的存在，而且不一定是用于积极的意图。“我认为，企业很有可能会让员工用这类设备来提高业绩和产量——我们最近讨论过这个。”他说，“以后，这一领域的监管非常重要，因为这些设备还是有潜在危害的。如今的公司会要求员工在手机上随时待命，而且在能使用笔记本电脑的地方，也要继续工作。这种不太健康的需求还在继续着。我觉得这并不合理。这也不是我的目标。但是新技术问世的时候，总会有类似这样的副作用。”

勾勒未来

技术前景和社会前景交织在一起的短期未来是极难预测的，这点我们已经解释过了。比如说，我可以非常肯定地说，脑机接口会很快变得更小、更节能、更便宜，但是，人们是否会同意将其用于非医疗目的，例如提高他们与周围环境的沟通能力？

我们还没能找出这个问题以及类似问题的答案。我们可以想象，未来的时代精神会发生巨变，也许人们会愿意使用脑机接口。这样的未来场景并不像起初看起来那么怪异。在一两代人的时间里，人们的观点就会发生根本的转变。例如，想想20年前，你会愿意和身边的每个人分享你的日常活动经历吗？大概不会。然而，脸书已经让数亿人点头了。时代精神已经变了，未来还会继续改变。

未来的时代精神会演变成将脑机接口融入人类社会吗？会的话，又是怎样融入的呢？

答案是，我们也不知道，但是我们可以勾勒出一个能够想象的未来。在这个未来，确实会发生这种范式转变。与前文描述的抗衰老的场景类似，这里也可以强调与脑机接口应用相关的因素。这样，我们不仅可以更好地了解目前的情况，还能更好地了解那些需要为了实现转变而去影响的因素。当然，前提是我们觉得这样做值得。

即便未来的场景和我们勾勒的样子有些出入（这也是有可能的），大脑和思想增强技术最终也将以各种不同的形式出现。所有熟悉这些技术的人都很有信心。90%的未来学家预测，到2043年，影响人类大脑的脑机接口将向公众开放。其中1/3的人认为，这种接口将在2023年问世，也就是10年之内了。正因为如此，我们需要仔细研究以下场景及其影响，因为它们很可能在未来几十年变得非常重要。

场景

和上一章一样，我们还是要简要描述一个虚构的场景。会发生一系列事件来引导脑机接口融入社会，但是不可能预测这些事件发生的具体时间。构筑这个场景并不是要清晰准确地预测未来，而是要提出一个可能的未来。其实这样的未来可能有很多种。设置这样一个未来，我们还能了解脑机接口中一些可用的功能、它们的目标受众以及设备的使用方式。

在这一章的开头，我们讨论了目前通过fMRI扫描仪获取神经反馈的技术。fMRI扫描仪向受试者展示了自己的大脑活动影像。fMRI扫描仪非常昂贵，目前大众还没法使用。比它简单得多，也便宜得多的脑电图“大脑阅读器”也可以提供大脑活动的反馈。这些技术目前来看还不是特别有效和可靠，但基本可以预测，几年之内它们就会变得更加先进和准确。

那么，我们假设，随着计算机和医疗设备领域的不断突破，脑电图扫描仪的购买和使用会变得越来越普及，同时能够极其准确地读取脑电波。设备的价格会变得更实惠，还会搭配应用程序，可以在电脑或智能手机屏幕上显示使用者的大脑活动模式。经过几周的磨合，许多人将能够有意识地控制情绪。有些人仅通过思考就能打开特定的大脑“回路”，唤起积极的感觉，比如快乐和性兴奋，或抑制消极的感觉，如愤怒和嫉妒等。

当然，这些特定的神经反馈技术不一定是最先融入社会的。科恩·卡多什正在实验室里试验的脑刺激技术，有可能在民用市场获得一席之地，实现与神经反馈技术类似的效果。话虽如此，因为我们描述这个场景只是为了进行一个关于非侵入性大脑接口如何融入社会的思维实验，所以我认为，这两种技术之间的差异几乎可以忽略。

同样要提到的是，这种假设并没有完整的证据支持，因为我们还没有足够的研究数据，无法估计一个人能够在多大程度上控制自己的大脑。一些研究数据表明，也许可以用这个方法来减少癫痫发作的频率，减轻注意力缺陷多动障碍的症状，甚至改善人的注意力和记忆能力，但是这些结果还比较新，我们首先需要确保它们能在独立实验中复制。关于这种场景的目的，我们假设这些研究都是可靠的，而且普通人也能花几百美元买来脑电图设备，甚至控制自己的大脑。

短期影响

技术走近大众

公众往往不太愿意接受那些声称能帮助人们提高自我控制能力的技术，因为如今的媒体上满是各种灵丹妙药的广告。最开始使用这项技术的可能是觉得自己迫切需要提高认知能力的人。他们很可能是各个阶段的学生。他们会先用脑电图设备来做些别的事，比如将该技术整合到电脑和视频游戏中。毕竟，完全融入电脑游戏的数字世界是每个玩家的终极梦想。如果玩家可以借助这类技术，用自己的大脑就能控制角色，轻松操纵角色的手脚，那么全世界数以千万计的玩家必然会趋之若鹜。

到那个时候，游戏玩家必然还会去探索其他脑电图设备的使用方式，一些人会尝试开发软件来帮助他们增强自控能力。由于许多使用者都会是本科生和研究生，学业压力很大，他们一定会借助这些设备来提升学习能力和考试成绩。他们将学会在考试之前调整出良好的情绪状态，提高课堂学习能力，或在准备考试的过程中促进长期记忆的形成。

如果他们发现这种大脑控制方法确实有效，就会把这个概念传播出去。游戏玩家会在论坛、博客、YouTube上发布个人经历，展示他们新进获得的超强记忆力和承受痛苦的能力，等等。

这样，从游戏玩家那里开始，这项技术会首先在学生中间传播开来。

研究与学习

神经反馈技术对学生的益处不言而喻。每周或每天进行简单的训练，学生就能做好充分的准备，迎接在学校的一天，快速轻松地形成新的长期记忆，帮助提升注意力，或抑制课堂上的饥饿感等。

学校能接受这种新趋势吗？我们可以推测，不同的教育机构可能看法不一。有些学校，尤其是刚开始的时候，可能会把神经反馈技术视为会上瘾的补药。其实这种看法也是有些道理的，因为后面我们也会提到，使用这种方法也可能导致对某些情绪上瘾，比如说性兴奋。事实上，上瘾是不可避免的，而且指不定有些学生就会因为盲目激化性快感而昏厥。这种事出现几次之后，大学可能就会用开除来警告使用这类脑电图仪器的学生。

高中可能就对这种新技术无能为力了，其实大学也没法约束那些在校外住的学生。最多也就是禁止这些设备进入校园。

监管

各国卫生部门将对这项技术进行检查，并就可能的滥用和成瘾危险发出初步警告。之后一些家长应该就不会给孩子买这种新玩具，但也可能反而让另一些人群对它更感兴趣。一些国家政府还可能彻底取缔脑机接口，这样一来，这种特殊科技就会转入地下市场。这并不是什么好消息，因为在不久之后，脑机接口技术就能为使用者提供极大的优势，这当然也间接地给国家带来了好处。

行业

你有多久没享受过工作的乐趣了？大多数员工都会觉得很难回答这个问题。工作更多时候已经成为一个人为了获得报酬而必须完成的任务，无法带来情感上的愉悦。如今，大多数员工都在从事着极其无聊的工作，缺乏动力，这也严重影响了他们的表现。即使是最有抱负的员工也要受到数字世界的无情轰炸。这种刺激无处不在。研究表明，在一个最平常的8小时工作日中，员工会花25%的时间偷偷上网、逛论坛，或者跟漂亮的同事眉来眼去。我们的大脑时常让我们失望，但凡它们觉得比枯燥的Excel工作表或日常琐事更有趣的东西，都不会放过。结果往往是，当我们结束了一天的工作，从椅子上站起来的时候，会发现浪费了很多时间。这些闲散时光不仅伤害了我们自己，让我们无缘晋升，也损害了雇主的利益。据估计，美国每年在非生产性工时上的花费为7590亿美元。

神经反馈技术可以帮员工克服注意力方面的弱点。其实，一些实验已经证明了它的效果，只要找到正确的方式，人们就可以集中精力，以最优的方式激活大脑。如果员工整个工作日（除了午休和去卫生间等）都能专注于工作，整个行业的效率都会提升。工程师和技术人员就能更加专注地监控他们负责的设备和基础设施，提升安全性。公务员也能在提供服务的时候全程友好、冷静和专注。

许多公司，尤其是严重依赖员工的公司，可能会免费向员工提供神经反馈技术，这样即使在工作时间，他们也可以使用这种设备进行自我训练。像谷歌这种对员工创造力和创新精神要求较高的公司尤其适合。装配线工厂也更愿意让员工调整大脑，在工作中保持清醒和警觉。即便发生重大损失甚至更多与工作有关的伤害，也能很好地应对。这种转变不会一蹴而就。采用和整合新技术需要企业和工厂拿出勇气和决心。但是，一旦持续高度专注的员工让几家公司尝到了甜头，大家就会欣然接受这项技术。紧接着，它就会以燎原之势蔓延到各个行业。

总的来说，人类将经历一个积极的转折。然而，伦理的影响不可能轻易掩盖。从科幻小说诞生之初，它就表达了我们的恐惧。总有一天，会有人利用科技来控制周围人的思想。神经反馈技术是无法做到这一点的：它只能赋予个人掌控自己大脑的力量。不过话虽如此，如果行业生产标准持续发展，要求员工具备那些只有通过有意识的大脑控制才能掌握的能力，这不会变成职业胁迫吗？毫无疑问，这样的恐惧会让人们不敢让这种技术进入工厂和企业，会激怒工会，还会催生一些限制其使用的规章制度……至少直到下一代人习惯它，学会如何使用它，最终真正接受它。其实，所有的技术进步都要经历这样的过程。

医药

医药是神经反馈技术最重要的应用领域之一。有数以亿计的人患有影响大脑功能的疾病。这些疾病的范围极广：一方面是患有轻度注意力缺陷和多动障碍的人（包括儿童），另一方面是临床上最严重的抑郁症病人。他们遭受着慢性疼痛的折磨。还有帕金森病和阿尔茨海默病患者。这些疾病都是由大脑的物理变化引起的，但通过控制和有意识地调节不同的大脑中枢，是可以减轻和抑制的。临床证明，神经反馈可以在一定程度上治疗注意力缺陷障碍、抑郁，甚至慢性疼痛。

如果能用思想的力量来控制自己的思维，一些较轻的症状即便不能完全消除，也会得到缓解。利他林、百忧解和吗啡会减少，但它们不会完全消失，因为不是每个人都能坚持去做神经反馈训练。

我们习惯了研究每一项新技术，看它能否帮我们解决当前和以后的问题。最后，我们意识到技术创造了新的机会，而这些机会的价值是我们无法预知的。在线社交网络（以及互联网本身）、核技术、个人电脑等等都是典型例子。同样，神经反馈技术会给医学领域带来多大的影响也很难预测。如果有些病人可以让大脑的疼痛感知区域失去活性，那以后是不是能免除他们的术前麻醉？人类是否能够重新连接神经元，以此“绕过”疤痕组织和功能失调的大脑区域（如与多发性硬化症、帕金森病和阿尔茨海默病有关的区域）？我们现在还不知道这项技术的到来意味着什么，只能加以推测。但是，显而易见的是，如果神经反馈技术能够实现哪怕一部分预期效果，它也将改变医学界，并随之改变我们人类。

犯罪和复原

如今，很多罪犯沉迷于毒品，还陷入了盗窃和其他犯罪的恶性循环。他们每天都要为了买下次用的毒品而犯案。许多瘾君子实际上是在监狱里染上毒瘾的，从此掉进一个旋涡，不能脱身。所以我们会发现犯人的康复率非常低。这就是其中一个原因。而且即使最好的戒毒中心，成功率也不高。要打破这个怪圈显然很困难，尤其是对付海洛因等能改变细胞功能的药物时，戒毒过程会给戒毒者带来持久难熬的疼痛。

神经反馈技术可能对一些想戒毒的瘾君子有所帮助。患者可以通过有意识的思考、心理调节和减少对药物的渴求来缓解戒毒的痛苦。由于这项训练的目的是促进最终的自我控制，他们可以更好地应对突发的急性戒断症状。

用神经反馈技术来控制坏脾气和焦虑也可能减少家庭和街头暴力。当施虐者学会更好地发泄愤怒时，家庭暴力的发生率就会降低。

大脑活动的这种变化有着广泛而深远的影响：脑机接口将降低总体犯罪率，减少盗窃、卖淫，甚至可能让赌博业缩水。如果大胆推测，我觉得神经反馈设备还可以帮助减少贫民窟的数量，让数百万人有更好的机会打破几代人之前形成的贫困循环。这项技术可以帮他们发掘最大潜力，无论种族、教育，或社会经济地位。如此一来，脑机接口将成为人类在21世纪获得的最好的礼物之一。

会心灵感应的军队？警察和武装部队的读心术

许多反乌托邦的未来会呈现这样的场景：警察和武装部队能侵入犯罪嫌疑人的大脑，对其进行调查，以寻找犯罪证据。读心术可能永远无法从大脑中提取真实的记忆，但研究证明，它可以作为一种高端的测谎仪，同时检测大脑的意识和潜意识部分。最近的实验表明，这种技术可以获取嫌疑人（参与实验的志愿者）的计算机密码。这些受试者面前会有一系列可能的密码，飞速闪烁。有意识的大脑完全无法处理这些信息。然而，当正确的密码显示出来时，潜意识甚至会比有意识的大脑更快把它识别出来，从而在中枢神经系统中形成非典型的模式。研究人员可以用脑电图技术探测到这种潜意识的“光点”，并识别出导致异常反应的那个正确密码。

这项技术会如何应用呢？无论何种武装力量，面对“定时炸弹”的时候，肯定都会认为，相比入侵嫌疑人大脑的潜在伤害，不作为更危险。同样，警方也会声称，为了打击犯罪，这种侵犯隐私的行为也有其正当性。民主国家的法院只能竭尽全力遏制它，以免它侵犯公民隐私，尤其是在初期，大家还不清楚这项技术是不是比测谎仪更有用（除非被告自愿接受，否则法庭通常不允许使用测谎仪）。

强烈抵制

所有的社会剧变，特别是那些靠着不为全民接受的技术兴起的风潮，都是会遭到抵制的。许多平民可能会公开反对神经反馈技术。宗教官员更是反对派的急先锋。他们会声称我们没有权利玩弄人类的灵魂，而一直忽略这样的事实：我们大脑中形成的每一种新记忆都会改变我们的思想。直到几代人之后，神经反馈技术开始使用，那些目前健在的传教士已经去世，宗教上的反对才会减弱。技术将一如既往地按照自己的形象塑造新的道德。当神经反馈装置，尤其是脑机接口，彻底融入社会之后，大概就不会有人还怀念从前我们被自己的大脑奴役的日子了。

但在那一刻到来之前，宗教团体和那些主张与地球和谐相处、尽可能以自然的方式生活的人还是会继续反对。这两个群体都会要求对这项技术及其对人类的生物影响进行彻彻底底的检测。之后，他们会指出该技术可能会导致性瘾，还会担忧如果它关闭了与道德有关的特定大脑区域，可能会导致犯罪增加。

这种底层反对派会发挥重要作用，可能会成为民主制度的监督者：确保各类公司和组织不会强迫员工使用神经反馈技术。但是，神经反馈技术企业也会在网上保持高知名度，并采用极富吸引力的包装和夸张的宣传来销售他们的产品。政府将被迫出台相关标准，规范那些检测该技术对普通人潜在影响的测试，同时监管相关公司在媒体上的言论。

改变时代精神

作为一种提高认知能力的手段，提供神经反馈的接口，或者通过电磁场直接影响大脑的接口，会比需要物理植入大脑深处的电极更容易融入社会。正因为如此，相比更复杂的物理接口，神经反馈技术最初可能会被更多人接受。虽然这种神经反馈技术所提供的能力与侵入式接口有些差别，但它最大的优势在于可以让大众“习惯于”这样一种概念：有时候，根据需要修改我们的认知能力不但可行，甚至是可取的。

随着时间的推移，脑机接口将改变时代精神，让人类准备好进入第二个也是最重要的生物学革命阶段：利用侵入性技术探索大脑的深度，并真正改变其各种结构，让我们能够完全控制自己的记忆和思想。我们会在本章的附录“人类意识的未知未来”中详细讨论这一概念。

大脑的遥远未来

探索大脑

神经反馈和大脑刺激技术让我想起了科幻小说。许多人也跟我一样。我们觉得很难想象这种技术的大规模运用，也很难想象人们会用什么方式来使用它们。不过即便如此，和目前正在开发的其他大脑增强技术相比，神经反馈几乎已经过时了。再过得久一点，它可能就被其他技术超越，变得落后又没用。新的技术将与人脑进行物理融合，成为其不可分割的一部分。

这一设想根植于现实：我们已经有了植入患者大脑的脑机接口，它们能恢复大脑的一些基本功能。放在人类头骨内的电极可以敏感地测量大脑的电波活动，这是非侵入性设备无法轻易模仿的。有了这项技术，患者可以不用手，甚至不用机械手臂就能在屏幕上移动鼠标光标。这种装置在截瘫、四肢瘫痪和截肢患者中会越来越普遍。

以色列希伯来大学国际知名神经学家哈加伊·伯格曼（Hagi Bergman）教授认为，我们以后也不可能打破四肢瘫痪病人的颅骨来帮他们重新控制身体。他说：“今天，你选择一个能按人的口令移动的机器人，会比直接敲击大脑有效1000倍。”如果真是这样，我会问，为什么常常听到有人能靠脑机接口就康复了呢？“研究人员有时会利用耸人听闻的头条新闻来获得研究经费。现在的情况就是这样。科学出版物经常会要求文章要有夺人眼球而又意义深远的标题。所以至少就我的领域而言，我还不能完全同意这种说法，需要仔细验证。”

伯格曼认为，未来侵入性接口的最大用处是用来治疗精神障碍。

“我们的社会饱受精神疾病之苦。”他说，“美国70%的流浪汉患有精神分裂症。在西方社会，人们常常对那些最严重的精神病人避而不谈。建议你去有封闭式病房的精神病院看看那里的慢性病患者。惨不忍睹。他们会把6个人放在一个12平方米的房间，里面只有一个散发着尿臭味的开放式厕所。类似的情况还有很多。”

一想到要去精神病院，我就浑身起鸡皮疙瘩，但不是因为伯格曼所描述的恶劣环境。我遇到过一些严重精神错乱的病人，他们每一次都让我震惊到无所适从。在最严重的时候，这些人就像复杂的机器，被拆开只是为了再重新组装——又组装得很差。他们往往不知道自己被改造了多少。

伯格曼想在精神障碍患者的大脑中植入一个电极阵列。这种设备会像一种新型的脑起搏器一样。就像心脏起搏器调节心脏活动一样，未来伯格曼的脑起搏器也能够诱导可变电流进入神经和大脑区域，平衡其功能。伯格曼做过一项涉及帕金森病人的研究，还初步证明了这种疗法的有效性，他相信这项技术还能帮助治疗各种脑部疾病，最终达到改善精神分裂症的远大目标。

他说：“这将是一个适应大脑活动的脑起搏器。患者迫切需要帮助，而我们很可能已经有了最合适的工具。如果社会资金充足，我们很可能会实现重大突破。”

如果伯格曼的实验取得成果，世界各地的其他实验室也将效仿，最终让数以亿计的精神病患者脱离苦海。他们中的许多人极其边缘化，甚至连最基本的人权都无法享受，没有自主权。在遥远的未来，这些能彻底改变许多病人生活的重要成果，会最终走近普通大众，走近健康人。那这又意味着什么呢?

全面回忆

这一章开篇，我们看到了长期记忆的强大力量，以及我们随心所欲唤起长期记忆的能力。我们说过，记忆是在海马体中形成的。它就像一台微型计算机，接收来自感官的输入，并以长期记忆的形式产生输出。以色列希伯来大学神经计算跨学科中心主任纳夫塔利·提斯比教授称这一过程为“信息瓶颈”。他说：“我们知道，我们一生中所保留的各种记忆并不多。我们所有的短期记忆都必须穿越一个非常狭窄的信息瓶颈。只有走到另一端的那部分才会成为长期记忆。”

大脑如何决定哪些记忆可以通过这个瓶颈形成长期记忆，而哪些不会呢？海马体以及大脑中一些其他的区域负责做出决定并执行，将短期记忆转化为长期记忆。它们会使用一种“编程语言”，同时重新分配流经大脑神经元的信息。这种方式可以根据预设的公式将输入转换成记忆。如果能找出这个公式，就能理解用来编码我们记忆的语言。

“我们或许可以通过各种干预手段，比如直接与大脑交互的技术，极大地影响我们的记忆。我觉得这种情况是在情理之中的。”提斯比说，“我们还可以控制信息瓶颈，从而深层改变我们所谓的‘意识’。我觉得这种技术的来临会比大家想的都快。甚至有可能在不久的将来，我们就能在大脑中植入含有智能数字接口的电子设备了。到时候，我们就可以在更大程度上掌控大脑了。”

目前，一些相关的实验结果也支持了提斯比的乐观估计。尽管我们还不知道如何使用那种能将记忆写入大脑的语言（它不同于目前的任何一种编程语言），但是我们已经迈出了第一步。在2011年的一项实验中，研究人员记录下了海马体发送给大脑其他区域，从而形成长期记忆的信息。他们跟踪记录了老鼠在完成一项简单任务（从两个杠杆中选择正确的一个）时产生的信号。然后，他们将同样的信号输入没受过训练的老鼠，让它们完成任务。结果未经训练的大鼠获得了编码记忆，并成功选择了正确的杠杆，获得了奖励。我们一定要清楚这个实验的重要意义。研究人员并没有自己去写一个新的记忆，只是模仿了大鼠A大脑中的某种电波活动模式，并将其嵌入到大鼠B的大脑中。然后，大鼠B就形成了一个长期记忆。我们就假设这个记忆与大鼠A的相似（其实有可能完全相同）。但是，由于它是在一台没有生命的硅计算机内重建的，所以这种记忆是合成的。电脑是将记忆直接插入另一只大鼠的大脑。不过，要注意的是，我们还不清楚电信号转换为实际记忆的确切编码过程。

我会对未来做出两种预测，一种直截了当，另一种则有些委婉。第一个预测很平常，2020年之前实现也是完全有可能的。就是，我们可以在人类身上复制这种记忆植入。许多脑外科手术会记录病人大脑中的电信号，进行全面分析。早晚有一天，大脑研究人员会将与记忆形成相关的信号植入志愿者大脑，目的也许是治疗记忆障碍。之所以说这个预测没什么新奇，是因为大鼠大脑中形成记忆的信号与人类其实没什么根本区别。这个过程既然对大鼠管用，也应该在人类大脑中起作用。

第二个预测风险稍高：未来，可能是几十年甚至几百年后，我们可以找到神经元之间传递的特定信号与它们创造的记忆之间的联系，构建出一种新的能形成记忆的编程语言。

和朋友尤瓦尔·诺亚·赫拉利博士讨论这个前景的时候，我自创了一个术语“时间像素”（Tixel）。它是“时间”和“像素”的合成词，我们可以把它作为一种基本的度量单位。未来的记忆程序员会把记忆分解成很多时间像素，变成离散的信息包，每一个信息包描述几分之一秒，并携带关于三个参数的信息：感官输入（视觉、听觉、嗅觉、触觉、味觉），基本情绪反应（厌恶、快乐、愤怒等），以及（部分）有意识的想法。时间像素将被载入数据。如果数以百万计的时间像素以正确的顺序读取，就会形成一种介质，可以将其嵌入到人脑中。

我之所以觉得这个预测有风险，是因为大脑构建一种编程语言本就是极其复杂的过程。要掌握这种语言，就必然要了解插入电脑的电信号与形成高分辨率的记忆之间的关系。这种关系十分复杂，但又是无法否认的。目前，我们虽然在这方面取得了不错的进展，但我们的理解还没达到能为记忆编程的水平。

虽然障碍还没有解决，但受访的未来学家中近90%的人认为，到本世纪末，我们就能破译人类这种创造记忆的语言。到那个时候，我们就能将大量电极植入大脑来记录神经系统的记忆，甚至植入新的记忆。

这种技术的巨大影响不言而喻。它将重塑整个文化，重塑人类的思维方式。这将是一个迄今为止只有科幻小说中才有的世界：小孩子可以下载一个高中优等生的全部知识，而高中生则可以轻松获得一位80岁的资深脑外科医生的全部专业知识。等他们自己动手做手术的时候，就可以直接青出于蓝而胜于蓝了。

拍卖会上会出售一些奢华的记忆，只要买得起，就可以拥有。然后，要是我的爱人说想去澳大利亚旅行，我可能会叹口气，然后直接去街角的记忆商店买一对穿越澳大利亚大陆的情侣的回忆。把年轻英俊的男人的记忆给自己，再把那个漂亮妻子的记忆给我的爱人。这样一来，我们的记忆中就会有骑着袋鼠走进夕阳余晖的美丽画面。这样就完全不用真的花时间去旅行，不用出燃油费，也不会污染环境。如果我们可以买来所有这些美好的回忆（如果愿意，也可以买点糟糕的记忆），干吗还要投资真正的旅行呢？

这样的世界真的是激动人心，有点儿怪诞，也充满了挑战。最重要的是，这个世界会颠覆我们从前的世界。

许多人会说，如果未来是这样，那么人类的创造性思维能力就会消失，人类也就不会像现在这么多样化。可能他们是对的。要是很多人都还分享那些“畅销”记忆，大家的个体独特性还能有多少，我们不得而知。但是不要害怕，这样悲观的预言几千年前就有了。柏拉图就是一位著名的悲观预言家。他认为如果所有的人都学会了阅读，那大家都会失去记忆的能力。他说得没错。在古希腊，一些歌唱家能够背诵出长达数百节的精妙诗歌。虽然印刷机普及以来，我们确实会把一些共同的回忆储存在书中，但这样做的优点也完全超过了缺点。例如在古代，每个歌手都是自己的“歌本”，而现在，在线曲库可以轻松访问，每个人都能跟着唱。技术推动社会发展的方式，是柏拉图无法想象的。

同样，尽管有些人可能会说，任何能让我们在大脑中存储或创造记忆的技术，都有可能修改人类思维，但我们还是很难想象它会抑制我们的独特性。其实，这就跟很多人都会去看的热门影片、每周真人秀或吃的披萨一样，我们会有相似的记忆，会经历类似的事情，但我们还是能形成自己独特的印象。

我想说的是，记忆共享是有利于人际关系发展的。有钱人可以体验穷人的记忆，了解他们艰难的日常生活。可惜，这个可能性太小。今天的有钱人其实也可以跟穷人友好交往的，但是他们会吗？可能一小部分人会吧，但这会让他们更同情社会经济地位较低的群体吗？有多大影响呢？我们也不得而知。我们作为生物，首先关心的是我们自己和我们的身体。退一万步讲，即便在那个遥远的未来，我们每一个人都能拿到跟别人一模一样的记忆，我们“自我”的主观体验也会更关注自己的生活，而不是别人的。

我会毫不犹豫地承认，这种预测——人类把记忆植入自己大脑——超过了我对科技发展的坚定信念。和我一样持怀疑态度的还大有人在。很多其他的未来学家也觉得难以实现。许多人还是觉得2050年之前不太可能实现。可是，尽管存在这样的怀疑态度，还是有将近40%的未来学家觉得人类有可能在2019年至2030年之间将记忆植入大脑。10年之内，我们会进入一个记忆可编程的时代吗？大概不会，但我们可以期待。

当我看着父亲躺在病床上，日渐憔悴，我发现自己从未真正了解他。真相总是让我们无法靠近。

真相。是什么真相？如果我早知道真相，也许就不会在2100年1月1日紧握着他的手，看着他死去。小时候，我听爸爸妈妈低声谈论过那年的事情。他们看起来很害怕。可是父母在我眼中比电影里所有的超级英雄都强大。我无法想象什么能吓倒他们。我把真相想象成一个黑暗的生物，它细长的胳膊在微弱的夜光中，像影子一样在我卧室的墙上扭动。没有爸爸妈妈我不敢去洗手间。我害怕真相会在黑暗的走廊里突然蹦出来。

我们从没聊过这件事。当我稍微大一点的时候，我找了个机会再次问他们那个真相。他们交换了一下眼色，给我买了冰激凌，还带我去了游乐园，以此了事。可是几次之后，我就开始肚子疼了。然后他们决定改变策略。

一天晚上，爸爸对我说：“等你长大了，我会告诉你真相的。”他摸了摸我的头发，又自言自语地说：“人是会犯错的。这也是真相。”

但那不是我想知道的真相。

也许无知是福吧。虽然我还没有自己的孩子，但我现在明白了，小孩子还是不要知道太多比较好。不过，妈妈空难去世之后，爸爸就是一个人了。我还是有点儿希望他能信任我。他不在的时候，都是我照顾家。我还会给他做饭，一直希望他能告诉我真相。18岁那年，我感觉到他应该不会主动说了。我找到他，让他告诉我。

他犹豫了。我注意到他的肩膀绷紧了，嘴巴默默挣扎着寻找合适的词。最后，他垂下肩膀，摇了摇头。他试着像从前那样摸摸我的头发，但我转身走了。我只想知道真相，而他却不肯告诉我。

那我为什么不改变我的记忆呢？技术肯定是能用的。我本可以给自己设计一个不一样的、更快乐的童年。我本可以买到一个正常的13岁男孩的完整记忆，他的父母还健在、幸福，而且精神健全。我甚至不止一次地去了记忆商店，还观看了一些不错的记忆片段，价格也合适。第一个片段里，孩子在和朋友踢足球，兴高采烈地分享着完美的童年。他进了一个球，我知道我也可以有这样的记忆。

那我为什么不改变记忆呢？我还是不知道，也许是因为恐惧吧。害怕我不再是我。害怕当发现真相的强烈欲望消失时，我也会失去前进的动力，那种造就了我的动力。有些秘密塑造了我们，让我们更加坚强。我坚信那个真相就是这样一个秘密。

“你还在这儿？” 爸爸小声说。我点了点头，但是发现这个动作一点儿用也没有。几个月前他失明了。我摸了摸他的手。

“我在，”我说，尽量让自己听起来很平静。“你给我打电话了，让我过来，但你还没说什么事。”

他紧握着我的手。

“我一直在等你。一会儿护士就要来了，给我注射一大堆药物。”他嘶哑地说，“我想趁这会儿跟你说句对不起。我不能告诉你真相。真的不能。”

我抚摸着他的手背。想安慰他，告诉他没关系的，但我就是做不到。我等待着。

“我还是不能说。”他低声说，眼泪顺着脸颊流下来。他一下子抓住了我的手。“我还是不能告诉你。现在还不行。但我把答案留下来了。我走以后，你就会知道了。他们复制了我的记忆，放在这个盒子里。你可以……自己留着。这些永远是你的。这就是真相。”

然后我们聊了起来。回忆过去，想想未来，交换善意的谎言和不那么善意的谎言，但没有讨论真相。他叫来护士给他注射了过量的药物。这药会带他到另一个世界。就只剩下我和那个盒子了。我仔细看了盒子，是一个陈旧的记忆盒子。只需点击一下按钮，所有的记忆就会通过与我神经相连的无线电子接口直接上传到我的大脑。真相在等着我，但是我能挺住吗？我会想要接受它，让它成为我的记忆，一个小时，一天，一辈子？

我抚摸着父亲冰冷的脸。合上他的双眼，我觉得是时候了。

我睁开眼睛，看看真相。

准备好了吗？

要想将电极和脑机接口植入普通人大脑，我们还有很长的路要走，因为电极和脑机接口会在短时间内失灵。其实也难怪。人体的免疫系统会攻击并中和植入大脑的电极，甚至可能引发大片炎症，危及整个身体。

“主要的问题是植入电极需要做神经外科手术。”伯格曼说，“这个过程需要开颅，侵入大脑，所以是有风险的。但是除此之外，我们其实还根本不了解大脑的各种系统是怎样协同运作的。”

当然，这个理由也没什么新奇的，但我们都很清楚另一个更大的问题：你自己愿意把自己的大脑连到电脑上吗？你愿意让数据通过大脑电极直接进入你的神经元吗？

现在健在的大部分人都会拒绝。改造大脑并不符合当下的时代精神。但长远来看呢，如果像这章前面所说的那样，假设未来人类可以利用入侵的脑机接口来调整他们的思维，他们还会拒绝吗？当然，前提是脑机接口可以安全植入人体。

目前的不良免疫反应也不一定无法逾越。世界各地生物技术和生物医学工程学院的研究人员正在努力解决这个问题，前景广阔。在所有受访的未来学家中，90%的人预测到2043年我们就能解决生物排异的问题。其中，最乐观的30%认为我们10年之内就能把这个问题解决掉。事实上，也可以假设未来几十年内，脑机接口就能完全投入安全使用，让后代都能接受把电极植入他们的大脑，而不必担心对健康有损。

那时世界会是什么样子呢？我们能用这些植入物直接把信息接收到大脑吗？我们的后代能轻松获得需要的全部知识，帮他们成功地从高中毕业吗？为什么只植入高中的知识呢？为什么不干脆让自己一夜之间成为资深的外科医生、程序员或者工程师呢？

当然，这些都只是些大胆的猜想。也许要过几十年甚至几百年才能真正实现。这样的未来充分展现了生物革命的内涵：革命之后，我们看待事物的眼光会彻底改变，我们的世界也将永远改变。

机器里的灵魂

读取并修改我们的记忆听起来似乎是特别遥远的未来，但是这样一个遥远的未来，或许比我们所能想象的任何事物都要奇特。在更遥远的未来，脑机界面可能会帮我们把意识转移到电脑中，让意识最终离开我们与生俱来的血肉之躯。

怎么做到呢？首先，我们必须能够在计算机中模拟大脑的功能，或者至少对大脑执行的一些计算进行补充。此类研究已经在进行中了。其中最有趣的要算“蓝脑计划”。该项目是要创建一个大脑的综合模拟，其中每个神经元都由一个计算机处理器来模拟。你大概也能想象，这是一个巨大的系统，目前包含大约100万个处理器，但是这些处理器只模拟了人脑的一小部分。人类大脑中有1000亿个神经元。话虽如此，“蓝脑计划”应该会迅速发展。计算能力越强大，研究人员能模拟的神经元数量就越多。

著名未来学家雷·库兹韦尔（Ray Kurzweil）极力主张信息技术会在未来几十年呈现指数增长。他认为，我们在三四十年之内开发出一台能够模仿人类大脑的计算机并非不可能。如果在那之后计算能力继续以同样的速度增长，那么在50年内，台式机也许就完全能够模仿人脑。

必须说明的是，这种预测的前提是计算机部件和信息处理能力持续加速发展。库兹韦尔对此持肯定态度。许多认同技术奇点概念的人也认同这一观点。不过，很难确定计算机在未来几十年将如何发展。如果其发展速度减慢，或者我们陷入技术僵局，那这一预测可能根本无法实现。

但是如果它确实持续快速发展了呢？

如果这样，那么在遥远的未来，计算机能做的就会远远超过智能革命的预期，绝不仅仅是模仿人类的说话方式。它们将能够复制人类的思维方式。计算机会真的容纳一个模拟人脑，且与真正的人脑难分彼此。它们可能都会隐藏着一个难以捉摸的实体——意识。我们完全有理由做出这样的假设，即计算机中的大脑会以与人类完全相同的方式来感知自身的存在。

并非所有的神经科学家都相信这种预测真的会实现。他们的观点各不相同。目前，他们中的大多数人只是忽视了公众的言论，认为我们的知识还不足以给出一个固定的方法。我问马拉克模拟人脑是否可行时，他反驳道："如果你说它的内部计算过程和数字计算机完全一样，那么我猜模拟人脑不可行。我的直觉告诉我，创造意识的过程是一种物理机制，一种无法再简化的机制，不能用离散的数字来描述；这可能是一个基本的先决条件。当然，也有不同的观点，包括有些神经科学家认为未来可以将大脑上传到电脑上。还有人觉得在我们做到这一点之前，根本无法真正理解大脑。"

尽管马拉克持怀疑态度，他还是承认神经科学和其他相关科学领域已经惊喜连连。"从技术层面上讲，几十年后，读取和激活神经元应该不是问题。"他说，"从实际意义上说，它会对人产生怎样的影响，能否帮助治愈疾病，或者揭开意识的秘密，我们仍然不得而知。我当然乐见其成，而且那样肯定也有利于增进我们的知识，但这个作用有多大，也许只有上帝知道了。其实，这种曲折性才是科学研究最吸引人也最有趣的地方。如果有一天我们揭示了人类大脑一个新的、非凡的一面，一定会让你大吃一惊。证实自己的假设其实真的没什么意思。我想看到的是出人意料的东西，让人大跌眼镜的那种。”

与马拉克不同，我预测的路径是明确的：只要计算机发展到一定程度，处理能力强大到足以模拟人脑，并具备所需的软件，我们就能在计算机中创造一个模拟人脑。我觉得这是唯一的方式。因为对我来说，人体内的每一个细胞都是一台独立的计算机，其遗传密码已经由进化程序编写了数亿年。这一观点我们在前几章中也有所论述。大脑就是一台计算机，由数十亿台更小的计算机组成。我们要做的就是弄清楚它们的工作原理，然后模仿它们。我相信，如果进化通过反复试错塑造了现在的人脑，我们也终会成功的。

可是这个“终”是什么时候呢？可能要几个世纪，可能需要我们开发出和现在的计算有很大不同的计算形式（例如量子计算）才行。不过我们会做到的。一旦我们能够在计算机中模拟人脑，也就能把每个人——也包括你我——的意识转移到计算机上。

会思考的计算机

我们姑且想象一下一百年后的生活，那时这种技术可能已经存在了。来认识一下斯蒂芬·Q，一位善良、守法的公民。斯蒂芬在一次车祸中受了重伤，医生只能切除了他10%的大脑。幸运的是，生物医学工程师能够为他安装一个大脑“假肢”来弥补受损的神经功能。这是一台装在头骨里的小计算机。对他自己和身边的人来说，斯蒂芬还是斯蒂芬吗？当然！是同一个人。这就与给失去腿的人安了假肢是一样的。

只是，他命途多舛。事故发生几年后，他又受伤了。这次医生切除了他20%的生物大脑。然后又用计算机替代了这些大脑区域的功能。那么，斯蒂芬还是……斯蒂芬？同样，很多人，包括斯蒂芬自己，肯定都会说是的。他仍然可以思考、说话和工作，还能认识到自己与事故发生前是同一个人。

如果我们继续这样推理下去，会发现，即使斯蒂芬的大脑逐渐被计算机部件所取代，我们还是会认为他是人，不是机器人，也不是电脑。直到有一天，斯蒂芬大脑的主要部分都是非生物的，只有少数生物细胞——“斯蒂芬细胞”在和计算机及算法交互。几十年后，这些生物细胞也会死亡（自然，很快会被人工成分取代），而斯蒂芬仍将是斯蒂芬，唯一不同的就只是他的性格、思想、感情等现在都放在了计算机化的媒介中，变成了计算机上运行的纯粹的模拟程序而已。

这个想法让人想起公元1世纪的哲学思想实验“忒修斯之船”。忒修斯从迷宫中解救了被当作献祭品的年轻雅典人，之后成了雅典的英雄。他航行回雅典，骄傲的市民决定永远保存他的船。但是，自然有自己的法则。几年之后，一块船板腐烂了，人们换了一块新的、更坚固的木板。不过这还是忒修斯的船，不是吗？渐渐地，越来越多的木板被替换掉，直到整艘船都是新的，而它仍然是忒修斯的船。同样，可能有一天，人类的大脑也会一个接一个区域地被电子元件替换掉，直到它完全成了硅和电路，但是，大脑仍然会保持完整的人类“灵魂”。

俄罗斯亿万富翁德米特里·伊茨科夫（Dmitry Itskov）创立的非营利组织“2045计划”也有类似的愿景，其目标是在有生之年实现不朽。伊茨科夫热情期待着人类2035年就能将自己大脑的虚拟版本上传到机器人上。究竟如何实现这一目标还是个谜，但伊茨科夫等人正投入数百万美元研究、开发和升级现有技术，以实现他预测的未来，让脆弱、敏感的生物大脑与计算机完全融合。

在那些活在当下的读者看来，这种预测可能很可笑。无数代人的逝去告诉我们“万物皆有一死”，所以我们很难想象，未来有一天我们能摆脱这血肉之躯的束缚。这肯定是这本书中提到的最难消化的一种未来。其实正因为如此，它才格外有趣。它提出了一个难题：我们的兴趣会从温暖的身体转移到冰冷的计算机上吗？我们会让每个人都经历这样的转变吗？躯体死亡许久之后，我们如何保证这些“机器中的幽灵”还正常运作呢？这些都是合情合理的问题，但由于未来几十年（甚至几个世纪）内，这种未来都不太可能实现，所以现在讨论这些问题似乎没什么意义。这些问题本质上仍是哲学问题，希望后来人能找到令人满意的答案。

智人的终结

本章探讨了一种特定的精神控制技术融入社会的过程。不过，以后还会有很多可以替代的技术。所以，未来学家们被问及的是广义的大脑技术，而不是我们提到的具体技术。调查结果似乎表明，心理控制技术可能在10年内（1/3的受访未来学家这样认为），或最迟在2043年（90%的受访未来学家持这一观点）可以普及到大众。马拉克和科恩·卡多什的话也表明，精神控制技术正向我们走来。

什么样的技术会融入我们的现实社会呢？我们仍然无从得知。但很明显，早期的接口将保留在人类颅骨之外，因为目前的侵入性手术会导致炎症和大脑损伤。不过还是有70%以上的受访未来学家认为，在不损害我们健康的情况下，下一代接口（大约20年后）是可能植入人脑的。

那个时候，脑机接口就能最终融入人类大脑。这项技术不仅可以安装大脑假体，还能帮助那些健康、心智健全的人增强大脑功能。

脑机集成会带来很多影响：由于我们可以轻松地对计算机进行编程，所以也将能够编写和影响一个人的思维。保守的说法是，未来的我们可以创造记忆，然后把它们整合到人脑中。近40%的未来学家认为，这种未来可能在2030年到来，但也有同样比例的人认为这个时间要推迟到2050年，甚至永远无法到来。

还有一种更远大的预测认为，我们可以用计算机假体来绘制和模拟人脑的结构，这种假体将逐渐取代中枢神经系统的生物神经元。这种预测一旦实现，人类就会变成虚拟世界中计算机化的存在。

在我们迄今为止探讨的所有未来中，这毫无疑问是最离奇也最难理解的。也许有一天，我们能摆脱头骨和物理大脑的限制，并在技术的帮助下，变成无实体的灵魂，在数字世界里漫游。这种想法与我们尚未体验的任何形式的存在都相去甚远。

这种未来一定会成真吗？其实还要取决于若干因素。我们必须首先改进计算机技术，更全面地了解人脑，并设法在不损害人体的情况下融入人脑。要实现这些里程碑，我们还有很长的路要走。事实上，假设库兹韦尔等未来学家对未来计算能力的估计是对的，那么在未来几十年里，计算机会迅速发展，我们就可以将人脑中的所有信息存储在电子芯片上。但是，要如何理解大脑呢？哈加伊·伯格曼认为，这种理解是一个极其浩大的工程，可能要花上千年才能完成。一些大脑研究人员认为，我们永远不会完全理解大脑，至少仅仅局限在物理大脑上的研究是不行的。

回顾最近几十年的科学发展，我发现这些研究人员表达的悲观情绪有点难以接受。我们现在可以开发显微镜，用它来检查老鼠在进行日常活动时大脑中各个神经元的功能。神经学家已经开始破译大脑多个区域的工作方式，包括控制记忆的海马体。我们要完全了解大脑，确实还需要很多年，但我们已经在路上了。

在遥远的未来，我们可以控制自己的思想。我觉得这将是无法逃避的现实。这既是生物革命的高潮，也是它的终点。当人脑与计算机结合时，赋予电脑模拟思维能力的智能革命，以及在最基础水平上驯服大自然的生物革命，将会融合在一起。人类将超越自我，进入一个更大、更丰富、更复杂的生存状态。到时候，人们仅仅通过思考就可以上网，生活在虚拟世界中，最终达到心灵一直渴望的，而身体却得不到的永生。

这将是智人的终结和一个新物种（技术人）的开端。这种人类很难与科技区分开来。虽然这个预言可能会让一些读者不寒而栗，但我自己还是希望能活久一点，见证那个时代的到来（虽然我也知道不太可能），逃离等待着我们的死亡。既然我们没办法在短期内找到治愈衰老的方法，我希望所有的读者都能考虑在电脑这个冷冰的怀抱里寻求庇护。也许，它会是我们未来的子宫和孵化器。

是梦吗?

我提出，在未来几十年或几百年内，我们将能与计算机融合，并逐渐地、零碎地将我们自己复制到计算机化的模拟大脑中。不过，我们还要指出一个重要的潜在问题：创建这个模拟大脑需要以一个完全准确的人类神经系统模型作为基础，而我们也有可能无法搭建这个精准的系统。那样的话，我们的“最终产品”可能只会说话，只会像人一样做出反应，却无法像人类一样具备自我意识。

可以回忆一下总结智能革命的那一章，我们在那里说过，计算机系统仅通过研究人类的语言、写作和行为模式，就成功地模仿了人类。这个系统并不是对神经系统的计算机化模拟，而只是对人类神经系统的产物（语言、文字等）的模拟。

如果可以的话，你想象一下，未来补充大脑功能的假体不是一个可以与生物神经系统交互的计算机化的神经系统，而是一个算法更简单的系统。它可以接收来自大脑生物组织的输入，然后产生出类似于原生物区域会产出的东西。输入是一样的，输出也是一样的，但是基于硅的硬件和算法与基于生物的硬件和算法还是有很大不同的。

关于这一点，我们必须问自己：人类的自我意识，也就是在想“我思，故我在”时感受到的自我意识，可以存在于一个没有模拟神经元的计算机模拟系统中吗？答案是我们还不知道，因为我们还无法确切定义那个一直难以捉摸的概念——自我意识，也就是那个被有些人定义为“心灵”或者“灵魂”的东西。

只要这些假体能取代大脑的一些特定部分，这个难题就不会成为真正的问题。但当整个大脑被这种假体替代后会怎样呢？有没有可能，我们试图把一个人的思想上传到电脑中时，会得到一个表面上完美，但没有任何知觉和自我意识的模拟系统？我们怎么分辨它们的不同之处呢？

我们确实还没有办法回答这些问题。我们还不知道心灵或自我意识是什么，也无法分辨它们是否只存在于生物神经元及其相互作用中，存在于这些细胞的计算机模拟系统中，还是会存在于任何能够模拟人脑输入和输出过程的先进软件中。这些问题，会让很多人不敢将自己的思想复制到电脑中，除非有性命之虞，迫不得已。

在这种情况下，我知道自己会选什么。

附录C：人类意识的未知未来

让我们停下来想一想：你生命中最珍爱的是什么？你最看重什么？

作为人类，你可能首先会想到你的家庭，包括你的爱人、孩子和父母。同时，如果你诚实面对自己，可能就不得不承认，你还相当看重自己的生命，甚至是个人成就，如职位晋升、专业认可等。这些答案似乎不言而喻，因为几乎所有的人类个体（也许除了那些患有精神疾病的人）都有相同的基本需求：自我保护、自我提升，以及支持他们核心家庭甚至大家庭（有些人认为大家庭指的就是全人类，有时候甚至指代全世界）。

但是，我们为什么会觉得这些答案显而易见呢？为什么它们看起来这么理所当然呢？是什么让每一个人类成员都觉得自己的生命似乎比一个不属于他家庭、部落或民族的人更有价值呢？是什么让我们寻找与追随爱，有时甚至愿意为爱付出生命呢？是什么让我们在最黑暗的时候仍然渴望活下去？

所有这些问题的答案都蕴藏在我们的进化史中。在数亿年的时间里，所有动物（包括人类）的大脑都在进化，以便最大限度地提高它们的生存机会。我们的大脑在进化中被连接起来，这让我们能够感觉到对家庭成员的爱和同情，因为他们能够保护我们免受掠食者和陌生人的伤害。他们还携带着与我们相似的基因，能遗传给后代。在整个进化过程中，唯一重要的就是基因的代代相传。

同样，在整个进化过程中，爱和对另一半的需要已经在我们的祖先和我们身上留下了印记。所以我们的日常生活中充满了大家共有的需求和欲望。这个概念让我很兴奋，因为它证实我们都是同一个大家庭的成员——人类大家庭。

自然，这种感觉本身是由我的大脑强加给我的。别人也是和我一样的。人类总是沦为其大脑的受害者。也许是心甘情愿的受害者，但当大脑诱使你成为受害者时，你要怎么定义独立的“意志”呢？我希望继续爱我的妻子，所以我要感谢我的大脑允许我这么做。但是，如果我的大脑不允许，我还会继续爱她吗？答案无疑是否定的。不，我一点儿也不担心惹怒太太，因为我知道，如果她的大脑中没有了对爱的需求，她或许早就抛弃了我。

想想看，要是人类真的可以随心所欲地重连大脑会发生什么？我们可以通过升级进化历程赋予我们的旧硬件，将它换成新的、不一样的东西，以此改变我们的意识、愿望，甚至内心最深处的想法。

听起来很恐怖？当然恐怖了。我们的大脑天生就会害怕未知的事物，害怕生活中突如其来的剧变。变化总是会构成威胁，对我们的生存产生不利影响。难怪在整个进化过程中，我们的大脑都在规避风险，最终我们自己也习惯了这样做。所以我想在这一部分扮演魔鬼的代言人，向大家讲解人类意识和思维范式的完全转变会有怎样的积极意义。

如果你和我一样，那你肯定也想继续关心那些你最珍爱的东西：对亲人的爱、对孩子的同情，或者推动你前进的竞争动力。那么，我很高兴地告诉你，我也不想调整这些特殊的情感，因为目前它们完全符合生活的需要。可是，在当今社会中，还有其他一些低级的冲动可能会伤害个人，最终还会彻底毁坏人类和地球。

这种预先编程的冲动的例子非常普遍。虽然大多数已婚人士发誓要维持一夫一妻制，但据估计，其中55%的人曾有过婚外情。为了婚姻的和谐，在婚后立即消除对其他人的性吸引力不是更好吗？我想应该有很多人认为自己的伴侣得接受这种治疗。当然，穿着各种奇怪服装的宗教人士和权威人士可能会要求男性信徒接受这种治疗，以完全消除他们看到漂亮女人时可能产生的“罪恶”想法。

但是，也许你并不愿意消除那种在看到漂亮伴侣时感受到的刺激。如果是这样的话，下面的升级（或者降级）建议对你来说可能更有趣：

· 抑制竞争欲望，这样你就可以享受一种丰富且更有成就感的家庭生活，不用太担心激烈的竞争。

· 提高同理心，这样你就能更好地分析人际关系，找到一份心理学家或社会学家的工作。

· 完全抑制你与他人感同身受的能力，这样你就能执行积极的商业策略，不会被恼人的良心所累。

· 消除普遍存在的抑郁倾向。

· 消除盲目追随（已故的或在世的）领袖的冲动。

关于大脑的增强和修改，能说的还很多，但我想你已经明白了。我们在基因工程的章节说未来的人类可能跟现在的人类长得不太一样，那么更全面的了解神经科学之后，我们会相信，未来的人类也不会像现在的人一样思考。

我很确信，等我们能编程大脑，就一定会出现新型的社会。它们不会像国家一样有边界，也不会以遵守某些官僚制度为基础。这些社会的成员会选择（或让他们的父母为他们选择）一种符合社会意识形态的方式来改变他们的意识和思维模式。人群将根据不同的意识形态被重塑，人类的思想可能被设计为有益于国家和主流意识形态的模式。

从长远来看，这种策略给人们带来的幸福感可能会超过本书中谈到的任何技术。幸福将不再依赖大脑为我们设定的要求。这些要求是在我们人类原始的穴居时代形成的。人类要获得自我满足，不必再费力去满足数万年和数十万年前形成的需求。这些需求在今天可能已不适用了。其实，除此之外，我们可能再也找不出办法拯救这个小小的星球，拯救人类自己，让他们不要毁灭在我们自私和原始的欲望造成的污染和战争中。这些欲望驱使着我们去争夺新的领土、更多财产和更高的社会地位。就像爱因斯坦预言生物革命的顶点时所说的那样："我们不能用我们创造问题时的思维来解决问题。"

现在，你相信了吗？想试试吗？我猜想大部分读者应该会放弃这章说的那种全面的思维转变。但在未来世界，一定会有人愿意消除自己的竞争动力，因为他们会认为竞争是徒劳的。反正每次他们失败的时候，都会产生一种压倒性的失望和无能感。还有一些人会选择根除同理心和对人类道德的被迫服从，这样他们就能不遗余力地专注于自我提升。当然，也会有一些人选择完全消灭他们的意识，像一个活在当下的无意识机器一样，实现一种禅宗式的存在，并以此为乐。当然，他们都是人，但他们的思维过程与我们今天所认识的人大不相同，所以我们可能无法理解他们的动机和欲望，就像我们无法解读蚂蚁的感知，蚂蚁也无法理解我们的动机一样。

这个未来标志着我们不再有能力预测人类未来。因为这种能力始终依赖于这样一种理解，即人类的欲望将保持原样，渴望幸福和富有、成功和繁荣。但是，达到上述意识状态的人会如何表现呢？他们会建立什么样的组织来自我监管？在这个陌生的时代，家庭生活会是什么样子？说实话，我们无法知道，甚至无法对这样一个未来做出半点像样的预测。

这也是我们把这些问题放到本书末尾的原因。一旦人类完全控制了自己的大脑，所有其他预测都将变得无关紧要。这样的事件将最终改变游戏规则。这是人类物种历史上的一个“奇点”；这个术语来自未来学家雷·库兹韦尔的著作《奇点临近》。我们在它之前形成的任何想法都无法理解它之后到来的剧变。

我们如何应对这个奇点呢？也许我们可以探索独特的人类文化，从中获益。这些文化采用了与西方社会广泛接受的价值观、习俗和思维过程大不相同的方式。如果说我们很快就能够给每个人分配一种理想的意识类型，那对各种形式的意识和思维的理解就至关重要，哪怕这种理解可能很有限。

我们无法确定奇点会在何时出现，但我相信也就是几十年到几百年的时间。它到来之前，人类应该已经通过科学的力量发现了大自然最深奥的秘密，实现了令人惊叹的技术成就，并且可能（只是可能）已经开始应对我们的最大障碍：太空。具体来说，我们需要成为一个多星球文化，最终为宇宙注入生命。这是在下一章，也是最后一章中讨论的挑战。

第十章

我们的目标是星辰大海

等你200岁的时候，你就能到访火星了。也许，还能更早一点儿。

如果你50年前去参观美国国家航空航天局（NASA）的训练设施，你会发现一队队汗流浃背、身穿运动服的人跑来跑去，跳过障碍物，做俯卧撑，迅速服从教官的每一个指令。申请人会使出浑身解数来打动考官，争取被NASA的太空计划录取，离开地球上绵延起伏的牧场，前往外太空，欣赏那片壮丽的黑暗。

许多科学家也尝试过。普林斯顿大学的物理学家杰拉德·奥尼尔（Gerard O’Neill）教授就是其中一位。奥尼尔十分着迷那个要进入太空的梦想。用他自己的话来说："只要活着，就应该努力参与其中，否则太短视了。"他申请了，参加了选拔测试……但没有成功。

后来他决定开始自己的太空计划。

从20世纪60年代末一直到去世，奥尼尔一直主张公民和私营公司可以，也应该探索并殖民外太空。他还组织了一系列关于太空定居的会议，有很多当时最杰出的物理学家和思想家参加。他目光炯炯地在所有愿意聆听的听众面前，描绘了人类在外层空间的未来。1977年，他建立了太空研究所，吸引了一批追随者，这些人甚至在他死后还在为他的梦想不懈努力。

奥尼尔相信，人类正快速接近一个重要的历史转折点——我们注定要在蔚蓝的天空中翱翔，飞向太空，飞到繁星之中。他一生都在为这项事业奋斗，甚至在因白血病去世前的一个月，他还参加了太空研究所最后一次董事会。会上，他坚定地重申："人们没有到太空生活和工作，我们的使命就没有终结。"

"奥尼尔是这一切的开端。他认为我们应该利用想象力和工具来探索太空。他相信，这样我们就能发展一种新的文明，殖民太空，在那里继续生活。"里克·图姆林森（Rick Tumlinson）在电话里对我说。我可以感受得到一个年轻男孩在引用他尊敬的导师的话时那种兴奋。但图姆林森已经不是孩子了。他曾在奥尼尔的空间研究所工作，之后也一直不懈地推动非政府太空殖民的想法。2004年，他被《太空新闻》（*Space News*）杂志评选为太空行业百位最具影响力的人物之一。

2013年，图姆林森创立了深空工业公司（Deep Space Industries）。这家公司新闻稿中说它打算在深空中开采小行星。这一设想基于奥尼尔的早期思想。但图姆林森对公司有不同的展望。"你看我们公司的名字，它没有特别提到小行星采矿。我们的目标是获取太空资源。"他对我说，"近几年，我们已经迈出了在外太空建立定居点的第一步。必须要有负担得起的太空交通工具，要有可行的空间经济模式，以及远离地面生活的能力，这样才能在太空中获取可用的资源。"

受到奥尼尔思想的启发，图姆林森和许多航天工业人士一直在努力让这些想法变成现实。许多初步的迹象已经预示了他们可能成功。一旦成功，人类就会开始向外太空移民，或许21世纪末之前就能实现。当然，前提是我们要满足图姆林森提出的三个条件。

价格公道的星际交通

20世纪90年代中期，多次创业的年轻企业家伊隆·马斯克（Elon Musk）正在选择他下一家公司的目标市场：互联网、清洁能源，还是太空。马斯克最终利用当时互联网行业的疯长势头， 创办了一家为报业提供在线“黄页”服务的公司。仅仅过了四年时间，他就以三亿美元的价格把公司卖给了康柏电脑公司（Compaq）。

马斯克不会满足于自己的成就。公司卖掉后不久，他就与人合作成立了一家新公司，为客户提供便捷的在线付款服务。你可能知道这家公司，就是今天的互联网巨头PayPal。三年后，这家公司以15亿美元的价格卖给了eBay。马斯克对互联网的专注获得了回报。

之后，他决定要在航天工业中开拓出一条新路。

就在卖掉PayPal的同一年，马斯克开始推动火星生命计划。他想实现一个名为“火星绿洲”的项目，希望能在火星上建立一个机器人温室，将地球上的生物首次带去火星。于是他开始考虑向火星发射火箭的相关成本，但很快发现成本远超他的预期：发射一枚美国导弹就要花6000万美元!

马斯克可能还有些意外，但太空专家早就知道太空飞行的高昂成本。许多太空飞行和太空探索领域的专家指责NASA ，认为这个政府机构效率低下，且浪费严重，为了维系航天飞机项目的运转花了数百亿美元。航天飞机在最初设计和建造时是一个技术奇迹，但几十年过去了，它的计算机系统停滞不前。到21世纪初，航天飞机使用的低效设备和计算机系统落后于时代20多年。难怪NASA无法创新，无法降低太空任务的成本。它根本没理由这么做，因为它是美国唯一有能力发射航天飞机的组织。当时，它还没遇到过任何能迫使它提升效率的对手。

于是，马斯克来了（不管NASA是否欢迎）。2002年， 他创办了太空探索技术公司（Space Exploration Technologies，简称SpaceX），并个人出资1亿美元聘请了科学家和工程师，研发更便宜的运载火箭。这是一场豪赌，但也确实赢得了回报。

如今，经过十多年的研发，SpaceX公司已经有能力向太空发射新的猎鹰1号和猎鹰9号火箭。专家称，SpaceX公司研发猎鹰9号花费了3.9亿美元。如果NASA开发一个类似的项目，总成本可能会高达40亿美元，是SpaceX的10倍。SpaceX虽然规模小，但是效率高。

SpaceX的胜利势头还在继续：2012年，它成为首家向国际空间站发射无人宇宙飞船的私营公司（航天器名为龙飞船，可以搭载宇航员）。2013年，它在同类公司中第一个将卫星发射到地球同步轨道。飞船上一个座位的价格大约是2000万美元。面对这样的发展速度，NASA决定在2011年退役航天飞机，然后靠工业火箭将宇航员送入太空。NASA已经与SpaceX公司签署了一份价值16亿美元的合同，包含12项任务。私营企业战胜了政府。

虽然2000万美元听起来不算便宜，但要知道，乘坐俄罗斯太空船进行一次类似的飞行要花上差不多6000万美元，是SpaceX的4倍。不过很明显，即便是考虑到目前的替代方案，这个价格也还是让很多人对太空之旅望而却步。只有政府机构、大型企业和古怪的亿万富翁才能拿出这么多钱。

但是这个价格会继续往下降。

“各个公司会竞争，所以价格会下降。会有更多的人利用这项技术走进太空。” 图姆林森说，“私营企业之间的竞争会迫使它们选择更经济的方式。没错，目前在太空待上几天要花费数百万美元，但还是有很多人负担得起。有了付费客户，你还需要有人来为他们服务并运营这些设施。”

太空之旅以后会便宜到什么程度还很难预料。不过，可以预测，未来10年到20年内，普通的路人应该还买不起一个太空舱座位，不管开发者是SpaceX，还是其竞争对手维珍银河公司（Virgin Galactic）和轨道科学公司（Orbital Sciences）。但是，如果这样的航天工业仅掌握在少数富到流油的人手里，这个产业本身能延续下去吗?

美国酒店和航空企业家罗伯特·毕格罗（Robert Bigelow）对此深信不疑。他甚至已经在绕地轨道上开了一家太空酒店。

太空酒店

在私营航天工业中，罗伯特·毕格罗似乎是个怪人。也许我们别无选择，因为我们还处于起步阶段，只有疯狂的、勇于创新的企业家才能推广这样一个行业概念。也许我们不该叫他们“疯子”，毕竟他们也很成功。

1998年，毕格罗航空航天公司（Bigelow Aerospace）成立，初期投资数千万美元。那时，他已经在美国酒店业积累了超过2亿美元的个人财富。他发誓要向这家公司投资5亿美元，并声称目标就是将自己的酒店生意做到外太空。

目前，毕格罗提供的太空“酒店客房”并不是豪华套房。他在2013年初展示的样板房看起来更像尺寸与大衣橱差不多的窄圆柱体。这是必然的，因为进入太空的成本仍然相当高，所以限制了这种装置的大小和重量。但是一旦这个圆柱体到达国际空间站和泊位，它的外层就会向外充气，让它更像一个大房间，宇航员和太空游客可以在里面工作、研究、吃饭和睡觉。

感觉可笑吗？NASA 实际上相信毕格罗能够做到。2015年，这位企业家与航天局签订合同，为国际空间站提供这样一个房间。此外，他还分别在2006年和2007年成功地发射和测试了名为“创世纪1号”和“创世纪2号”的两个充气房间。创世纪2号成功充气成一个长4.4米、直径2.5米的房间。它还在大约530公里的高度绕着地球飞行。

毕格罗认为，这项花费他数亿美元研发的技术可以经受住外太空的极端条件。他声称，包裹着“太空客房”的柔性外壳能抵挡以每秒7公里的速度运行的微小陨石，在真空情况下保持结构完整，保护任何未来的长期居民免受宇宙射线的伤害。既然NASA已经接受了这些说法，不妨让毕格罗先生试试看，应该也不会造成太大风险。不过，我们必须要问的是，他打算用这些充气房间做什么？

答案和大家想的一样，租给出价最高的人。2500万美元可以让你独家使用、居住和控制太空中的110立方米整整两个月。与NASA的普通宇航员不同，你不必做那些维护空间站的日常苦差事。相反，你可以把时间花在做私人研究或录制真人秀节目上。房间是你的，只要记得按时退房就行。

谁会花钱去住外太空呢？毕格罗相信这样的人会有很多，不只是那些古怪的富翁。许多国家都想把宇航员送入太空，以提高自己的声誉，同时证明自己有这样的能力。他们可能有必要的资源，但没有技术。毕格罗的太空酒店会让他们梦想成真。

梅德塔公司（Meidata）分析师尼姆罗德·阿夫尼（Nimrod Avni）说："这样的太空酒店以后可能会扩大成'太空俱乐部'，会员就是那些拥有宇航员并有能力进行太空试验的国家。这是一种外包的太空计划。那些还没有真正太空计划的富裕国家，比如沙特阿拉伯、伊朗、卡塔尔，甚至以色列，可能会想把宇航员送到太空实验室，进行太空实验。他们可以在太空酒店里训练宇航员适应外太空生活，不需要花大价钱建造地面训练设施。节省下来的资金可以购买技术，以便建立自己的独立太空项目，同时专业人员在太空酒店工作数月，还可以积累知识。除此之外，派遣宇航员到外太空往往会提高国家士气，就像以色列第一位宇航员伊兰·拉蒙（Ilan Ramon）一样。虽然他在执行航天任务时没有用以色列的独立技术，但这项任务本身还是让人们很振奋。2003年，拉蒙在哥伦比亚号航天飞机失事中遇难。"

阿夫尼还说："外包太空计划的另一个方面可能是，富裕国家，而不是超级大国，会在未来的太空资源竞赛中获得优势。因此，围绕这类资源开发的外交对抗会变得多极化，且更加激烈。假设一个国家设计出一种航天器，能探索和开发小行星矿物等资源，或者是直接收购一家掌握此类技术的公司，它可能就会通过一个大型独立航空公司来发射这个航天器，支付一定费用或者未来的一部分利润。正如文艺复兴时期政府支持探险家去寻找重大发现一样，未来，一些国家的政府和私营公司之间可能形成合作关系，私营公司把专业知识卖给出价最高的人。这项交易对国际动态和国家开发新资源的能力都会有长期的影响。"

不仅如此，毕格罗还预测，出钱使用这些太空酒店的不仅是各个国家；医疗和冶金公司也会热切地把科学家和工程师派往外太空，以便通过实验检测在地球重力场中无法进行的制造工艺。飞机制造商也会愿意出资去外太空测试新发明。媒体公司或许还能将太空酒店这个小空间变成一个赢利的广告代理部门，录制外太空广告。除此之外，NASA自己也能租用毕格罗的太空客房，将自己的人员变成永久的太空居民。

图姆林森说："SpaceX和毕格罗之间达成了一项协议，没有任何政府参与。这是一个关键的时刻，却没有人注意到。根据协议，SpaceX将把乘客送到毕格罗的商业空间站。" 这是一个重要的突破，因为这预示着私营市场正在成为航天工业的主要增长引擎。

今天的计划和交易将为未来定下基调：接下来商业实体会击败那些行动缓慢、效率低下的政府机构，逐步掌握航天工业的控制权。太空酒店和太空实验室必然会做到这一点。使用者即便很少，在未来几十年中也会稳步增加，不仅是因为价格下降，更重要的是因为毕格罗的客房可能会成为建立空间殖民地的中转站。

我们为什么要开拓太空?

在本书中，我们探讨了人类在未来几十年里注定要经历的几场革命。但在最后一章中，我们将回到200多年前的19世纪初。当时，世界上大多数人的生活条件比现在最穷的人还要差得多。有相当一部分人还没活到25岁就死于疾病。没有疫苗和抗生素来对抗传染病。每年瘟疫都会夺去数百万儿童的生命。战争和空气污染也会导致无数成年人丧生。没有和平，没有福利，没有健康。

但还是有希望的。

19世纪是一个科学突飞猛进的世纪，为人类提供了重要的技术。如今，天花等疾病已消灭，百日咳、麻疹和腮腺炎等其他儿童疾病也几乎根除。起源于19世纪的医学进展，让我们在癌症、阿尔茨海默病、帕金森病和心血管疾病等老年病来临之前，能够享受更长久、更高质量的生活。这一切都是从那时开始的。

如果你回到那个时代，走在伦敦的大街上，问街上的普通人未来会怎样，他们会滔滔不绝地讲述未来种种美妙的事情：巴斯德的疫苗会让疾病成为过去；每个人都会拥有自己的家，会赚到足够的钱，养一只宠物狗或宠物猫；人们会掌握"电"这种神奇的科学力量，不必再用由动物脂肪制成的蜡烛就能照亮每幢房子；街道上不会再有污水；人类的预期寿命会增加，甚至能达到80岁！

这大概就是普通人的答案。你应该不会觉得这是天方夜谭（这其实是非常合理的预期）。当时的欧洲社会，不管是个人还是整个大众，都对进步和发展充满信心。那个时代杰出的思想领袖们正在努力重建社会，科学家们也在努力发展技术，保障普通人有获得幸福和实现自我的权利。

这些科学家和工程师都在孜孜不倦地努力提高人类的生活水平，但有一个人在质疑他们的乐观预测。这个人就是虔诚的托马斯·罗伯特·马尔萨斯（Thomas Robert Malthus）。马尔萨斯认为，对人类来说，长长久久且无比充实地活着是最可怕的事。如果太多的人变得特别长寿，生了太多的孩子，就会导致食物稀缺，甚至整个人类社会的崩溃。

这是他的悲观预言，而且是对的。

他简单比较了人口增长率和世界粮食产量增长率，得出了这种悲观看法。人口增长是指数性的，粮食产量增长是线性的。两者之间的差异非常显著，足以证明人类永远无法超越食物供应的限制。

指数增长是什么意思呢？雷·库兹韦尔在他的著作《奇点临近》中给出了一个很好的例证。设想一个自豪而勤奋的小湖养鱼场主，他总是无休无止的工作，从不休假。其实我们可以理解他的担忧，因为湖里也有很多野生睡莲，它们随时可能侵占这个湖，使鱼窒息。计算一下，睡莲的数量每三天翻一番。几个月来，他一直在湖边等着，仔细地观察着湖水，但只看到几片小到几乎看不见的叶子长出来。最后，在睡莲只覆盖了湖泊面积的1%时，他受不住孩子们不停的劝告，决定去度假。可是三个星期后，他回来却发现睡莲叶子已经覆盖了整个湖面。

其实这是一道简单的数学题。如果睡莲的数量每3天翻一番，那么21天内，花的数量就会增加到128倍。前3天，1支花变成2支。6天后，它们的数量增加到4支，然后是8支、16支、32支、64支、128支。所有这些都是一支睡莲在3周之内繁育的后代。如果湖的主人再等9天，花的数量就会是原来的1000多倍，如果他3个月后再回来，就会有10亿支睡莲在不停地争夺阳光，把整个湖淹没。当然，到那时鱼早就死了。

库兹韦尔的例子很好地解释了指数增长的力量。在一个增长过程中，如果后一代生物的数量都是前一代的两倍，那么在很短的时间内就可能达到惊人的数量。类似的过程也适用于人类。1974年，著名科幻作家艾萨克·阿西莫夫曾尝试计算：如果世界人口增长率保持每年2%不变，会发生什么？如果真是这样的话，人类数量每35年就会翻一番。阿西莫夫的计算表明，如果人类能保持恒定的增长率，那么在不到1600年的时间内，人类的体重总和就会超过地球本身的重量，再过1600年就会超过包括太阳在内的整个太阳系的重量，再过2500年将超过整个宇宙的重量。

这样的计算可能看起来毫无价值，因为人类不能简单地不间断繁殖。人类要受环境资源的限制。万一人类的重量真的超过了整个地球，他们吃什么？去哪里找足够的小麦和稻田，以及足够的地方饲养牲畜呢？人类的繁殖能力在理论上是无限的，但栖息地和耕地是有限的。地球只能给我们提供这么多的土地、水和空气。连我们接收到的阳光也不是无限的，它只能支持有限数量的（尽管这个数量是惊人的）植物。超过了地球的能源极限，我们就不能种植小麦、大麦、苹果和橘子，也没有更多的空间来饲养牛、鸡和羊，甚至根本没东西喂养它们。没有了这些，人类就没有足够的食物。

马尔萨斯是专业的经济学家。他清楚人类指数增长的深远影响，知道人口疯狂增长将导致地球没法再满足人类的需要。正是对未来的担忧让他公开敦促年轻人节育，让他们在有能力养家糊口之前不要生孩子，也不要有性生活。英国的年轻人集体表示蔑视，继续过着自己的生活。其实，今天大多数人面对全球变暖和其他紧迫环境问题的严峻预测时，也做出了差不多的反应。

幸运的是，有两个主要的因素使得马尔萨斯预测的灾难性人口过剩未发生。首先，发达国家平均每个家庭的孩子数量减少。发达国家的生活和教育水平越高，每个家庭的孩子数量就越低。这是普遍现象。当家庭成员，特别是母亲，受教育水平增高时，孩子的数量会迅速下降。

第二个帮我们避免灾难性人口过剩的因素是技术的进步。得益于先进的大规模生产技术，人类培育出了更好的作物和肥料，生产效率也得到提升。我们可以利用化石燃料（石油和煤炭）和可再生资源（太阳能、风能）来生产能源，提高发达国家人民的生活水平，也避免发展中国家出现人口过剩和灾难性的饥荒。

很明显，我们的人口不会简单地不断增加，到达地球能承受的极限。否则，要是我们找不到限制人口数量的方法，就要被迫离开人类的摇篮，在其他星球上建立殖民地，甚至可能在巨大的空间站上建立殖民地。

许多人意识到人类必须在其他星球上启动殖民。关于这个主题的文献非常多，大部分都在科幻小说领域，但有一个共识是，这些新的殖民地必须自给自足，不会对地球上已在减少的资源造成更多负担。虽然我们尚未开发出开采外太空资源所需的技术能力和手段，但我们一直在进步。

开采小行星

2012年4月，行星资源开发公司（Planetary Resources）发布了一份官方新闻稿，受到全球媒体广泛关注。该公司为自己设定了一个大胆的目标：开采小行星，提取地球上所需的宝贵资源和原材料。

与在地球表面作业的传统采矿公司不同，行星资源开发公司不会把矿工送上小行星。采矿过程将是全自动的。在微型卫星望远镜找到合适的小行星后，机器人太空车将被派去探测和描绘小行星的特征，进而开采地球上稀有的贵金属。

和见到本书中的许多其他计划时一样，我猜你可能还是会问："他们都疯了吗？"目前的实验室机器人几乎连识别和捡起地板上的硬糖都做不到，行星资源开发公司的人怎么能相信机器人设备能执行复杂的采矿作业呢？然而，该公司的员工在等待着未来科技的进步。他们也有信心能创造出至少和勇气号一样先进和可靠的机器人仪器和车辆。勇气号是NASA的火星探测器，它成功地在火星上漫游和探索了5年多（1944天）。

他们并不是唯一相信科技能带他们去开采小行星资源的人。行星资源开发公司拥有一份豪华的私人投资者名单，其中包括谷歌的联合创始人拉里·佩奇（Larry Page）、谷歌前首席执行官埃里克·施密特（Eric Schmidt）、《阿凡达》的导演和制作人詹姆斯·卡梅隆（James Cameron），以及其他眼光独到的人士。此外，美国最大的建筑和工程公司——贝泰公司（Bechtel Corporation）也在其中。该公司经常承建大型建设项目，拥有发电厂、炼油厂、供水系统和机场。

这些投资者加入项目，可能是因为他们对行星资源开发公司的前景充满信心。他们也可能想到了成功的结果：一旦成功，成果不可限量。和地球相似，有些小行星也含有高浓度的贵金属。在地球上，这些金属在地球形成的时候被吸收到了熔化的地核中，所以很难在地表找到。但在小行星上，这类资源更容易开采，因为它们嵌入行星内核的量相对较小。

行星资源开发公司联合创始人埃里克·安德森（Eric Anderson）认为，一颗直径0.5公里的小行星所含的铂可能比人类在地球上发现的铂的总量还多。铂到底有多值钱？如今，这种金属会被用来制造电极，并在各种制造工艺中用作催化剂。其价值约为每千克4.6万美元，约合每磅2.1万美元。

安德森还说，UW158是行星资源开发公司观测到的小行星之一，其长度可达整整1公里。小行星蕴藏的资源总价值在3000亿美元到5.4万亿美元之间，可以给投资者带来巨额回报。

行星资源开发公司公布计划并吸引投资者9个月后，里克·图姆林森创立了本章开头提到的深空工业公司。图姆林森计划发挥相同的作用，但是最终目标却大不相同：行星资源开发公司是要将这些资源带回地球，图姆林森则是想为在外太空有效利用这些资源铺平道路。

图姆林森说：“我们很快就会踏上寻找小行星的旅程，寻找我们可能会利用的资源。可能性最大的是那些含有气体的小行星，因为我们可以加热小行星，让这些气体冒到星球表面。这些气体里面就包括蒸汽，因为一些小行星含有冰。水是由氢和氧组成的，分解之后就会得到氧气，就可以让人在外太空呼吸，同时也会得到氢。如果你把氢和氧结合，然后加上火花，就有了火箭燃料。氧气、水和火箭燃料，真是个不错的开端！”

图姆林森想把公司定位为其他航天事业的服务商。“就像一个有加油站的绿洲，”他兴奋地说，“有燃料、水和氧气。做到这些之后，我们将能把小行星磨成碎片，用磁铁来收集铁和其他磁性金属，然后很快就能得到建筑材料！有一种叫作微重力铸造的工艺，可以用气体来提取镍。一旦有了铁和镍，就能用3D打印技术来制造太空中需要的物品：螺母、螺栓、铰链等。”

所以我们又回到了原点：将第一章中讨论的3D打印机作为人类通往外太空的垫脚石。但是，目前的机器人技术和打印技术是否足够成熟？能帮两家公司兑现承诺吗？图姆林森确信答案是肯定的。

他自信地对我说：“我们没有不自量力，我们谈论的是未来10到15年的事情，不是下周要完成的工作。我觉得我们正处于一个转折点，技术将从这里开始加速发展。如果你关注采矿业，即便是在地球上，也总要看到5至20年后的光景。就算你恰好在地球上拥有现成的矿产，开采它们通常也需要5至10年的时间。所以，我们确实清楚自己在做的是什么。我们是为了长远打算。”

深空工业公司计划在未来推出第一批运载工具。公司称这些航天器为“萤火虫”，体积差不多是三个笔记本电脑叠放在一起，其唯一目标是拍摄选定的小行星。这些飞行器将用太阳能电池板和化学燃料获得动力，帮助深空工业公司寻找可开采的小行星。一些“萤火虫”运载工具甚至可能被派去执行自杀任务，冲向小行星，通过测试爆炸产物来分析小行星的成分。根据图姆林森的说法，这样一个飞行器的成本不到2000万美元。这对于航天工业来说，不过是九牛一毛。

“那么我们如何筹集这些资金呢？”

图姆林森回答了我的问题：“其中一部分会来自政府，因为它在这个领域自然是有既得利益的。NASA正计划将一颗小行星拖回地球，那么就要知道哪颗小行星的大小和成分是最合适的。所以，NASA就是‘萤火虫’的潜在客户之一。其他客户会是工业领域的公司，例如矿业公司，它们往往会做跨度为5年、10年甚至20年的项目。当然，也会有赞助商。谷歌在2007年就开始赞助‘谷歌月球X大奖赛’。这是一项将私人出资的航天器送上月球的竞赛，奖金总额达3000万美元。也就是说，谷歌提供数千万美元的赞助，只是为了让自己的名字与竞赛联系在一起。”

图姆林森是目前最有经验的航天工业企业家之一，他的推断似乎十分可靠，但是即使他对筹集资金的预期是对的，发射“萤火虫”宇宙飞船也仅仅是去小行星采矿的第一阶段。深空工业公司计划发射“蜻蜓”号宇宙飞船，体积大于“萤火虫”，能够回收重达数十公斤的小行星碎片。这些碎片将被送回地球进行仔细检查。关于这点，图姆林森认为深空工业公司可以出售股票来筹集发射“收割机”所需的资金。到2022年，这些机器将从小行星上提取最值钱的金属和矿物，并将它们拖到近地轨道上。根据这一计划的时间表，我们很快就能开发浩瀚的太空资源了。希望这些技术能够至少在未来的几十年里帮助我们把马尔萨斯式的长剑从我们的脖子上取下来。

但是，我们能彻底切断与地球的联系，在太空和火星上建立自给自足的殖民地吗?

殖民火星

2013年初，火星一号组织（Mars One）宣布成立，计划十年内在火星上建立殖民地。火星一号组织计划在2023年前派出一支由四名志愿宇航员组成的先锋团队，尝试扩大人类的活动范围，建立一个永久的火星殖民地。是的，永久性的，他们不打算返回地球。其实，预计每隔一年还会有四名宇航员加入他们的行列。

第一批火星移民要如何生存呢？火星一号计划在未来几年使用SpaceX公司正在研发的相对便宜的火箭，向火星运送2500公斤食物。2021年，住房也会运送到火星，等待第一批宇航员前去。宇航员们会加热冻结的火星土壤来释放水和氧气，用太阳能电池板收集阳光，当然，他们还要用3D打印机制造新的结构元件和备件。特别值得注意的是，欧洲航天局开发了一种3D打印机原型，能在月球上建造整个建筑，使用的完全是月球上的材料。今天是月球，明天是火星。

火星一号目前的成本估计高达60亿美元。钱从哪里来？该组织正计划把整个项目做成一个大型的真人秀，以便筹集资金。这个真人秀会初步筛选两万名志愿者。志愿者要参加这次火星单程旅行，完成拥挤而又疲劳的飞行，然后在火星定居。《老大哥》（Big Brother）节目策划者、火星一号组织的大使保罗·罗默（Paul Römer）说：“这次火星任务可能是世界上最大的媒体事件。”老实说，谁不想看到第一批火星居民呢?

火星一号的管理者认为，出售赞助权和广告可以覆盖大部分成本。NASA等政府机构还将提供大量补充资金，让火星一号的人员开展各种研究项目。

许多专家认为，火星一号的商业计划存在严重缺陷。他们预计，实际成本会远远高于60亿美元，外太空的辐射和恶劣条件将导致定居者肌肉萎缩和视力退化。专家还说，NASA已经在宣传它自己的太空行动，但基本上未受人关注。

这些确实需要认真讨论。新项目的实际成本往往都会高于预期。此外，目前还不确定火星一号到底能筹集多少资金。商业公司也可能不会支持四名宇航员的“太空自杀任务”。即便第一批四名宇航员安全着陆，变化无常的公众注意力也可能集中不了几个月，然后就转移到别处了。那样他们就相当于被抛弃在那个星球上自生自灭。

但即便如此，这些先驱者的死也是光荣的。历史将永远铭记他们是第一批火星居民。即使火星一号没能把人送上火星（这种可能性也很大），这种敢于大胆思考和冒险也昭示了我们前进的方向：向上和向外。

图姆林森告诉我：“SpaceX的存在就是为了让伊隆·马斯克有一天能去火星上生活。如果你雇了一群人来制造和发射大型火箭，这就不再是科幻小说了。谷歌的总裁们几个小时就赚上百万美元。他们投资几天的钱就够建造太空殖民地，我们就是他们水和天然气的供应商。”

这就是深空工业公司真正的意义所在：不是向地球提供额外的资源，让地球在遭遇马尔萨斯的魔咒之前再多坚持一段时间，而是为我们向外太空扩张和建立自给自足的殖民地铺平道路。这些殖民地的正常运转有赖于他们提供的资源。

图姆林森说：“我们将帮助人类获取更多财富，减少对这个星球的破坏。我们会创造一个充满希望的未来，即便人口持续增长，我们拥有的资源变少，人类也不再被困在牢笼里。我们会彻底打破原来的方程式。”

是梦吗?

毫无疑问，长期的太空任务确实会遇到危险和困难，包括已知的和未知的，能理解的和暂时理解不了的。在地球大气层外的宇宙飞船上待上一段时间，宇航员的DNA会受到宇宙辐射的伤害，肌肉和软骨也会因零重力受到损伤。即使第一批星际宇航员成功登陆火星，他们也必须面对严峻的环境，包括严寒和沙尘暴，生活氛围也会极其冷清。

人类能在这么严峻的环境中生存吗？会有人愿意吗？目前还不清楚。火星殖民地必须自给自足，而且要相对安全，对生存至关重要的基本建筑要相对稳定。虽然首先只需要开采小行星和用3D打印机制造食物等产品，但要想把火星本身“地球化”还需要相当长的时间，可能要几个世纪才能达到必要的技术水准，才能释放出火星南北两极的碳，融化火星上的冰，并将它以水蒸气和氧气的形式释放到大气中，形成可呼吸的大气。基本可以认为，如果不能改造整个火星，就没办法真正开始殖民。我们至多可能建立相关岗位和研究站，为一小部分人员提供服务。

人类向太空的扩张也可能因为其他因素受阻，那就是在外太空可能没法生孩子。国际空间站测试的受精老鼠卵很难发育成完整、健康的胚胎。微重力似乎干扰了胚胎的发育。除非能设计出促进胚胎发育的纳米技术，否则连我们最早的太空殖民计划也可能被扼杀在摇篮里，而要达到如此先进且复杂的技术水平可能还要几十年的时间。

最后这个困难完美揭示了我们目前知识的局限性。外太空还会对我们的健康造成多少危害？我们现在自然是觉得在拥挤的地球上沉闷地生存也比在外太空慢慢死去要好，但是地球要拥挤到什么程度，我们才会改变想法呢？所有这些问题都表明，在必要的医学和纳米技术完善之前，太空殖民的浪潮不会到来，但我们可以用这段时间强化身体，适应太空。

第三章总结

看了前几页的数据、故事和记述，你应该会相信，我们正在进入一个新的旧时代。说它新，是因为私营公司开始为外星探险提供资金。说它旧，是因为人类一直在拓展着文明，不曾停歇。

“殖民地中海盆地的希腊人代表的并不是希腊政府。他们是以私人的名义驾着小船去地中海沿岸定居的。”企业家、SpaceIL首席执行官扬基·马加利（Yanki Margalit）表示。SpaceIL是一家私人资助的组织，目前正致力于将以色列的一架航空器送上月球。“同样，是英国东印度公司践行了殖民主义，最终统治了印度，而不是英国政府。是哥伦布率领贸易代表团到达美洲，伊莎贝拉女王只不过是个私人投资者。我认为，火星的殖民化不会由美国或中国政府进行，而是由民间和私营组织来做。”

对于私人航天工业，仍然很难做出任何明确的预测。很多航空航天公司肯定也会像其他初创公司一样倒闭。本章中提及的初出茅庐的公司都极有可能发现外太空蕴含的挑战远超想象，进而不得不放弃。世界各地的技术保守派倒可能乐见这番景象。

但有一种预测我非常确定，那就是还有其他公司会继续探索太空。有失败的先行者，就会有后来者取而代之。航天工业正接近一个临界点：在私人投资者眼中，它很快就会带来利润。一旦股市能够支持航空公司赢得利润，太空开拓的势头就会兴起并持续。开始，它可能要依赖机器人和智能计算机，但是人类迟早会亲自开拓太空。只要我们能够利用太空资源维持生活，就会有人愿意去星际空间站、月球或火星上的太空殖民地定居。

在这一点上，科学保守派可能又有话说了。他们可能认为从长远来看，人体无法承受外太空的极端条件，无法应对月球或火星的微重力、外太空的零重力，更无法应对连最复杂的空间站外壳都能穿透的宇宙辐射。他们说得没错。即便火星一号的定居者设法到达了火星，也很可能无法在那种环境中生存10年以上。

那么，为什么我还会相信人类未来会殖民外太空呢？因为生物革命非常清楚地表明：人类会改变自己。我们将抛弃基本的、通用的人体模型，开始通过基因工程和纳米技术重塑自己。50年后的太空移民将与今天的宇航员大不相同。他们的思想和思维过程本质上还是人类的，但他们的身体将变得极为适应零重力和宇宙辐射。可以想象，他们的外形会和现在的人类一样，只是体内的某些代谢过程发生了改变，或者他们的组织内会有纳米机器，帮助他们应对外太空的恶劣环境。

这就是我们所探讨的三次革命——个性化制造革命、智能革命和生物革命——在外太空聚合的方式。智能机器人将为人类到达其他星球铺平道路。3D打印机这样的快速制造机器会给人类造出最需要或最想要的东西。人类的身体和思想会逐渐强化，适应极端条件，从而可以在外太空和其他星球上生存。

在更远的未来（也有可能就是本世纪之内），人类就将向着其他星球扬帆起航。我们将在其他星球建立自给自足、自力更生的空间殖民地。人类会以计算机形式或生物形式居住到这些地方。这些“人”可能会跟现在的人相去甚远。你在看到他们时，可能都认不出他们也是人类。然而，他们会把人类的精神、思想和文化带到广阔冰冷的太空，带到其他星球或更远的地方。他们将给宇宙注入生命。

著名天文学家卡尔·萨根曾经说，我们每个人的身体中都有超新星和恒星的原子。我们每个人都源自深空的星尘。

是时候回家了。

结语

从现在到未来

想象一下，一个登山者艰难地攀上了一座险峻高山的顶峰。这座山几乎是未知的。他知道，向前一步，他将迈向未知的领域，成就伟业，但如果这一步走错，他就会粉身碎骨。

今天的人类就处在相似的境遇之中。

过去的几个世纪里，我们集中了大量资源，试图通过科学来了解我们周围的世界。在过去的200年里，我们开发了许多技术，从蒸汽机到飞机，再到智能手机，我们似乎拥有了神一般的力量；我们目睹了工业革命的全面成果。现在，我们正要迎接同时到来的三场革命。

第一场革命是由3D打印机推动的个性化制造革命。在这场革命的顶点，所有的物质都会变成数据。珠宝、食物、玩具和药品……所有这些物品都将被转换成数字格式，在人与人、家庭与家庭之间传播。接收到这些数字文件的人无须走出家门，也不需要什么专业知识，就可以把它们打印出来使用。每个人都能随时随地享受到其他人创造的创新产品，就像我们今天可以自由地、不断地取用维基百科上的信息一样。这将是生产史上的一场深刻革命，伴随着巨大的失业浪潮，对实体商店、生产工人、卡车司机和大型零售商造成极其严重的冲击。

第二场革命，也就是智能革命，也会在同一时间启动。我们会开发出能模拟人类思维过程，或者至少能与人类进行交流的计算机和算法，其技能增强到可以与人类混淆的程度。 革命来临时，智能计算机将接管某些专业领域，如提供客户服务、撰写报纸文章、驾驶汽车，甚至提供医疗建议。在智能革命的顶峰，计算机或许可以密切了解我们的需求、爱好和欲望，来指导我们生活中的每一步——计算机会比我们自己更好地识别和理解这些需求。

智能革命到达顶峰时，生物和非生物的界限会变得模糊。计算机将在虚拟世界中扮演人类的角色，并能够通过重建死者的在线行为和写作模式，实现数字化的“复活”。可以想象，在短短50年内，我们就会看到两种不同类型的人：拥有原始物理身体的生物人类和虚拟世界里的人类虚拟替身。

之后，生物革命将达到高潮，甚至会把我们这些有血有肉的生物实体转化为虚拟实体。

生物革命会让我们能完全控制自己的身体。我们终于可以弄清楚人体内每个细胞的功能，以及我们遗传密码中每个字母的含义。随着诊断和医疗技术的发展（智能电脑的一部分功劳），我们就可以更好地应对各种疾病，用纳米机器来延长寿命，恢复活力。我们甚至能活着见证大脑和计算机的融合。那是终极的，也是必然的结果。

其实在如今的公开市场上就已经有脑机接口程序了。它们就是脑机连接的一种形式。这种接口程序会变得越来越先进，最终我们就可以用它们直接向大脑发送信息，甚至植入记忆。这些接口程序会与人脑融合，让我们逐渐用电子产品和计算机大脑模拟来取代大脑的某些部分。

这种逐渐的替换将确保被转移到计算机上的人仍然是同一个人，避免在大脑模式被复制的同时出现原始生物大脑逐渐萎缩的情况。最后，人类会融合到计算机中，并在虚拟生活中被唤醒。

当这三场革命达到高潮时，我们会看到三种不同类型的实体，其中只有一种存在于物质世界中。第一类是生物人类，他们会强化自己的身体，达到最佳健康和长寿状态。第二类是能模仿人类语言的数字实体，如沃森计算机，它们几乎可以与真人混淆。第三类呢？他们会是我们一直渴望成为的那种人类。我们称他们为自由人。他们不再受制于身体的衰老。他们将是纯粹人类心灵的终极表现，居住在虚拟世界中，根据自己的需要进行编程。在某一阶段（虽然不太可能在21世纪内），这些实体将连同其计算机化的住所一起被送往外太空，去检查那里的生物定居点。

或许，还有其他种类？

现在我们要回顾一下关于预测的关键点：短期之内，我们没有万无一失的方法来确切地知道以后会发生什么。这本书中说到的一些技术和进展无疑会因为种种原因而无法实现，也许是因为社会不接受它们，也许是因为立法者会对它们采取措施，也许是因为它们会被其他更先进的成果取代。

从这个意义上说，短期的未来远没有注定，我们还是可以用各种方式影响和操纵它。只是我们要了解目前的预测，以便用更好的方式来影响它。若如此，这本书的名字——《未来生活简史》——就成了赤裸裸的谎言。我们不可能针对未来生活编制一部指南。它的指导意义只能针对现在。你可以现在用它来获取知识，让这些知识帮你改变未来。这就足够了。

长远来看，情况就不一样了。未来几代人将很快地把我们现在不屑的技术整合起来，让它们成为司空见惯的东西，并以我们今天（自然不能以上一代的认知为标准了）无法想象的方式加以利用。在整个20世纪里，每一代人都是如此，科学发展总是像科幻小说一样。

长远来看，没有什么能阻止一项成熟的技术，立法者不能，特殊利益集团不能，愤怒的抗议也不能。就算某项技术在一些国家被禁止，它也会在其他国家出现。就算它被定义成非法，也会有人冒险去使用。这就是为什么我把希望寄托在长期，就算现在看起来完全不现实也没关系。

那么这本书里说的长期预测都会成真吗？当然不是！目前是人类历史上一个不稳定的阶段，任何降临到人类身上的灾难都可能扼杀所有科技进步的萌芽。自然灾害、全球变暖、核战争或生物战争、致命的流行病——其中任何一种都可能将革命往后推迟，甚至会让人类彻底脱离实现革命的轨道。更糟糕的是，技术革命本身就可能阻碍人类对美好未来的追求。如果自动驾驶汽车出现一次大规模连环事故，我们可能就不会再信任这些数字实体。如果一名恐怖分子用3D打印机制造了尖端武器，政府就可能全面禁止这项技术。实验室里的一种致命的转基因细菌可能会导致人类的灭亡，或者让我们的文明倒退几十年。

所以说，要想继续在正确的道路上前进，我们还有许多工作要做。我们要为技术革命做好准备，投资教育和研发，并制定法规来规范技术的使用。这些措施会帮我们实现人类所期待的光明未来，进入外太空。更重要的是，不管人类未来的化身是什么样子，最终能超越肉体的束缚。我真诚希望我们所有人都能进入那个时代。

如果你仔细读过这本书，你肯定已经注意到，人类正在接近一种新的生存状态。我们未来就可以完全控制周围的环境、自己的身体和大脑。说到这点，我的朋友尤瓦尔·赫拉利问过我：然后呢？下一步是什么？我们有了绝对控制权之后会做什么呢？无论是作为个人还是作为一个社会，我们的奋斗目标是什么呢？

愤世嫉俗的人会说，如今人类的主要目的就是赚钱，赚大钱。这个答案可能很常见，“白手起家”的故事俯拾即是，但金钱本身永远不会成为终点，因为它只代表潜在的东西。如果你有钱，你可以用它来买食物或毒药、鲜花或枪支。金钱只会扩大你的选择范围，却不能决定你最终选择什么。

即便那些整天张口闭口都是钱的人，他们所渴望的其实也不是钱。他们只对金钱感兴趣，是因为金钱会为他们提供跳板，让他们去追求更大的目标。

那么，目标应该是权力和影响力吗？这是第二种普遍的回答。我们很多人都想拥有掌控他人的能力，喜欢这种支配感。但如果仔细观察，权力无非是一种指导他人的潜力，不能预先决定你最终会选择哪条路。更大的权力通常与更多的财富联系在一起，但是没有现成的指南告诉你要怎么使用它们。

我们不能否认，很多人都在谋求权势。这是人性最大的缺陷之一。这种追求对个人和社会都有害，因为研究一再表明，权力不仅会滋生腐败，还会让人上瘾。一个拥有权力的人不会轻易放弃它，但这样就会限制自己和他的目标。正如约翰·达尔伯格-阿克顿爵士（Sir John Dalberg-Acton）所说：“权力导致腐败，绝对的权力导致绝对的腐败。”

其实你寻求的应该不是权力本身。如果你必须获得权力，你要时刻牢记，它不仅能帮你获得更大目标，也能淹没你的良心和同情心。很少有人能在这样的泥潭中种出健康、绿色的植物，更别提安然无恙地从泥沼中走出来。

那么，我们该寻求的是知识吗？这是许多科学家的答案。对他们来说，知识是无止境追求的最高目标。但是，正如科学方法的设计者弗朗西斯·培根所说，“知识就是力量”。诚然，我们要了解自然的元素和力量，才能掌控它。这本书的每一章都在说明，通过科学方法获得的知识将赋予我们巨大的力量。很快，很多人都能用上转基因细菌，能在家中打印枪支，或者将纳米机器融入身体。细菌可以传播疾病，也可以抑制其他有害细菌。3D打印机可以打印枪支，也可以打印人体器官。从这个意义上说，细菌和3D打印机就像炸药，不仅能用来实施令人发指的恐怖主义，还能用于开凿隧道和修路，这是造福人类的事儿。知识只提供力量，力量本身不能成为目标。

但是，如果你要从常见的答案（金钱、权力或知识）里选一个，我建议你选知识。知识可以带来权力和金钱，但与后两者不同，它可以广泛使用。每一章的内容都是人类翅膀上的羽毛，要用知识将它们结合在一起，过去是这样，以后也会是这样。

不过开始的问题依然存在：有了翅膀的你，要飞往哪里？

我坚持要找到这个问题的答案，因为我们目前正处于十字路口。读完这本书，你已经获得了一个知识体系。这个体系到现在为止都只有少数人掌握。你们已经看到个人被赋予了越来越多的权利，但还没有到可以自我维持的程度。未来的公民可以用3D打印机制造产品，但前提是他能从网上接收信息。植入身体的纳米机器也许会赋予他非凡的能力，但是他仍然需要专家来做定期维护，保证纳米机器正常运转。他以后可以用各种设备控制自己的情绪和大脑功能，但可能很快就会发现别人也能操纵他的思维。所有这些技术目前都在实验室和各个行业中孕育着。在本世纪结束之前，我们中的很多人应该还健在！这些技术会变成现实，融入我们的日常生活。我们必须找出对个人、国家和整个人类最有利的方式来利用这些技术。我们必须问自己，个人和社会的目标是什么？到底哪里才是我们心之所向？

我们能满足于一个勉强过得去的答案吗？绝不能。未来的样子可能会有很多种，每个人的答案也会有所不同。必将经历一场热烈的全球大讨论才会有最终答案。讨论会展示当前和未来人类面临的各种选择，阐明我们的前进方向。这样的讨论必须在内阁会议期间、在大型企业中，而且最重要的是在教育系统中进行。必须有来自每个国家的官员，以及从事各种工作的非政府机构参与讨论。

这样的讨论对我们在这个星球上的持续存在至关重要。在即将到来的时代里，一个心怀不满的人有可能制造出一种流行病，一个暴君也有能力重新规划臣民的思想。我们必须找到新的方法来解决个人、国家和意识形态之间的争端。如果不能以一种和平的方式考虑人类的最终目的，我们就可能陷入第三次世界大战。那将是一个人就能引起的风暴。就算你认为这种讨论根本给不出一个有意义的答案，但你至少也要相信，对话是解决人与人之间纷争的重要方式。

我热切希望，今后相关的讨论能为人类的未来方向找出一种值得信服的答案。现在，我想和大家分享我发现的最令人满意的答案。我知道，可能不是所有人都会喜欢这个答案。我也知道，在我倡导的全球讨论结束后，它可能就会失效。但是我相信，如果更多人以此为目标，对我们和我们的孩子来说都会是好事。我把这种方式叫作“包容”：接受一个人，接受他最真实的样子，包容他所有的优点和缺点。根据他的生活选择来对待他，忽略那些浮浅的因素：政治、宗教信仰，或者社会地位。

包容是商界的常见做法。如果一个公司从不跟外国公司做贸易，那它很快就会失去在全球市场上的竞争力。最成功的国家也崇尚包容。在这些国家，对种族、宗教或政治信仰的歧视都是违法的。歧视（而非包容）本国公民的国家很快就会落后于那些能充分利用人力资源的国家。纳粹德国和法西斯意大利就是根据政治观点、种族或宗教将个人隔离的典例。它们都早已消失，无法与更具包容性的国家竞争。它们失去了政治权力，失去了财富，最终也失去了自己。

包容最大的优势在于它能够推进知识的发展。它让科学家能够自由地交换信息和思想，为整个人类提供重要的增长引擎。包容带来了当前的科技繁荣，这种繁荣还会让我们走得更远。

这是我的立场，尽管我非常清楚，其他观点可能同样合理，甚至更合理。近几个世纪来，包容给我们带来了诸多好处，但我们现在正处于人类历史上一个新时代的风口。在这个时代，人类的本质将发生变化，我们将面临更大的挑战。下个世纪，我们很有可能需要放弃包容和民主，甚至可能放弃个人的自我意识，以实现更崇高或更紧迫的目标，比如人类的生存。

现在你已经读完了这本书，也拥有了所有必要的工具，可以参与打造未来的技术社会愿景了。

传说有一位智者，一个顽皮的孩子想愚弄他，就在手里紧握了一只蝴蝶，问他："蝴蝶是死是活？"

智者的回答值得我们铭记："在于你。"

未来在你手中。